压水核动力电厂反应堆物理试验方法

编著　潘泽飞

中国原子能出版社

图书在版编目(CIP)数据

压水核动力电厂反应堆物理试验方法 / 潘泽飞编著.
—北京:中国原子能出版社,2015.12
ISBN 978-7-5022-6977-7

Ⅰ.①压… Ⅱ.①潘… Ⅲ.①压水型堆-核电厂-反应堆-试验方法 Ⅳ.①TM623.91-33

中国版本图书馆 CIP 数据核字(2015)第 311297 号

压水核动力电厂反应堆物理试验方法

出版发行 中国原子能出版社(北京市海淀区阜成路 43 号 100048)
责任编辑 侯茸方
装帧设计 崔 彤
责任校对 冯莲凤
责任印制 潘玉玲
印　　刷 保定市中画美凯印刷有限公司
经　　销 全国新华书店
开　　本 787mm×1092mm 1/16
印　　张 10.5
字　　数 260 千字
版　　次 2016 年 1 月第 1 版 2016 年 1 月第 1 次印刷
书　　号 ISBN 978-7-5022-6977-7 **定 价 51.00 元**

网址:http://www.aep.com.cn **E-mail:atomep123@126.com**
发行电话:010-68452845

序　言

自1985年3月秦山核电基地浇注第一罐核岛底板混凝土开始，中国大陆开始了核电"自主设计、自主建造、自主管理和自主运营"的"零"的突破！经过30年的精心建设，"中国核电从这里起步"，从30万千瓦到60万千瓦、70万千瓦再到百万千瓦，秦山核电基地已发展成为全国乃至全世界特有的核电机组数量最多、堆型品种最丰富、装机容量最大的核电基地。截至2015年2月15日，秦山核电基地完成了全部9台机组的工程建设并投入商业运行，总装机容量达到654.6万千瓦时，年发电能力接近500亿千瓦时，已累计安全稳定运行75个堆年，成为华东地区重要能源基地。2010、2013、2014年秦山第三核电厂2号机组WANO指标3次位居世界并列第一，秦山第二核电厂3号机组的WANO指标也于2014年首次达到世界核电机组的并列第一。秦山核电基地的安全稳定运行，同时也向社会公众展示了核电能源的安全、先进、清洁、高效特性。

反应堆物理试验是压水核动力电厂最能直接体现出反应堆物理这一最核心理论基础的一项重要工作，是用于验证反应堆堆芯核特性和热工水力特性的关键试验之一，其试验结果对验证反应堆堆芯设计和安全分析都具有十分重要的意义。同时，反应堆启动物理试验作为核电厂一项大型的综合性试验，几乎涉及了核电厂所有与安全相关的重要系统，需要反应堆运行、反应堆水化学控制、仪表控制等多专业技术部门的通力合作。因此，反应堆物理试验对压水核动力电厂的堆芯设计验证，以及确保堆芯安全稳定经济的运行都是十分重要的。自从1991年10月31日秦山核电基地第一台30万千瓦压水核动力机组实现反应堆的首次临界，至今24年的发展历程中，秦山核电基地的7台压水核动力机组已实施了52次启动物理试验(9台之中的另2台为CANDU型重水堆机组)，积累了大量的反应堆物理试验实践经验和科研成果。

在国家"积极发展核电"方针的指引下，我国核电装机容量预期快速上涨。

至2020年底，核电装机容量将达到5 800万千瓦时，在建容量达3 000万千瓦时，共计将达到8 800万千瓦时，这相当于目前我国核电机组规模的2.5倍左右。核电人才的培养，将成为目前核电发展的紧迫任务。中核核电运行管理有限公司作为秦山核电专业化运营主体，为了核电安全稳定运行，为了传承老一辈物理工作者积累下来的经验，有责任和义务将已积累运营75个堆年的反应堆物理试验知识和经验传承下去，为我国核电发展和人才培养做出应有贡献。《压水核动力电厂反应堆物理试验方法》的出版，将为更多从事核电厂反应堆物理试验、反应堆运行和技术支持等的科技工作者，提供翔实、专业的反应堆物理试验理论和方法的指导及实践经验。同时，该书也是一部不可多得的压水核动力堆启动工作的实用教材。

希望本书的出版，能为中国核电产业的快速安全发展贡献一份力量。同时，也为中核核电运行管理有限公司"一体两翼"的战略发展和技术创新，追求"国际一流、世界领先"的核电专业化运营管理业绩助一臂之力。

中核核电运行管理有限公司

总经理

编者的话

从中国大陆第一台压水核动力机组实现反应堆的首次临界至今20多年来，国内的在役核电机组数量得到了快速增长，压水核动力堆的反应堆物理试验方法也随之得到了快速的发展，并积累了大量的实践经验和研究成果。本书就是在这些实践经验和研究成果的基础上，总结形成的压水核动力堆反应堆物理试验的专业技术书籍。

本书共分九章，第一章概述了压水核动力堆反应堆物理试验的目的，并以CNP650型压水核动力堆为例，介绍了启动物理试验的内容及其试验试验顺序的设计要求；第二章介绍了反应堆堆芯装料和卸料临界安全监督的内容；第三章介绍了压水核动力堆的临界试验及其方法；第四章介绍了压水核动力堆各种反应性测量的试验及其方法；第五章介绍了反应堆在有功率状态下所需实施的稳态物理试验的内容及其方法；第六章介绍了压水核动力堆为验证安全分析假设条件保守性需实施的瞬态物理试验的项目及其方法；第七章介绍了压水核动力堆开展的热工水力试验的项目及其方法；第八章介绍了压水核动力堆物理试验所使用的试验仪器设备的种类及其应用；第九章介绍了压水核动力堆物理试验期间的保护参数的设置与调整。本书在编写过程中力求实用性，不仅详细地介绍了压水核动力堆各项物理试验的原理、试验方法、试验数据的处理和验收准则，还给出了试验顺序的设计，堆芯装卸料步序设计的原则，反应堆向超临界过渡的判断准则，以及保护参数设置的要求等。

本书所介绍的内容主要是以中核核电运行管理有限公司秦山第二核电厂的CNP650型压水反应堆机组的物理试验项目、试验原理、试验方法、数据处理和验收准则，以及经验总结等为基础进行编写的。参与本书编写的人员还有詹勇杰、叶国栋、汪聪梅、何子帅、刘臻、张佶翱、代前进、项骏军、纵骋、杨少杰、蔡光明等。中国原子能科学研究院的罗璋琳研究员、原秦山核电厂研究员级高级工程师王荣尔、高级工程师孙月多和中国广核集团大亚湾核电厂研究员级高级工程师李现峰等对本书进行了审校。同时，本书的出版还得到中核核电运行管理有限公司研究员级高级工程师周拯晔的大力支持，在此一并表示衷心的感谢。

本书可供具备一定的反应堆物理知识的从事核电厂运行、技术支持、维修、监督管理和设计管理等方面的工程技术人员阅读，也可作为高等院校核工程与核技术等专业的教材。

由于编者水平有限，书中难免有疏漏和不当之处，恳请读者批评指正。

编者

2015 年 8 月

目　　录

第一章　概　述

第二章　堆芯装、卸料临界安全监督

第三章　反应堆临界试验

第四章 反应性测量试验

第五章 有功率状态下的堆芯稳态性能试验

第六章 瞬态物理试验

第七章　反应堆热工水力试验

参考文献

附　录

第一章 概 述

1.1 物理试验的目的

核反应堆是一种能以可控方式产生自持链式裂变反应的装置。任何一座新建成的压水核动力电厂的反应堆，或换料后的反应堆，在其投入正常功率运行之前都需要进行一系列围绕着反应性变化的静态物理特性参数的测定，如临界硼浓度、控制棒组微积分价值、慢化剂温度系数和功率分布等，以及反应堆热工水力参数的测量和用于安全分析假设条件正确性的验证等。对于这些物理参数进行测量与验证的试验，通常称为动力堆启动物理试验。一般压水核动力堆物理试验被分为反应堆在启动阶段进行的**启动物理试验**（包括新建成的反应堆的调试启动和换料堆芯的启动），以及在燃料循环正常功率运行期间实施的**定期物理试验**。

反应堆启动物理试验是一项大型的综合性试验，尤其是在新建成反应堆的调试启动阶段，它几乎涉及了核电厂所有的与安全相关的重要系统，如反应堆冷却剂系统（以下简称 RCP 系统）、堆外核测仪表系统（以下简称 RPN 系统）、棒控棒位控制系统（以下简称 RGL 系统）等，而且还需要如运行、化学和仪控等多个专业技术部门的通力合作。反应堆启动物理试验是针对不同燃料循环的堆芯装载，所实施的围绕反应性变化的静态物理特性参数的测量、反应堆热工水力参数的测量和用于安全分析假设条件正确性的验证等试验。通过对这些堆芯静态物理特性参数的测量、安全保护参数的检查和控制性能响应的测试，来验证理论计算值的有效性和合理性，从而达到验证涉及（换料）堆芯设计关键安全参数的正确性和用于安全分析假设条件的保守性的目的，进而达到验证用于计算反应堆运行数据的设计与分析的计算程序，使电厂运行、技术管理和堆芯设计人员对堆芯和电厂系统有一个全面的了解和掌握，为确保反应堆乃至电厂长期安全稳定可靠的运行奠定坚实的基础。这就是启动物理试验的根本任务。其具体的试验目的如下：

- 确保堆芯（首次）装/卸料过程中的临界安全；
- 引导反应堆安全地、顺利地达到首次临界状态；
- 在零功率物理试验阶段以及在逐级提升功率过程中的各功率台阶上，验证堆芯相关的物理参数测量值满足试验验收准则的要求，并以此符合设计准则和相关安全准则的要求，及掌握堆芯不同装载的核特性；
- 对堆外中子注量率测量仪表系统的性能进行检测和刻度，以使其在反应堆的功率运行状态下能够提供正确的、有效的监控手段，并向控制保护系统提供正确的核测信号；
- 为反应堆的运行提供必要的数据；
- 在整个启动物理试验过程中，所有的重要安全系统和设备、仪器仪表都将经受考验；所有与运行和试验相关的规程和试验细则都将得到验证，并为电厂运行和技术人员掌握堆芯核特性和熟悉电厂相关系统设备性能提供一次难得的机会。

另外，物理试验的结果还可以反映出不同燃料循环的设计是否满足电厂最终安全分析报告安全限值的要求，以及是否能够达到电厂换料堆芯设计时提出的经济性指标。

压水核动力堆物理试验的内容和操作步骤，均需按照有关核安全法规、导则和相关行业标准制订操作规程，在试验中确保安全是第一原则。

核电厂反应堆启动物理试验的圆满、顺利地完成，对于核电厂反应堆机组长期安全的、稳定的和经济的运行，以及对反应堆的设计和安全分析都具有十分重要的意义。因此，特别受到电厂、国家核安全局和人们的关注和重视。

本书将以 CNP650 型压水核动力堆的代表电厂——秦山第二核电厂为例，讨论压水核动力电厂反应堆物理试验的相关问题。

1.2 CNP650 型压水核动力堆堆芯描述

秦山第二核电厂作为 CNP650 型压水核动力堆的代表，其设计装机容量为 4 台 65 万千瓦机组的压水堆商用核电厂，其反应堆堆型为加压轻水型，反应堆堆芯的额定输出热功率为 1 930 MW。反应堆堆芯是由 121 组法国原设计的 AFA 系列燃料组件组成的。堆芯活性段高度为 365.8 cm，等效直径为 267.0 cm，堆芯高径比为 1.37。

AFA 系列燃料组件（AFA-2G 和 AFA-3G 燃料组件）由呈 17×17 方形排列的 264 根燃料棒，24 个 Zr-4 材料的可放置控制棒、可燃毒物棒或中子源的导向管和 1 个测量管构成。燃料组件中心距（冷态）为 21.504 cm。AFA-2G 燃料组件有 8 个采用 Zr-4 条带和 Inconel 弹簧片制成的定位格架，AFA-3G 燃料组件有 8 个采用 Zr-4 条带和 Inconel 弹簧片制成的定位格架，以及 3 个跨间交混格架（MSMG）。AFA-2G 燃料组件的燃料棒包壳材料为 Zr-4 合金，AFA-3G 燃料组件的燃料棒包壳材料为 M5 合金。燃料棒内充以加压氦气。控制棒导向管和仪表管的材料也为锆合金。

为了展平堆芯功率分布和实现分区换料，第一燃料循环堆芯燃料按照 ^{235}U 富集度不同分三区装载。^{235}U 富集度为 1.9%、2.6%、3.1% 的燃料组件数分别为 41、40、40，而且这些燃料组件在堆芯的布置是最高 ^{235}U 富集度的燃料组件装在堆芯外围，较低 ^{235}U 富集度的两种燃料组件按不完全棋盘格式排列在堆芯中部如图 1-1 所示。堆芯换料采用“外—内”模式，每次换料在堆芯外围装入 36 组 ^{235}U 富集度为 3.7% 的新燃料组件。

反应堆共布置 33 束吸收体材料为 Ag(80%)-In(15%)-Cd(5%) 合金的控制棒，每束含 24 根控制棒。控制棒按功能分成两类，即调节棒组和停堆棒组。调节棒组共有 25 束分成 D、C、B、A 四组，其中 D 为主调节棒组。调节棒组主要用于调节反应堆功率和温度的变化，控制堆芯轴向功率偏移，维持尽可能平坦的轴向功率分布。停堆棒组 S 共 8 束，其功能是确保反应堆停堆所必需的负反应性。控制棒束在堆芯的位置及分组如图 1-1 所示。

在第一燃料循环的堆芯中，为使反应堆具有负的慢化剂温度系数，使用了固体可燃毒物补偿部分剩余反应性，使堆芯临界硼浓度降低。同时，通过采用 ^{235}U 富集度不同的分区装载模式和可燃毒物棒的合理布置来展平堆芯的径向功率分布。可燃毒物材料为硼硅酸盐玻璃（borosilicate pyrex glass），B_2O_3 的质量分数为 12.5%。堆芯内共装入 704 根可燃毒物棒，含可燃毒物棒燃料组件在堆芯的布置如图 1-1 所示。

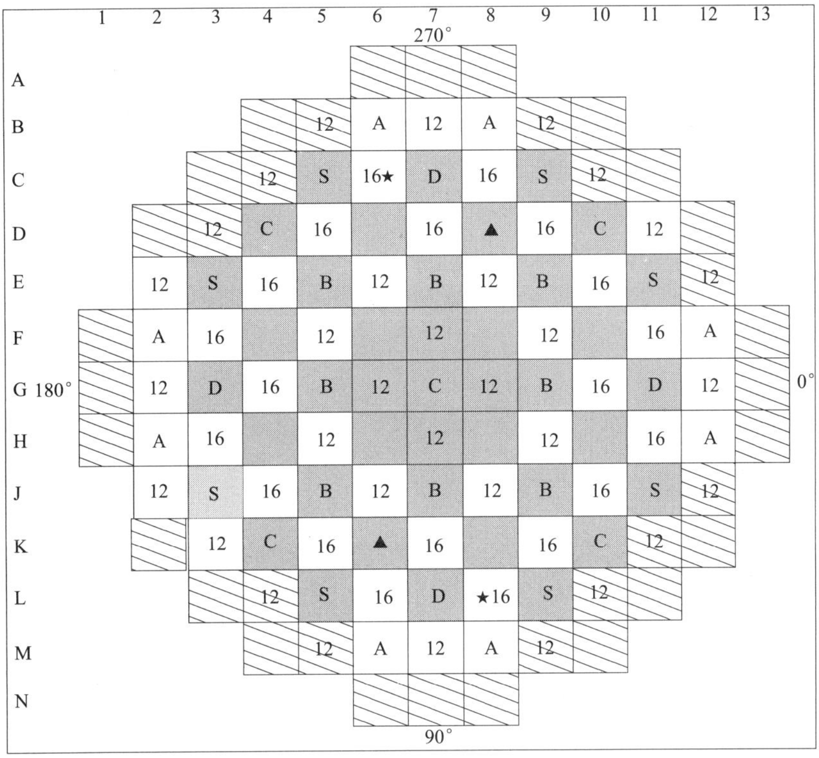

图 1-1 堆芯装载、控制棒束、可燃毒物组件和中子源组件在堆芯的位置及分组图

注：
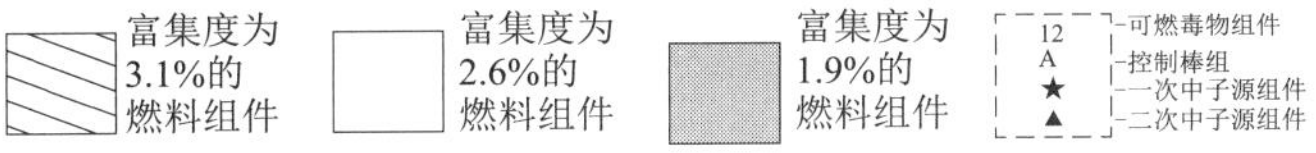

含中子源燃料组件在反应堆中的位置如图 1-1 所示。一次中子源组件和二次中子源组件各 2 组。2 组不含可燃毒物棒的燃料组件(K06,D08)中各放入 4 个二次中子源，含 16 根可燃毒物棒的两组燃料组件(C06,L08)中各放入 1 个一次中子源和 1 个二次中子源。

一次中子源为锎源，二次中子源为锑-铍源。每个一次中子源强度为 8×10^8 n/s。

1.3 反应堆启动物理试验的内容

对于新建成的反应堆来说，需要通过物理试验来验证工程设计的正确性和用于安全分析假设条件的保守性，以及上述设计与分析所用的计算和分析程序的有效性。对于换料堆芯来说，即使在批准的堆芯燃料管理策略下，每一次堆芯换料后需装入堆芯的新燃料组件数量和在堆内的布置，以及辐照燃料组件的选用及其在堆芯的布置等，也都是根据电厂对每一燃料循环的能量需求、展平堆芯功率分布和提高燃料经济性等要求而确定的，因此每一燃料循环的堆芯装载并非完全相同，而且也不完全与堆芯燃料管理论证与分析给出的结果一致。这样的(换料)堆芯核特性与堆芯燃料管理论证与分析给出的结果，都会或多或少地发生了相应的改变。这些变化都需要在反应堆启动过程中，通过有限的物理试验，来验证(换料)堆芯的核特性仍然能够满足电厂最终安全分析报告的要求和规定，以及验证(换料)堆芯设计的准确性和计算程序的有效性。同时，在正常功率运行期间掌握和了解堆芯核特性随燃耗加深而产生的变化。

目前大多数压水核动力堆启动物理试验都是不考虑空间效应的静态物理特性试验，尽管不同的反应堆堆型（如目前国内在役的320MW型、M310型、VVER型等）和不同堆型设计规范要求的启动物理试验具体项目和试验方法是有所差异的，如美国的ASME、法国的RCC和俄罗斯的PNAEG等，但其总的试验内容和结构基本上却是相同的，都包括堆芯装、卸料临界安全监督试验、堆芯初始临界试验、零功率堆芯性能试验和功率提升物理试验，以及正常运行期间的定期物理试验。

压水核动力堆物理试验按照反应堆所处功率水平状态包括反应堆处于换料冷停堆状态下的堆芯装、卸料临界安全监督试验、反应堆处于热停堆状态下的首次堆芯临界试验、热态零功率状态下的堆芯性能物理试验和反应堆功率提升阶段的物理试验，以及反应堆处于正常功率运行期间的定期物理试验。如果这些物理试验按照堆芯物理试验性质进行分类的话，它们可以分为五类：① 第一类物理试验是堆芯临界安全监督试验，包括反应堆处于换料冷停堆状态下的堆芯装、卸料临界安全监督试验；② 第二类物理试验是反应堆达临界试验；③ 第三类物理试验是反应堆在热态零功率状态下的不同控制棒组插入堆芯状态下的反应性测量试验，包括临界硼浓度测量、慢化剂温度系数测量、控制棒组微积分价值测量，以及反应堆在不同功率水平下的反应性系数测量、功率系数和功率亏损测量等；④ 第四类物理试验是获取反应堆运行参数，包括热态零功率状态下的堆外核测仪表系统各量程测量通道探测器的线性与重叠测量、反应性仪校刻，以及不同功率水平下的热平衡测量和堆芯功率分布测量试验、根据热平衡测量计算冷却剂流量试验、堆外中子注量率测量电离室刻度试验和额定功率下的堆芯稳态性能试验等；⑤ 第五类物理试验是验证用于安全分析报告假设条件保守性的瞬态试验，这些试验仅在反应堆首次启动物理试验期间实施，包括热态零功率状态下的“模拟弹棒”试验、“模拟落棒”试验、卡棒试验，以及在反应堆带功率状态下的落棒试验和氙振荡试验等。本书将按照堆芯物理试验性质的分类，在后续的章节中对压水核动力堆的物理试验内容和方法进行讲解。

表1-1和表1-2给出CNP650型压水核动力堆调试阶段的启动物理试验和堆芯换料后的启动物理试验的内容。一般正常情况下，调试阶段的启动物理试验前后需要2～3个月，堆芯换料后的启动物理试验需要花费近一周的时间。

这里需要指出的是，不论是调试阶段的启动物理试验，还是堆芯换料后的启动物理试验，试验的项目和内容都不是电厂单独确定的，而是由反应堆堆芯的设计方在提供给电厂的设计文件中给予明确的。这是设计方需要通过启动物理试验来验证设计上的关键安全参数、安全分析假设条件的保守性和计算程序的有效性等内容进行确定的，同时这些物理试验项目和内容还需要经过国家核安全监管当局进行审查确认。另外，电厂还可根据便于将来反应堆安全稳定运行的需要，补充一些为获取运行参数的物理试验。切记不可本末倒置！

对于商业核电厂压水核动力堆来说，启动物理试验实施顺序的制定也是很有讲究的。

1）零功率物理试验项目及其实施顺序的制定要求

（1）由于在此功率平台上（有足够的中子注量率水平），反应堆的保护是由堆外核测仪表系统的中间量程测量通道提供的，因此在反应堆启动过程中，必须对堆外核测仪表系统的3个中子测量通道仪表的量程的线性和重叠性能进行检查，同时对中间量程测量通道的功率水平指示进行标定，以便于在试验过程中，为反应堆提供正确的指示，以及在试验过程中反应堆出现异常情况下，为反应堆的安全提供正确的保护。

表 1-1　CNP650 型压水核动力堆首次和换料后堆芯启动与零功率物理试验内容

试验项目、内容与流程		次临界状态	临界状态	ARO	Sin	ARO	Din	(D+C)in	(D+C+B)in	(D+C+B+A)in	ARO
堆芯装料临界安全监督试验											
堆芯首次临界试验	以重叠方式提升控制棒组至 D=150step	▲									
	手动停堆	▲									
	以重叠方式提升控制棒组至 D=100step										
	硼稀释逼近临界										
	提棒达临界										
	堆外探测器的线性和重叠										
	零功率物理试验范围的确定										
	反应性仪的校刻										
零功率堆芯性能物理试验	临界硼浓度测量				★				★	★	
	慢化剂温度系数测量				★		★	★	★	★	
	功率分布测量(功率<2%FP)				★		★	★			
	调硼法测量控制棒组价值和硼价值			S★		D	C	B★	A★		
	置换法测量控制棒组的积分价值					A★ B★ C★					
	测量 50%FP 落棒试验所选棒束的价值					★					
	(N−1)束控制棒插入状态的临界硼浓度,即最小停堆硼浓度测量									★	
	重叠棒组微积分价值测量										
	“模拟”弹棒试验										★
	零功率标定临界棒位临界硼浓度测量										
预计时间/		72	20	280							

注:带★号的试验项目为仅实施在首先启动的机组(即秦山第二核电厂 1 号机组)。带★和▲符号的试验项目在换料堆芯将不再实施。

表 1-2　CNP650 型压水核动力堆首次和换料后堆芯升功率物理试验内容

升功率物理试验项目与流程	升功率过程	10%FP	升功率过程	30%FP	升功率过程	50%FP	变功率过程	75%FP	升功率过程	100%FP
功率分布测量		▲		▲						
热平衡测量		▲		▲						
根据热平衡计算反应堆冷却剂流量		▲		▲						
功率系数测量				▲		▲		▲		▲
堆外通量测量电离室刻度试验						▲				
氙振荡试验								★		
反应性系数测定						★				
模拟“弹棒”试验						★				
模拟“落棒”试验						★				
“落棒”试验						★				
100%FP 堆芯稳态性能试验										

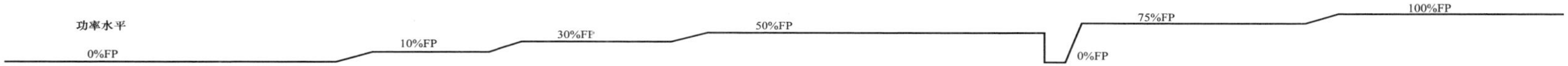

注:带★号的试验项目为仅实施在首先启动的机组(即秦山第二核电厂 1 号机组)。带★和▲符号的试验项目在换料堆芯将不再实施。

(2) 反应性仪作为测量反应性的计量器具,在正式开始进行反应性测量之前,必须对其测量精度进行堆上标定。

(3) 反应性的测量通常是通过控制手段引起反应性变化而进行的。这些引起反应性变化的操作应尽可能被设计成单向变化,也就是说,如果试验期间的反应性变化是依靠稀释硼浓度手段提供的,那么这类试验应尽可能都采用稀释硼浓度的方式提供。切忌同一类型的试验,一个采用稀释硼浓度方式,另一个采用硼化(即向堆芯添加硼浓度)方式。例如在进行调硼法测量控制棒组价值的试验中,对单束控制棒组价值进行测量时,一般都是采用稀释硼浓度和下插控制棒组的协调方式进行的,对重叠棒组价值进行测量时,一般都是采用硼化和提升重叠棒组的协调方式进行的。这样设计的好处是,首先可以要求堆芯设计供应商按此反应性变化方向进行理论数据的计算,减少测量数据与理论预计值的偏差;其次是减少由于控制棒组来回提升和插入所引起堆芯轴向功率分布的扰动,而引起试验测量结果的差异;第三是可减轻化学和容积控制系统的压力,减少电厂放射性废液的产生。

(4) 切忌同时采用两种以上(包括两种)的手段来引起堆芯反应性的变化。

(5) 所有零功率物理试验结束时,反应堆堆芯状态刚好回到试验初始状态或者电厂技术规格书要求的堆芯状态,这样可为操纵员的后续提升功率创造有利的条件。

2) 提升功率阶段物理试验项目及其实施顺序的制定要求

由于稳态物理试验大都要求试验初始状态要达到氙平衡状态,因此在设计试验实施顺序时,应尽可能遵循以下几个原则:

(1) 在同一功率水平下,不引起堆芯功率分布发生改变的稳态物理试验先实施,如:热平衡测量试验、临界硼浓度测量试验和堆芯功率分布测量试验等;需要引起堆芯功率分布发生变化的试验后执行,如:堆外中子注量率测量电离室刻度试验、氙振荡试验、“模拟弹棒”试验和“模拟落棒”试验等。

(2) 在同一功率水平下,稳态物理试验先实施,如:堆芯功率分布测量试验、热平衡测量试验、临界硼浓度测量试验等;瞬态物理试验后执行,如:“模拟弹棒”试验、“模拟落棒”试验和“落棒”试验等。这样可节省用于反应堆为满足试验初始条件要求的稳定时间,为电厂尽快达到额定功率稳定运行创造条件。

(3) 在同一功率水平下,用于验证核设计参数正确性和用于验证试验平台是否满足试验前提条件要求的物理试验先实施,如:堆芯功率分布测量试验、热平衡测量试验、临界硼浓度测量;用于验证安全分析报告假设条件保守性的物理试验后执行,如:“模拟弹棒”试验、“模拟落棒”试验等。

第二章　堆芯装、卸料临界安全监督

2.1　临界安全监督的原理与方法

2.1.1　监督原理

核反应堆之所以能够提供巨大的能量，正是由于堆芯成分之一的核燃料能以可控方式产生自持链式裂变反应的贡献。因此，无论是新建成的核电机组，还是电厂商运后的反应堆换料，反应堆在启动之前，都需要对堆芯装载的核燃料组件进行装料或卸料的操作。而在反应堆装料或卸料操作过程中，堆芯的反应性是随着堆芯核燃料组件的增加或减少而发生变化的，因此就必须对反应堆堆芯在装、卸料过程实施有效的临界安全监督，以确保反应堆堆芯在装料或卸料操作过程中始终处于次临界状态下。

临界安全监督的原则是确保反应堆堆芯在装料或卸料期间始终处于次临界状态。如果此时堆内没有外加中子源的话，则次临界堆内的中子注量率将衰减至零。反之，如果此时堆内存在一个外加中子源的话，则中子注量率将在一个与次临界度相关的中子注量率水平上稳定。

假设反应堆为无限大空间，外中子源发射的中子数是恒定的，即：中子源每 θ 秒（θ＝中子代时间）发出一批中子，每批中子数为 s 个。如果此时向该反应堆内添加或减少一组燃料组件，这样就势必会引起反应堆内的中子数发生变化，假设这个引起中子数变化的因素为 k_{eff}，在反应堆内仅存在这种因素的状态下，反应堆内第一代开始有 s 个中子，第二代开始就有（$s+sk_{\mathrm{eff}}$）个中子，第三代开始就有（$s+sk_{\mathrm{eff}}+sk_{\mathrm{eff}}^2$）个中子，依此类推，到第 n 代时反应堆内的中子总数应为：

$$N=s+sk_{\mathrm{eff}}+sk_{\mathrm{eff}}^2+sk_{\mathrm{eff}}^3+\cdots+sk_{\mathrm{eff}}^{n-1} \tag{2-1}$$

因为次临界堆芯的 k_{eff} 值小于 1，因此当 n 很大时，此等比级数之和为一有限值：

$$N=\frac{s}{1-k_{\mathrm{eff}}} \tag{2-2}$$

式(2-1)称做次临界公式。它表示了一个处于次临界状态的反应堆，在堆内存在有外加中子源的情况下，系统内的中子数随着反应堆堆内的燃料组件数量的添加或者卸出的变化情况。由此可以看出，随着核燃料组件装载数的增加或减少，k_{eff} 在逐渐增大或减小，中子计数率也在增加或减少，也就是说堆内中子数目的变化是与 k_{eff} 有关的。图 2-1 给出了在有外加中子源（假设 $s=1$）的堆芯装料时，次临界堆芯的中子计数相对水平随燃料组件装载变化后的等待时间的变化，不同的曲线对应着不同的 k_{eff}。平衡值与 k_{eff} 值有关，k_{eff} 值大，平衡值大，并且达到平衡值较慢。所以，在反应堆堆芯装料或卸料临界安全监督过程中，利用外中子源来监督堆内的中子数，可有效地实施反应堆堆芯的临界安全监督。

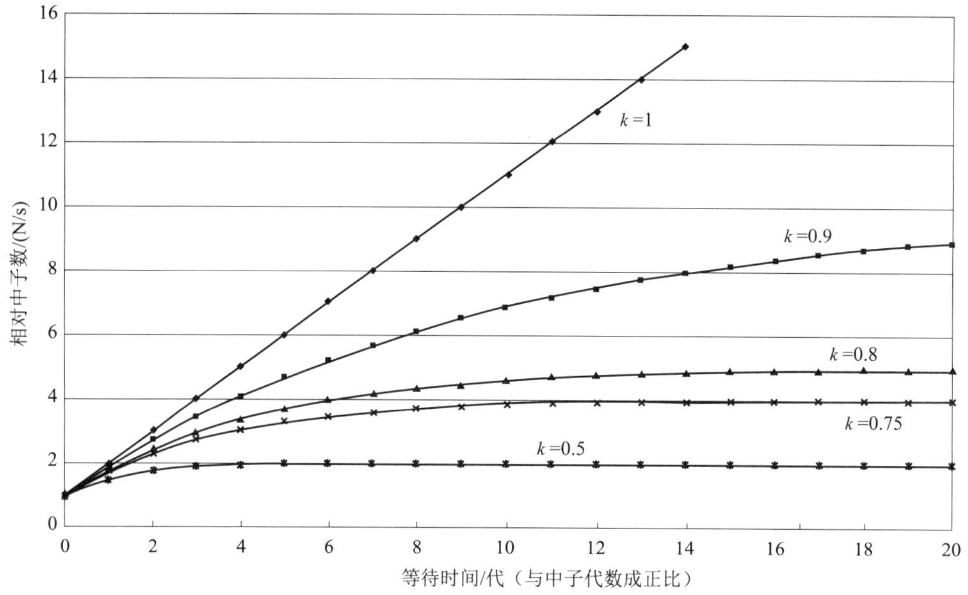

图 2-1 有源时堆内中子相对水平的变化

对式(2-2)进行变换，就可以得到压水核动力堆在堆芯装、卸料过程中，随着堆内燃料组件数量的增减，堆芯次临界状态的估算方法，即有：

$$k_{\text{eff}}=1-\frac{s_0}{N} \tag{2-3}$$

式(2-3)就是堆芯装、卸料临界安全监督的原理，它表示当前堆芯偏离临界状态的程度，可以估算出堆芯的次临界状态。

2.1.2 监督方法

为了确保反应堆在整个堆芯装料或卸料过程中不发生意外临界事故，就必须对每一组燃料组件在堆芯装料或卸料过程中实施有效的临界安全监督。

堆芯装、卸料临界安全监督的方法是首先确定一个基准的中子计数水平，即基准中子计数，基准中子计数中是不包括系统本底的中子计数水平的；其次是在堆芯每装入或卸出一组核燃料组件后，通过读取堆外核测仪表系统中的源量程测量通道(中子探测器)所探测到的稳定的中子计数，进行与基准中子计数的 $1/M$ 倒中子计数率的计算，并将此结果与该燃料组件装入或卸出堆芯前后的 $1/M$ 倒中子计数率进行对比，以判断并确定该燃料组件的装入或卸出对反应堆堆芯的次临界度的影响。

采用 $1/M$ 中子倒计数率外推来实施反应堆装、卸料过程的临界安全监督，就是在燃料组件 A 在装入堆芯 B 位置或从堆芯 B 位置卸出反应堆堆芯后，从源量程测量通道获得的中子计数与基准状态下获取的中子计数的相比，来实施燃料组件 A 在装入或卸出堆芯过程中的临界安全监督。中子计数、$1/M$ 倒中子计数率的计算及其监督过程的具体方法如下：

假设某一带源强为 s_0 的反应堆堆芯，燃料组件 A 在装入堆芯 B 位置或从堆芯 B 位置卸出反应堆堆芯前，根据式(2-2)，反应堆堆芯的稳定中子计数为 N_1：

$$N_1 = \frac{s_0}{1-k_{\mathrm{eff},1}} \tag{2-4}$$

燃料组件 A 在装入堆芯 B 位置或从堆芯 B 位置卸出反应堆堆芯后，根据式(2-2)，反应堆堆芯的稳定中子计数为 N_2：

$$N_2 = \frac{s_0}{1-k_{\mathrm{eff},2}} \tag{2-5}$$

因此，燃料组件 A 在装入堆芯 B 位置或从堆芯 B 位置卸出反应堆堆芯前后的稳定中子计数比为 M：

$$M = \frac{N_2}{N_1} = \frac{1-k_{\mathrm{eff},1}}{1-k_{\mathrm{eff},2}} \tag{2-6}$$

于是，燃料组件 A 在装入堆芯 B 位置或从堆芯 B 位置卸出反应堆堆芯后，堆芯次临界度偏离该操作之前的程度为 $1/M$：

$$\frac{1}{M} = \frac{N_1}{N_2} = \frac{1-k_{\mathrm{eff},2}}{1-k_{\mathrm{eff},1}} \tag{2-7}$$

这就是常说的倒中子计数率监督方法，即 $1/M$ 方法。其中，$k_{\mathrm{eff},1}$，$k_{\mathrm{eff},2}$ 分别为燃料组件 A 在装入堆芯 B 位置或从堆芯 B 位置卸出反应堆堆芯前后的有效增殖系数。

然后，将上述的计算结果与燃料组件的装载数目或卸出数目进行作图，再与图上相邻核燃料组件装/卸料的 $1/M$ 倒计数率进行临界外推，由此来实施堆芯装/卸料过程中的临界安全监督。具体的监督过程如下：

1）堆芯系统的本底中子计数的测量

反应堆在堆芯装、卸料操作开始之前，首先通过堆外核测仪表系统中的源量程测量通道，对包括其各测量仪表通道在内的反应堆堆芯系统进行本底中子计数的有效测量。通常是获取所有在线有效的中子测量通道，具有一定间隔时间的积分中子计数值，一般取每个测量通道的 10 个积分中子计数值的平均值，作为各测通道的平均本底中子计数值或是平均中子计数率 n。

一般来说，典型的本底计数率应小于 0.1 cps（即 n/s，每秒 0.1 个中子计数）。如果测量结果比 0.1 cps 明显偏大，需要查找超本底的原因。由以下方法判断中子计数装置工作状态是否正常：

（1）信噪幅度比＞2(用示波器检测时，有用信号幅度与噪声信号幅度之比大于 2)；

（2）计数率比＞10(测量通道中子计数率比本底计数率至少高一个数量级)。

2）基准中子计数的测定

根据式(2-3)的原理描述可以看出，对于一个存在有外加中子源反应堆的堆芯临界安全监督来说，其实质就是对建立在一个源强为 s_0 基础上的堆芯中子计数测量值，随燃料组件向堆芯添加或从堆芯卸出的变化趋势的监督。

首先，压水核动力堆的堆芯装、卸料操作都是建立在《电厂运行技术规格书》规定的换料冷停堆状态下进行的。在此状态下，换料水池冷却剂中的硼浓度、冷却剂的温度和液位是相对不发生变化的，或者其变化是在允许的范围内。其次，就是在堆芯内建立一个由外加中子源组件提供的相对稳定的中子计数分布，也就是说提供相对稳定的中子计数分布的带外加中子源的燃料组件在堆芯的位置是不变的，所以把具备上述这两个基本条件的状态称为基准中子计数的状态。因此，在该状态下中子计数（或 k_{eff}）的变化只与向堆芯添加或减少燃料组件数目相关。

基准中子计数的测量方法与本底中子计数的测量方法一样，即各测量通道分别取 10 个稳定的积分中子计数测量值进行平均值计算。对于有外加中子源的反应堆堆芯来说，在堆芯装、卸料临界安全监督过程中，基准中子计数应扣除本底中子计数，再将计算修正后的结果作为各个测量通道的基准中子计数 N_R。基准中子计数 N_R 应与选定的堆芯初始状态相对应。对于无外加中子源的反应堆堆芯来说，基准中子计数其实就是其本底中子计数。

切记，对于有外加中子源的反应堆堆芯来说，每发生一次带外加中子源的燃料组件在堆芯位置变化后，都需要对中子测量通道重新进行基准中子计数的测定。

3）倒中子计数率的测定（$1/M$ 测定）

每当一组燃料组件就位于堆芯某一预定位置或从堆芯某一位置卸出时，且中子计数达到稳定后，需对各中子测量通道进行至少一定数量（如 5 次，通过统计概率的分析后确定取样数量）的中子计数测量，并计算其平均值 N_{avg}，对于堆芯装料临界安全监督来说，需再对该测量通道进行本底修正（$N_{avg}-n$）（堆芯卸料无需此步骤），最后计算其倒中子计数率比：

$$\frac{1}{M}=\frac{N_R}{N_{avg}-n} \tag{2-8}$$

式中，n 是对应测量通道的本底计数率，N_R 是对应测量通道的基准计数值。当本底计数率 n 很小时可以忽略，式（2-3）可以改写为：

$$\frac{1}{M}=\frac{N_R}{N_{avg}} \tag{2-9}$$

根据式（2-7），可得：

$$\frac{1}{M}=\frac{N_R}{N_{avg}}=\frac{1-k_{eff}}{1-k_{eff,0}} \tag{2-10}$$

式中，$k_{eff,0}$、k_{eff} 分别为堆芯装、卸料初始状态和燃料组件入堆或卸出后的有效增殖系数。对式（2-7）进行化简，可以得到：

$$k_{eff}=1-\frac{1-k_{eff,0}}{M} \tag{2-11}$$

由此可见，中子计数率倒数反映了堆芯装、卸料过程偏离临界的程度，从而可达到有效的临界安全监督的目的。

在实际操作时是以向堆芯装入或卸出堆芯的燃料组件数目 N_F 为横坐标，以 $1/M$ 为纵坐标（如前所述，次临界度与装入/卸出堆燃料组件的数目成对应关系），进行临界安全监督，这样就可以得到堆芯在装料或卸料过程的临界安全监督外推曲线，如图 2-2 和图 2-3 所示。

从图 2-2 和图 2-3 的临界安全监督外推曲线来看，其中部分点的涨落是较大的。影响因素包括：中子源在堆芯的位置；中子探测器（包括堆内、堆外）的位置；堆芯燃料组件的装载顺序；堆芯中子源的强度。理论上该曲线的总的变化趋向应是一条下降（装料）或上升（卸料）直线，但在实际操作时，由于中子源组件的位置会随着堆芯装、卸料进程发生移位，从而引起中子探测器的响应产生变化。因此，当中子源组件在堆芯的位置发生改变时，就需要对中子探测器的基准计数进行调整，以保证中子倒计数率 $1/M$ 曲线的变化趋势近于一条直

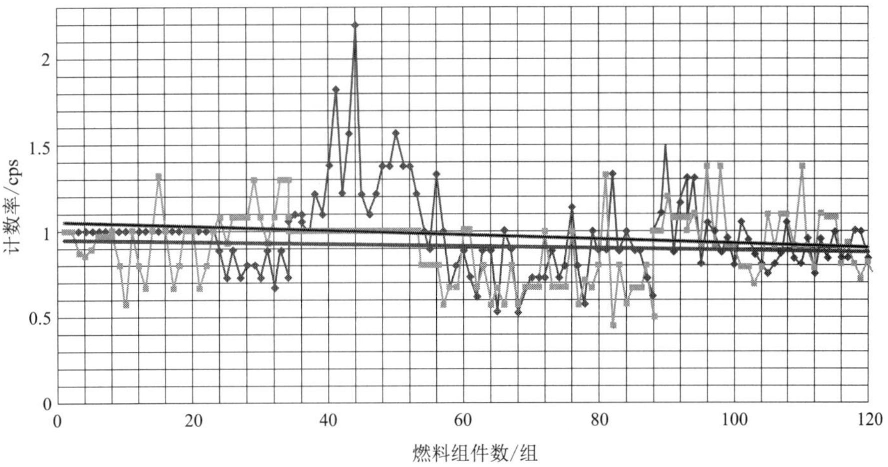

图 2-2　堆芯装料时源量程探测器中子倒计数率曲线

—◆— 源量程SRC1　—■— 源量程SRC2　—— SRC1　—— SRC2　—— 线性(原量程SRC1)

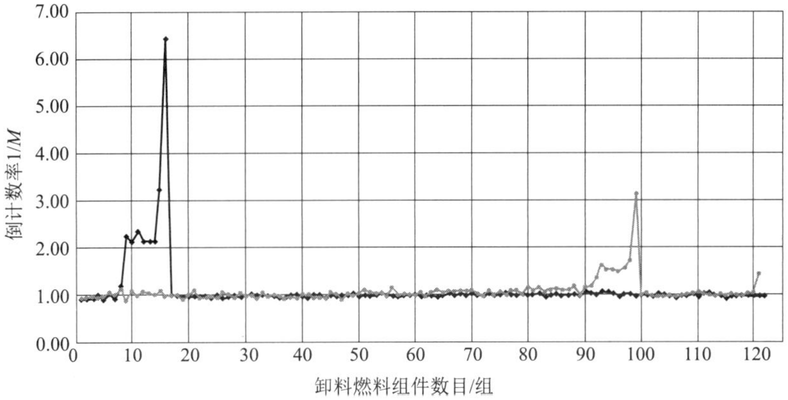

图 2-3　堆芯卸料时源量程探测器中子倒计数率曲线

—◇— 源量程测量通道SRC1倒计数率　—◆— 源量程测量通道SRC2倒计数率

线。这样可确保在堆芯装、卸料过程中，通过相邻两点的外推，反应堆几乎不可能达到临界状态。

为确保堆芯装、卸料临界安全起见，在国家能源标准和压水核动力堆核电厂的《电厂运行技术规范》中，对在堆芯装、卸料临界安全监督过程中，都要求至少堆外核测仪表系统中有一套源量程测量通道必须处于正常工作状态。对于原型堆的首次堆芯装料来说，还要求在堆芯内增设 3 套临时中子计数装置，连同堆外核测仪表系统 2 套源量程测量通道在内，必须有 2 套独立的中子计数装置能够正常工作，且其中的 1 套中子计数装置必须为源量程测量通道；在堆芯满装载后，堆外核测仪表系统中至少有 1 套源量程通道必须处于正常工作状态。否则，停止装料或卸料操作。图 2-4 给出了临时中子计数装置的堆芯装料临界安全监督曲线。

压水核动力堆在实施堆芯装、卸料临界安全监督时，首先必须制定核燃料组件在堆芯装、卸料过程中的反应性引入规则（即核燃料组件装、卸顺序，或称步序）；其次核燃料组件必须严格按照预先制定好的顺序装入或卸出堆芯;第三在核燃料组件装、卸料过程中,实施有效的临界安全监督。

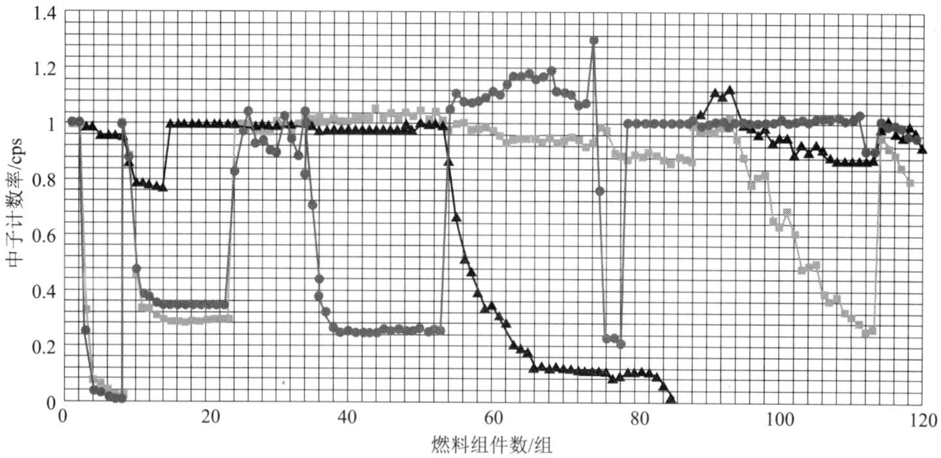

图 2-4 首次堆芯装料时临时中子探测器中子倒计数率曲线

—▲— 临时中子计数装置A —■— 临时中子计数装置B —●— 临时中子计数装置C

2.2 中子源

在目前的压水核动力堆设计上,首燃料循环的堆芯都设计布置有初级中子源和次级中子源两种中子源组件。中子源组件在反应堆堆芯的作用,就是提高堆外核测仪表系统中的源量程测量通道,在整个堆芯装/卸料过程中,监测堆芯中子计数水平的有效变化。

1) *初级中子源*

对于新建成的反应堆首次装料,由于装入堆芯的燃料组件均为新的燃料组件(即未被辐照过),此时的中子计数接近于自然界的中子计数。为了提高用于中子探测器的有效监测,避免在堆芯装料过程中出现监督盲区,因此堆内需要装入初级中子源。秦山第二核电厂采用的初级中子源为锎-252(^{252}Cf)自发裂变中子源,其强度为 8×10^8 n/s。^{252}Cf是放射性核素,它既能衰变发射出 α 粒子,又能自发裂变产生中子,单位产额是 2.32×10^{12} n/(s·g),中子的比发射率非常高,中子能谱近似于裂变中子谱。表 2-1 列出了^{252}Cf 的主要性能。

2) *次级中子源*

秦山第二核电厂采用的次级中子源是常用的锑-铍(^{123}Sb-Be)源。这种中子源是利用(γ,n)反应来获得中子的。锑在吸收中子后形成活性锑(^{124}Sb),放出 γ 射线,与 Be 发生(γ,n)反应放出中子,所以这种中子源又称为光中子源。^{124}Sb 是由天然锑(57.2%的^{121}Sb,42.8%的^{123}Sb)经中子照射后产生的。^{124}Sb 的半衰期为 60.9 d,衰变过程中它能发出几种 γ 射线,其中能量为 1.692 MeV 的占 48%。应该指出,这种反应为阈反应,要求 γ 射线的能量必须大于 1.67 MeV,才能引起(γ,n)核反应。^{124}Sb 的半衰期短,为了维持源强,这种源必须在高功率下比较长时间照射,才能用于停堆后再启动的临界安全监督。

表 2-1　锎-252(^{252}Cf)的主要性能

项　目	单位	数值
中子发射率	n/(s·g)	2.32×10^{13}
每次裂变发出的中子数	个	3.76
中子平均能量	MeV	2.2
α衰变半衰期	a	2.64
自发裂变半衰期	a	85.5
α粒子的平均能量	MeV	6.12
总发热量	W/g	38.5

对于目前的压水核动力堆来说，两个初级中子源和两个次级中子源从反应堆首次装料开始就随核燃料装入堆芯使用，在反应堆第一燃料循环运行结束时，两个初级中子源被卸出反应堆不再回堆复用，而两个次级中子源还将在后续的各燃料循环换料堆芯中继续使用。

2.3　试验验收准则

(1) 在整个堆芯装料或卸料过程中，通过监督以装入或卸出堆芯的燃料组件数目为函数的 $1/M$ 曲线，以及对换料水池冷却剂中的硼浓度、冷却剂的液位和水温等状态参数的监测，确认反应堆堆芯在整个装料或卸料过程中始终处于次临界状态，换料堆芯装、卸料操作始终处于受控状态。

(2) 121 组燃料组件及其相关组件在没有发生机械损伤的情况下，对于堆芯装料来说，安全、顺利地装入指定的反应堆堆芯位置上，其在堆芯的位置、方向与经批准的堆芯装载图一致。对于堆芯卸料来说，安全、顺利地将反应堆内指定的位置上的燃料组件卸出堆芯。换料堆芯装、卸料过程的所有记录完全符合规定的堆芯装、卸料步序的要求。

(3) 堆芯在装、卸料过程中和满装载情况下，堆外核测仪表系统(RPN)中的源量程测量通道(SRC)应具有稳定的、有效的中子计数信号，其中子计数率监测必须满足大于 0.5 cps 的规定。

2.4　反应堆装、卸料步序的制定

堆芯装、卸料操作或试验必须确保燃料组件在整个堆芯装、卸料过程中不发生机械损伤的前提下，按照燃料组件装料或卸料顺序的规定，安全、准确地将 121 组燃料组件装入预定的堆芯位置，或从堆芯将 121 组燃料组件卸出，并符合规定的方位。同时确保在堆芯装料或卸料过程中，以及堆芯满装载后有合适的核监测，以防止发生意外的或局部的临界安全事故。

堆芯装、卸料步序制定的基本原则包括：

(1) 堆芯装、卸料模式取决于反应堆水位的要求。由于目前大多数压水核动力堆包括 CNP650 型、M310 型，在换料大修过程中都有低低水位的要求。因此，(换料)堆芯装、卸料活动采用燃料组件“全进”、“全出”的方式。

(2) 燃料组件在装、卸料运输过程中，应尽可能地避免或者减少从已就位于堆芯的燃料组件上方经过的概率，以避免燃料组件跌落造成其他堆内燃料组件的二次损伤。

(3) 燃料组件在堆芯装、卸料过程中，必须至少有两面与围板或已就位燃料组件之间存在固定的支撑面，避免在燃料组件装、卸料过程中发生燃料组件倾倒。由于首燃料循环堆芯装载的都是新燃料组件，所以在新堆首燃料循环燃料组件装载过程中，可以使用“桥式平板”装料模式，即入堆燃料组件就位时至少有一面存在固定的支撑面(如图 2-5 所示)。但绝对不允许在装、卸料过程中，将燃料组件孤立地存放在堆芯的任何无支撑面的地方。

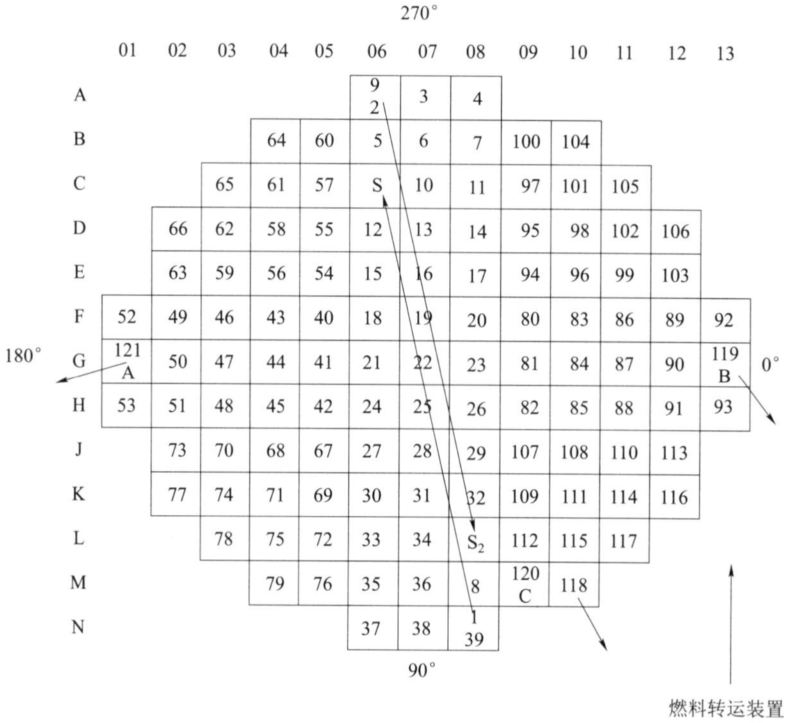

图 2-5　首次堆芯装料顺序图

(4) 对中子监测设备的响应要均匀，避免由于燃料组件装、卸过于集中在某一区域而导致出现监测系统保护响应的报警。

(5) 燃料组件装、卸料顺序和装、卸料步骤要便于燃料操作者的记忆，便于燃料组件的入堆方向、方位和入堆燃料组件的坐标的辨别。

(6) 在燃料组件装、卸料方案的制定上，要把可能发生的机械损伤减少到最小，同时装、卸料方案要有规律，便于燃料操作者和监督管理人员的记忆和辨别。

(7) 堆芯卸料的顺序通常是从最靠近换料水池燃料组件运输通道处开始的，这主要是考虑满足原则(2)的要求。堆芯卸料活动必须按照已被批准、生效的电厂关于燃料组件堆芯装卸料管理的质量管理程序的规定和要求，将堆芯所装载的燃料组件逐一地、安全地从堆芯卸入燃料厂房的乏燃料水池内。堆芯卸料步序原则示意图如图 2-6 所示。

(8) 换料堆芯装料的顺序通常是从远离换料水池燃料组件运输通道处开始的。这主要是一方面满足原则(2)的要求，另一方面考虑方便于装料辅助操作工具——靴帮的使用。堆芯装料活动必须按照已被批准、生效的电厂关于燃料组件堆芯装卸料管理的质量管理程序和换料堆芯装载图的规定和要求，将换料堆芯设计规定的新燃料组件数目和需要继续回堆复用的辐照过燃料组件数目，按装料程序规定的先后顺序，依次地、逐一地、安全地将燃料组件装入换料堆芯的预定位置上。换料堆芯装料顺序原则如图 2-7 所示。

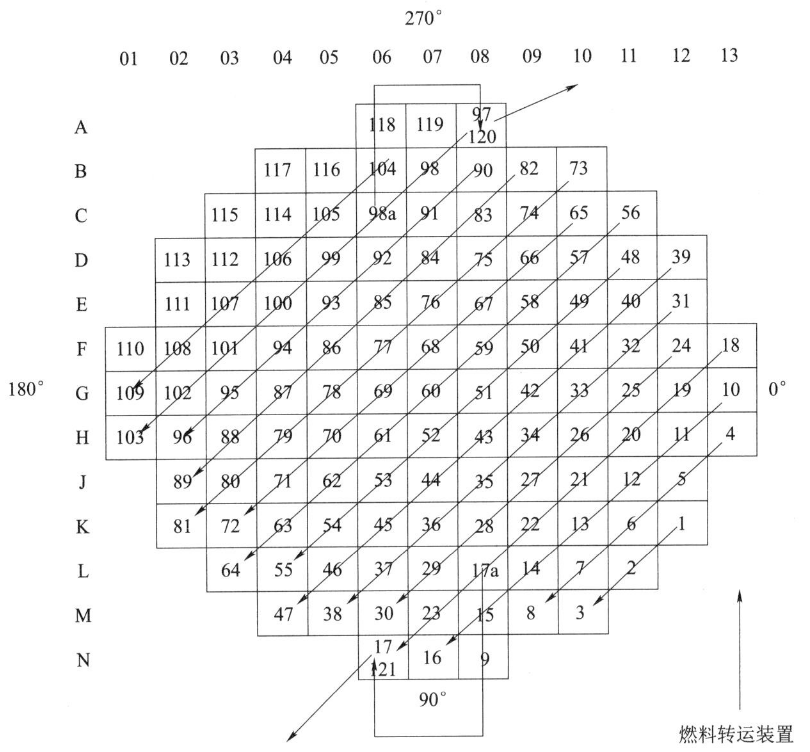

图 2-6　堆芯卸料顺序示意图

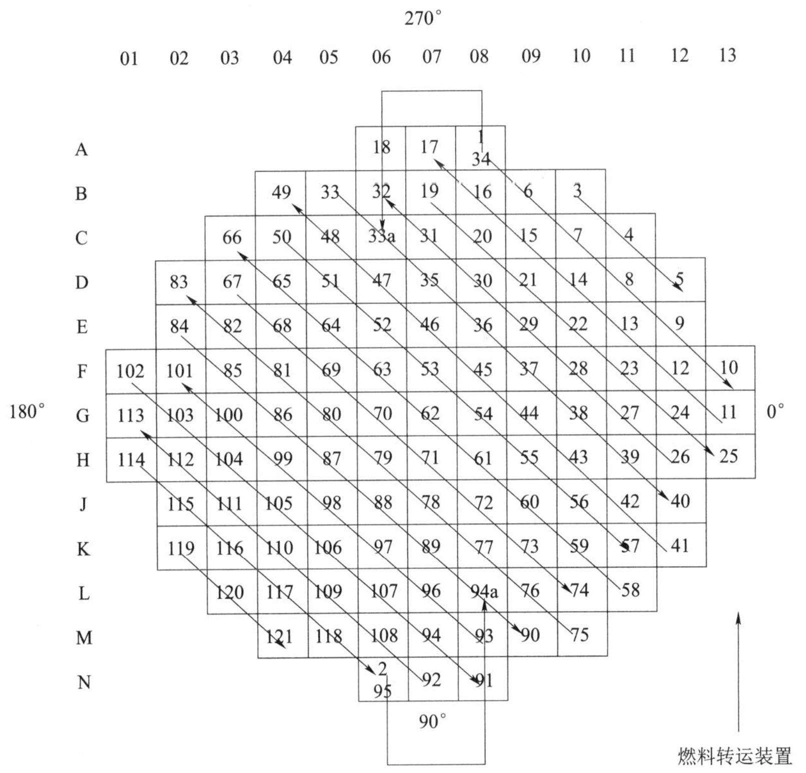

图 2-7　换料堆芯装料顺序示意图

这里需要强调的是,图 2-6 和图 2-7 仅仅是堆芯卸料步序原则和换料堆芯装料顺序原则的示意图,在实际的堆芯装、卸料操作或试验中,这些装、卸料操作步序的规定是可以针对具体的换料堆芯装载方案,考虑换料堆芯燃料组件的使用和布置,以及现场燃料组件装、卸料辅助工具的使用情况,安全、优化地实施燃料组件装、卸料操作等情况,在不违反堆芯装、卸料步序制定原则的基础上,可对部分的燃料组件堆芯装、卸料顺序做适当的调整。这种调整的原则为:不改变堆芯装、卸料步序所规定的反应性引入方向,不影响燃料组件堆芯装、卸料临界安全监督,即对堆外核测仪表系统的源量程测量通道的中子计数率无本质影响,以及确保燃料组件装、卸料操作的安全。

换料堆芯满装载后,通过水下摄像装置,对照最终批准的换料堆芯装载图进行核查,同时记录核查结果。

2.5 反应堆装卸料模式的介绍

2.5.1 反应堆装料模式的介绍

压水核动力堆的堆芯装料模式是于堆芯放射性水平限制和热负荷冷却,以及用于装卸料系统设备运行条件等所决定的。通常有“桥式平板”、“对角线”和“蛇形”三种装料模式。

1)“桥式平板”装料模式

所谓“桥式平板”装料模式就是燃料组件从转运装置中卸出后,沿 90°方向向堆芯移动。装料顺序首先从 270°方向朝 90°方向先装入 3 列,然后在朝 180°方向装入 3 排,以及装入 180°～270°、90°～180°两个象限,再在朝 0°方向上装入 3 排,最后装入 270°～0°、0°～90°两个象限。图 2-8 为“桥式平板”装料模式的示意图。

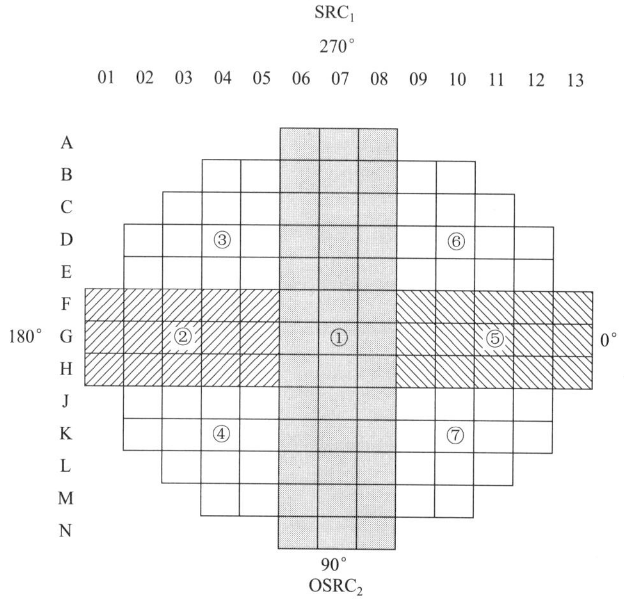

图 2-8 “桥式平板”装料模式示意图

首先装入 270°～90°方向上的燃料组件

(图示中:①、②、③、④、⑤、⑥、⑦表示入堆燃料组件装载顺序)

这种装料模式仅适用于新建成反应堆的首次堆芯装料。它的好处是:① 将 270°方向朝 90°方向 3 列燃料组件装入堆芯,这样后续燃料组件的装入对源量程测量通道的中子计数影响很小;② 压力容器主管道的安全端受力均匀;同时,这一做法也是国际和国内的惯例。这种装料模式也有缺点,如:① 由于燃料组件在装料过程仅有一面有支撑,因此比具有两面存在支撑的装料模式易倾倒;② 这种装料模式不宜于装料操作人员的记忆;③ 入堆燃料组件要多次经过堆芯已就位燃料组件的上方,增加了发生燃料组件跌落损伤到其他燃料组件的概率。该堆芯装料方式仅使用于首燃料循环的堆芯装载操作,绝对不能应用于换料堆芯的装料操作。对于新堆的首次堆芯装料,由于需装入反应堆堆芯的燃料组件都是新的,其放射性水平于自然环境的本地水平相当,而且在堆芯装料过程中需要传输的热负荷很低,这种状态下采用"桥式平板"装料模式反应堆,换料水池中的冷却剂水位可以采用"半湿半干"状态,也就是说,换料水池中的冷却剂液位可以仅达到压力容器出水口的中分面处。CNP650 型压水核动力堆 1、2 号机组的首燃料循环的堆芯装料就采用的是这种装料模式。

另外,采用"桥式平板"装料模式取决于装卸料操作系统设备的设计要求,这些系统设备对运行环境的要求,以及电厂调试规程的要求等。

2)"对角线"装料模式

所谓"对角线"装料模式就是燃料组件从转运装置卸出后,沿堆芯对角线的方向,从 225°向 45°方向进行堆芯装料(如图 2-9 所示),或者从 315°向 135°方向进行堆芯装料(如图 2-7所示)。

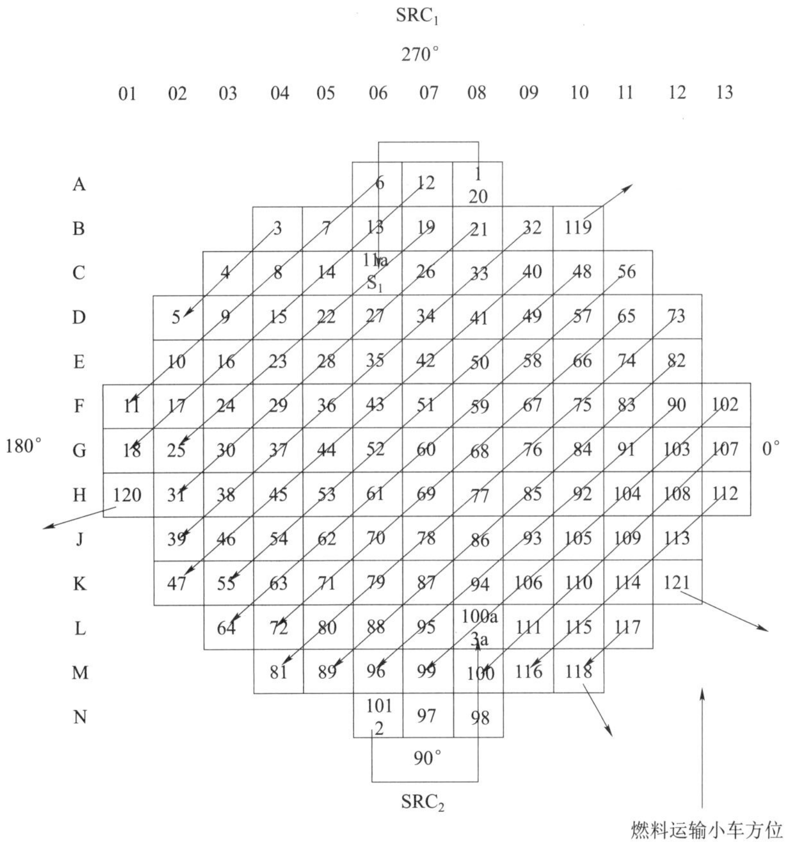

图 2-9 "对角线"模式堆芯装料顺序图

这种装料模式不仅适用于新建成的反应堆首次堆芯装料，而且更适用于堆芯换料后的装料操作。由于经过辐照，燃料组件都或多或少地发生几何结构的形变，这样就必须使用两个接触面为辐照燃料组件提供支撑。它的好处是：① 燃料组件在堆内就位时不易发生倾翻；② 降低了燃料组件在入堆吊装过程中，经过堆芯已就位燃料组件上方的概率；③ 宜于装料操作人员的记忆；④ 为在堆芯暂存燃料组件提供更大的空间。这种装料模式的缺点是：给燃料组件装料辅助工具使用带来一定的不方便。图 2-9 就是 CNP650 型压水核动力堆扩建 3、4 号机组首次堆芯装料操作所采用的堆芯装料步序图。

3）“蛇形”装料模式

所谓“蛇形”装料模式（如图 2-7 所示）是对“对角线”装料模式的改进。这种装料模式更便于燃料组件装料辅助工具的使用。该装料模式通常被用于换料堆芯的装料操作，同时该装料模式相比于“对角线”装料模式更方便在实际堆芯装料操作过程中，考虑对部分燃料组件的入堆步序进行适当的调整。

2.5.2　反应堆卸料模式的介绍

压水核动力堆的堆芯卸料必须考虑堆芯放射性水平对于卸料操作人员影响的限制，以及对裂变产物衰变带来的热负荷的冷却。因此，堆芯卸料时绝对不可以采用“半湿半干”的冷却剂水位。由于燃料组件经过一个燃料循环的辐照，其几何形状都或多或少地发生了一些形变，因此堆芯装料大都采用“对角线”卸料模式和“蛇形”卸料模式。

“对角线”卸料模式和“蛇形”卸料模式是“对角线”装料模式和“蛇形”装料模式的逆过程。“对角线”卸料模式和“蛇形”卸料模式均适合于堆芯卸料操作，但在实际的堆芯卸料步序上更多地采用“对角线”模式（如图 2-9 所示）。这种堆芯卸料模式的好处是：燃料组件卸出堆芯的方向单一，便于卸料操作人员的记忆，同时尽可能避免了卸料对堆芯燃料组件的影响。

2.6　堆芯装、卸料期间的特殊规定和要求

新建成反应堆的首次堆芯装料标志着核设施正式开始投入运行。因此，电厂在堆芯装、卸料前建立起专设的堆芯装卸料组织机构，颁布一整套堆芯装卸料制度、管理程序及各类试验规程，指导堆芯装卸料活动按照《电厂运行技术规范》对换料冷停堆状态反应堆机组及其系统应具备条件的规定，控制堆芯装料和卸料过程，如堆芯次临界度必须始终大于 5 000 pcm；换料水池冷却剂的液位必须大于或等于 19.3 m；硼表必须可用，同时通过对余热排出泵的上、下游硼浓度取样分析，确保换料水池冷却剂中的硼浓度必须符合相应的规定，如对于年换料制，换料水池冷却剂硼浓度要求控制在 2 100～2 300 ppm，对于长燃料循环，即 18 个月换料，换料水池冷却剂硼浓度要求控制在 2 300～2 500 ppm；换料水池的水温应控制在 10～60 ℃；在堆芯装、卸料期间，必须始终保持至少有一个堆外核测仪表系统的源量程测量通道能够对中子计数率进行有效的连续监测，必要时可在备用通道中，安装并使用临时的中子计数装置等要求，以确保堆芯在整个装、卸料操作过程中有足够的安全裕度和有效监督；同时为了防止发生意外的硼稀释，必须将与反应堆相连接的所有除盐水系统严格管理和实施隔离措施，任何可能引起反应性和/或硼浓度变化的操作，必须严格按照技术规范和/或运行规程执行。另外，换料堆芯装料前，核电厂换料堆芯安全评价报告应已获得国家核安全局的批准。

对于原型堆的首次堆芯装料来说，除了上述介绍的采用堆外核测仪表系统中的两套源量程中子计数装置外，还需要在堆内增设 3 套临时的中子计数装置，以防止在堆芯装料过程中由于堆芯布置发生变化时而出现意外临界。必要时，这 3 套临时中子计数装置还要在堆芯装料过程中，随着燃料组件装载的进程进行位置的移动，以便更有效地实施临界安全监督作用。另外，在换料水池内增设了一个铂电阻温度计及其二次数字式仪表，来实施对压力容器内的含硼冷却剂水温的监测，以防止装料过程中出现硼结晶，或者由于温度过高而导致冷却剂水的雾化现象，以及增加对反应堆堆芯轴向不同高度上的硼浓度的有效监控，进一步确保首次堆芯装载全过程的安全裕度。

在暂停堆芯装卸料期间，当两个源量程测量通道中只有一个中子计数率测量通道处于正常工作状态时，则必须确保硼浓度计连续运行，否则应停止反应堆厂房内的燃料操作；在装、卸料过程中，当带中子源组件的位置发生变化时，应及时调整两个源量程测量通道的中子注量率高报警整定值；堆芯装卸料前和装卸料过程中，必须严格设置、调整和检查两个源量程测量通道的报警整定值。

堆芯装、卸料过程中的临界安全监督参数和曲线包括：ICRR 随装、卸料组件数的变化曲线；堆芯温度的变化曲线；硼表读数的变化曲线和换料水池水位的变化曲线。

另外，换料堆芯满装载后，电厂应通过水下摄像装置，对堆芯装载进行核查，以验证其正确性，符合批准的堆芯装载图的规定。

2.7　注意事项

由于堆芯装卸料操作带有一定的核风险，因此在堆芯装、卸料期间，如果发生以下任何一种情况，装、卸料操作应立即停止，须上报并等待堆芯装卸料领导小组对后续工作的决策。这些可导致堆芯装卸料操作停止的事项有：任何一套源量程测量通道的中子计数率突增 5 倍以上；两套源量程测量通道的中子计数率突增 2 倍以上；两套源量程探测器都不可运行，或者与一套源量程测量通道的中子计数测量通道相连接的高计数率报警信号发生动作；源量程测量通道的中子计数率（或者 ICRR）存在明显不正常时；一回路冷却剂的硼浓度发生意外变化，偏离初始硼浓度±20 ppm 以上；一回路冷却剂的温度发生意外变化，其变化量超过±7 ℃；一套源量程探测器不可用，且硼表不可运行时；反应堆厂房＋20 m 堆芯装、卸料主控制台与主控制室，或者与燃料厂房的通讯系统中断时；应急硼化系统不能运行时等。

如果因上述任何一个原因导致堆芯装、卸料操作暂停，都必须弄清异常状况出现的原因。在确保不危及装、卸料安全，或者暂停原因得以纠正以后，才能重新恢复装、卸料操作。绝对不可尝试可能引起堆芯反应性增加的任何操作。在恢复堆芯装、卸料操作前应做如下工作：如果堆芯装、卸料操作暂停超过 4 h，必须对每套源量程测量通道中子计数率进行检查，必要时可重新计算基准计数率，并调整程高中子注量率报警整定值。

当堆芯装、卸料操作暂停时，对换料水池硼浓度取样分析的频度仍按正常卸料操作期间的间隔和频度进行取样分析，如 24 h。此外，每小时对源量程测量通道的中子计数率、硼表读数和系统状态参数进行一次测量；在堆芯装、卸料过程中如硼表不可用，应加强硼浓度取样分析的频度，每 12 h 对换料水池进行一次取样分析；若堆芯装、卸料过程中，一回路冷却剂的硼浓度低于技术规格书的限值要求，则把硼酸箱中的浓硼酸通过应急硼化管线注入一回路冷却剂系统中，使硼浓度恢复到规定的限值以上，同时应查明引起硼浓度下降的原因；若堆芯装、卸料过程中，发生意外达临界，则把硼酸箱中的浓硼酸通过应急硼化管线注入一回路冷却剂系统中，直至中子倒计数率外推为次临界时为止；源量程测量通道高中子注量率报警整定值最大为3倍于实测中子注量率，必要时(如中子源组件移位或者计数率波动过大)可调整此整定值。

在堆芯装、卸料过程中，如需对装、卸料步序进行调整，或需在堆芯临时性地暂搁一组燃料组件时，必须严格遵守如下调整原则：如果要在堆芯临时性地暂搁一组燃料组件，必须使该燃料组件紧靠围板壁；如果需要调整堆芯装、卸料步序，必须是在不影响堆芯卸料临界安全监督，即不影响源量程测量通道的正常监测功能。

第三章　反应堆临界试验

3.1　概　述

临界是核反应堆物理最基本的问题。在核电厂中，堆芯临界试验可分为：首次临界、恢复临界和换料后的初始临界。堆芯临界试验的目的在于使反应堆堆芯安全、顺利地由次临界状态达到临界状态，并确定这个状态下的临界条件，即临界棒位和临界硼浓度。所谓首次堆芯临界是指反应堆建造完成后，第一次从次临界状态达到稳定的自持链式裂变反应的过程。

由于反应堆的类型不同，启动的顺序和采用的具体方法各有差异。但是，使反应堆达到临界状态的原理是相同的，基本做法也有共同性：都是首先根据电厂运行技术规范的要求，确定一个次临界状态，其次临界度一般以过去已有的同类型反应堆的临界试验经验值、过去的临界试验值或比较可信的理论值为依据，然后进行达临界试验。压水堆核电厂的堆芯是在核裂变材料、慢化剂、结构材料以及吸收材料（控制棒及化学毒物）已经确定的情况下，通过控制棒的提升或冷却剂中硼浓度的稀释两种方式来使反应堆达到临界状态的，并确定反应堆的临界条件，即临界控制棒棒位和临界硼浓度。影响临界状态的主要因素有中子的增殖、吸收与泄漏。这些因素又涉及核裂变材料、慢化剂、结构材料以及吸收材料的种类、密度、数量和状态。

3.2　试验原理

3.2.1　次临界公式

为在整个临界过程中都能够随时掌握反应堆的次临界状态，并预计临界点，使临界操作有据可依，在逼近临界的过程中需要进行中子计数率的测量，并作出中子计数率的倒数外推曲线。由基于点堆动力学模型的中子动力学方程：

$$\frac{\mathrm{d}n(t)}{\mathrm{d}t}=\frac{k_{\mathrm{eff}}(t)(1-\beta_{\mathrm{eff}})-1}{l}n(t)+\sum_{i=1}^{6}\lambda_i C_i(t)+S(t)$$

$$\frac{\mathrm{d}C_i(t)}{\mathrm{d}t}=\frac{k_{\mathrm{eff}}(t)\beta_{i,\mathrm{eff}}}{l}n(t)-\lambda_i C_i(t) \tag{3-1}$$

式中：$n(t)$表示与时间相关的中子密度，单位为 $\mathrm{n/cm^3}$；$\frac{\mathrm{d}n(t)}{\mathrm{d}t}$表示与时间相关的中子密度随时间的变化率，单位为 $\mathrm{n/(cm^3 \cdot s)}$；$k_{\mathrm{eff}}(t)$表示与时间相关的有效增殖因数；$\beta_{\mathrm{eff}}$表示缓发中子的总有效份额；$\beta_{i,\mathrm{eff}}$表示第 i 组缓发中子在全部裂变中子中所占的有效份额：

$$\beta_{\mathrm{eff}}=\sum_{i=1}^{6}\beta_{i,\mathrm{eff}}\ ;$$

l 表示堆中子的平均寿命，单位为 s；$C_i(t)$表示 t 时刻的第 i 组缓发中子的先驱核浓度，单位为 n/cm^3；$S(t)$表示 t 时刻的外中子源强度，单位为 Bq；λ_i 表示第 i 组缓发中子先驱核裂变碎片的衰变常量，单位为 1/s，其中，$i=1\sim6$。

在反应堆逼近临界过程中，由于堆内存在外中子源，使处于次临界状态的反应堆也可形成稳定的中子分布，即：

$$\frac{\mathrm{d}n(t)}{\mathrm{d}t}=0 \tag{3-2}$$

$$\frac{\mathrm{d}C_i(t)}{\mathrm{d}t}=0 \tag{3-3}$$

这样，解式(3-2)和式(3-3)，得：

$$n=\frac{l}{1-k_{\mathrm{eff}}}S \tag{3-4}$$

式中：$(1-k_{\mathrm{eff}})$表征反应堆的次临界度。式(3-4)就是次临界公式。

由式(3-4)可以看出，$n\propto\frac{1}{(1-k_{\mathrm{eff}})}$，当 $n\rightarrow\infty$时，$k_{\mathrm{eff}}\rightarrow1$，反应堆便达到临界状态。

3.2.2　外推临界方法

临界过程中根据不同的操作过程和监督参数有不同的外推方法。

1) 中子计数率的倒数(1/M)外推法

根据次临界公式(3-4)可知，堆内初始的中子数：

$$N_0=\frac{S}{1-k_{\mathrm{eff},0}} \tag{3-5}$$

任一时刻的堆内中子数为：

$$N_i=\frac{S}{1-k_{\mathrm{eff},i}} \tag{3-6}$$

对堆内中子数的变化进行归一，则可得到：

$$M=\frac{N_i}{N_0} \tag{3-7}$$

为了便于监督，通常采用中子倒计数率(1/M)对控制棒棒位、一回路硼浓度和稀释水量进行外推。1/M 的定义如下：

$$\frac{1}{M}=\frac{N_0}{N_i} \tag{3-8}$$

式中，N_0为基准中子计数率；N_i为不同棒位或不同硼浓度或不同稀释水量和水体积或不同时间下的中子计数率。

理想的 1/M 曲线是一条直线，但是实际上 1/M 曲线有可能是凹形的也可能是凸形的。尽管存在这两种情况，但是最后外推临界的结果都归于一点。就外推而言，凹形走向较为安全，如图 3-1 所示。影响 1/M 曲线的因素有：中子源在堆芯的位置；中子源强度；中子探测器的位置。

改变堆内 k_{eff}的途径可以通过改变控制棒棒位或硼浓度的方法来实现。

根据式(3-5)～式(3-7)可得：

$$M=\frac{1-k_{\mathrm{eff},0}}{1-k_{\mathrm{eff},i}} \tag{3-9}$$

所以

$$k_{\mathrm{eff},i}=1-\frac{1-k_{\mathrm{eff},0}}{M}=1-\frac{\Delta k_{\mathrm{eff},0}}{M} \tag{3-10}$$

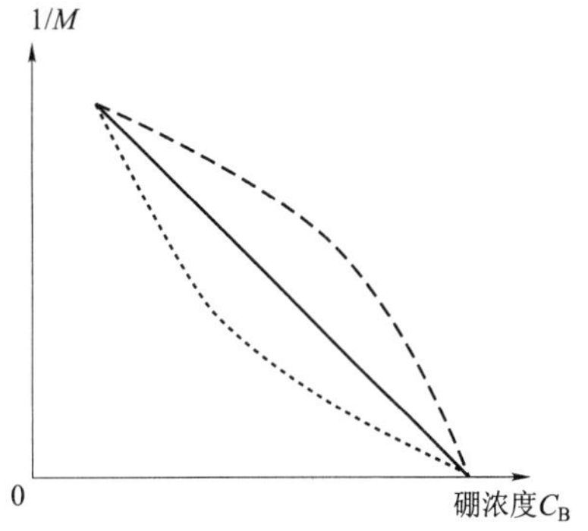

图 3-1 1/M 外推曲线

2）相似三角形方法

在图 3-2 中，当控制棒棒位位于 h_1 时，中子计数率为 N_1，当控制棒棒位位于 h_2 时，中子计数率为 N_2。在这两个相似三角形中有：

$$x=a\times\frac{N_1}{(N_2-N_1)} \tag{3-11}$$

这样可以求出预计的临界棒位为：

$$h_c=h_2+a\times\frac{N_1}{(N_2-N_1)} \tag{3-12}$$

由此可以进行如下判断：

当 $N_2=2N_1$，即中子计数率翻一番时，$x=a$ 意味着控制棒再提 a 步，反应堆即可达到临界；当 $N_2=3N_1$，即中子计数率增长超过一倍时，$x=a/2$ 意味着控制棒再提 $a/2$ 步（小于 a 步），反应堆即可达到临界；当 $N_2=(3/2)N_1$，即中子计数率增长没有超过一倍时，$x=2a$ 意味着控制棒再提 $2a$ 步（大于 a 步），反应堆方可达到临界。

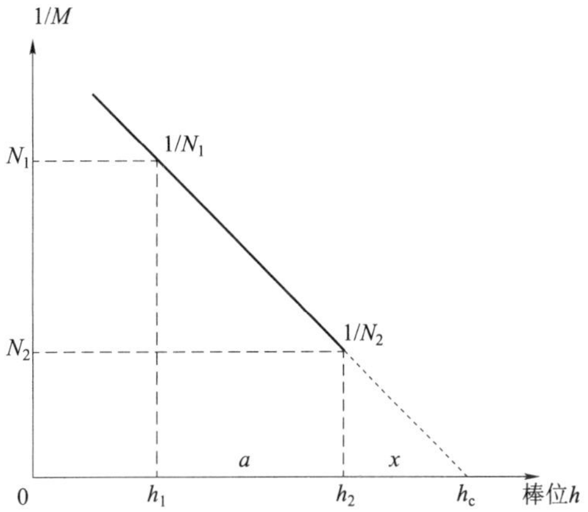

图 3-2 相似三角形方法

因此，在提棒达临界操作过程中，可以根据每次提棒完毕后中子计数变化的情况，来预计控制棒再提升多少步后反应堆可以达到临界状态。这在反应堆启动过程中是很有实际意义的。

上述两种方法在压水堆核电厂的临界试验过程中都要使用到，只不过使用的阶段是不一样的。由于 1/M 外推法可以得到一条完整的中子计数特性的曲线，因此它常常用在次临界深度较深的阶段，如硼浓度稀释前的提升控制棒组的操作和硼浓度稀释过程中的临界安全监督。而相似三角形方法更适合于快速计算，不需要作图外推，而且计算简单，计算结果准确。因此，该方法通常被用于硼浓度稀释均匀后的提棒达临界过程中。

3.3 临界条件的确定

根据反应堆临界理论可知，当反应堆达到临界状态时，扩散方程中的材料曲率 B_m^2 与几何曲率 B_g^2 相等，即：

$$\frac{k_\infty-1}{L^2}=B_m^2=B_g^2=-\frac{1}{\varphi}\nabla^2\varphi \tag{3-13}$$

式中，$L^2=\frac{D}{\Sigma_a}$，D为扩散系数，无量纲；Σ_a为宏观吸收截面，单位为 cm^{-1}。

B_m^2 与 B_g^2 的关系与堆状态有关，如下所述：

- 次临界　$B_g^2>B_m^2$　$k_{eff}<1$
- 临界　$B_g^2=B_m^2$　$k_{eff}=1$
- 超临界　$B_g^2<B_m^2$　$k_{eff}>1$

当反应堆达到临界状态时，式(3-13)也可以写成：

$$\frac{k_\infty}{1+L^2B^2}=1 \tag{3-14}$$

式(3-13)与式(3-14)都称为有限大均匀裸堆的单群临界条件或临界方程。由于反应堆临界时，$B_g^2=B_m^2$，所以式(3-14)中的 B^2 既是 B_g^2，又是 B_m^2。因而如果已知材料的核特性，即已知 B_m^2，通过 B_g^2，我们可以解得反应堆临界时的几何尺寸，反之亦然。

对于有限高圆柱反应堆来说，当堆芯临界时，其高度 H 与半径 R 须满足：

$$B^2=\frac{k_\infty-1}{L^2}=\left(\frac{2.405}{R}\right)^2+\left(\frac{\pi}{H}\right)^2 \tag{3-15}$$

该式只给出 R 与 H 的关系而不能给出确定的值。

当反应堆临界时，堆芯的体积称为临界体积。而此时堆芯装载的燃料质量称为临界质量。显然，反应堆的临界质量大小取决于反应堆的材料组成和它的几何形状。而决定反应堆临界大小的另一个因素是反应堆的形状，要使堆芯的临界大小要小，就要提高中子的不泄漏概率，即减少中子的泄漏，就要求堆芯的表面积与体积之比最小，因为中子的泄漏是通过堆芯的表面积发生的。因此，临界体积和临界质量是由控制棒组的临界棒位和反应堆冷却剂系统的临界硼浓度共同建立的。这两个临界条件是一一对应的，即给定一个临界棒位就可对应确定一个临界硼浓度，反之亦然。

因此，压水核动力堆在实际达临界之前，为了引导反应堆安全、顺利地达到临界状态，通常都需要事先由理论计算给出一个希望达到的预计临界条件，然后用此预计结果来指导实际的反应堆启动物理试验，并最终通过实际的启动物理试验结果进行验证。

在进行预计临界条件的计算时，由于临界棒位和临界硼浓度是两个一一对应的计算参数，因此在理论计算中通常是先确定其中的一个参数，然后由理论计算得到另一个参数。参数的选择通常是根据反应堆达临界操作的要求、反应性控制的要求和为了后续物理试验创造条件的目的而确定的。一般在工程上，更多的是希望采用提升控制棒的方式向超临界过渡，并由调整控制棒棒位的方式控制反应堆的临界状态，而且临界棒位必须满足电厂运行技术规范的规定，即临界棒位必须落在“控制棒组咬量与插入限值之间”的要求。这是因为在反应堆达临界操作过程中，反应堆冷却剂系统的硼浓度变化范围是比较大的，而且受化学取样分析结果的时间滞后和硼表测量精度的影响，不利于反应堆向超临界过渡和临界状态的控制。因此，一般在工程上通常都是先确定临界棒位参数，然后由理论计算给出预计的临界硼浓度参数。

临界棒位的选择依据需要考虑两个方面的因素，一个因素是临界棒位及其附近的棒位要具有一定量的微分反应性价值，这是因为一方面能够引入足够的反应性变化确保反应堆堆芯能够安全稳定的达到临界状态，另一方面是在异常情况下能够有效地控制反应性的变化，抑制反应性的快速增长。第二个因素就是临界棒位必须在该组控制棒组积分价值曲线的线性段上，而且最好是线性段的中上部左右。这样的设计是考虑了三个方面的因素，一方面是给最后采用“提棒”向超临界过渡留有提棒引入正反应性的空间；第二个方面是在此过程中，每提升一步控制棒向堆芯引入的正反应性是均匀的，这样便于试验操作人员较为准确地判断临界棒位；第三个方面是为后续物理试验的初始状态的调整创造条件。

3.4 达临界方法

压水核动力堆达临界试验的方法通常有两种，一种是采用“提棒—稀释—提棒”的方式向超临界状态过渡，另一种是采用“稀释—提棒”的方式向超临界状态过渡。下面就这两种达临界方法与其不同点进行介绍。

“提棒—稀释—提棒”的达临界方法是，在已确定的次临界状态下，首先是将控制棒组提升至主调节棒组的微分价值呈线性段的开始处，以秦山第二核电厂的经验为主调节棒组距预计的临界棒位还差不低于 230 pcm 的棒位上，其他控制棒组均已推出堆芯；其次是堆芯在此插棒状态下，开始对反应堆冷却剂系统中的硼浓度采用连续稀释的方式向临界状态逼近，当反应堆冷却剂系统中的硼浓度被稀释至中子倒计数率 $1/M\approx0.08$ 时，停止硼稀释操作，以秦山第二核电厂的经验为距外推预计的临界硼浓度还差不低于 30 ppm 时；在反应堆冷却剂系统充分均匀后，最后通过分段提升控制棒的方式向超临界状态过渡，并以此判断反应堆达到临界状态。

“稀释—提棒”的达临界方法是，在标准热停堆状态下，首先是对反应堆冷却剂系统中的硼浓度采用连续稀释的方式向临界状态逼近，当反应堆冷却剂系统中的硼浓度被稀释至距理论预计的临界硼浓度还差不低于 50 ppm 时，停止硼稀释操作；其次是堆芯在此硼浓度状态下，先将热停堆状态下要求的控制棒组插棒状态，调整至控制棒组全部插入堆芯状态，然后通过分段提升控制棒组的方式不断地向临界状态逼近，最后向超临界状态过渡，并以此判断反应堆达到临界状态。

对于“提棒—稀释—提棒”的达临界方法，首先是通过第一步的“提棒”操作将绝大多数的控制棒组提出堆芯，为后续的向临界状态逼近操作留有足够的停堆裕度；其次是由于此步骤操作后除主调节棒组以外的其他控制棒组均已推出堆芯，主调节棒组被提升至棒组微分价值呈线性段的开始处，这样为主调节棒组在最后向超临界状态过渡时，向堆芯引入线性反应性创造了良好的基础。正因为引入的反应性是均匀的，因此大大地提高了第二步“稀释”操作过程中外推临界的准确度。最后采用“提棒”的方式向超临界状态过渡，可安全、快速、准确地引导反应堆实现向超临界状态的过渡。

对于“稀释—提棒”的达临界方法，由于在标准热停堆状态下，大部分的控制棒组都存在于堆内，这样相对于“提棒—稀释—提棒”达临界方法来说，堆芯的次临界度是比较深的，临界外推的准确性就不是很高。另外，由于在标准热停堆状态下，还有部分控制棒组已被要求提出堆外，这样为“稀释”向临界逼近操作留有足够的停堆裕度。因此，该方法在“稀释”操作过程中，其稀释速率相对于“提棒—稀释—提棒”达临界方法来说是可以提高的。但是，由于在第二步提升控制棒组向临界状态逼近和向超临界状态过渡之前，首先需要有一个调整控制棒组棒位的操作，因此存在由于理论预计的临界硼浓度不准确而导致停堆裕度降低的风险。同时，用于此操作临界外推的基准中子计数率不同于“稀释”操作均匀后的中子计数率，不利于发现或者判断反应堆冷却剂系统是否存在误稀释的可能性。因此，该方法更多的用于反应堆正常运行期间停堆后的恢复临界操作。

“提棒—稀释—提棒”达临界方法是压水核动力堆最为常用的达临界方法。该方法在实际的反应堆达临界操作过程中也存在有两种方式。这两种方式分别为“提棒—稀释—提棒”达临界方式和“提棒-稀释”达临界方式。后一种方式通常是基于比较准确的和可靠的理论预计值的达临界试验。

“提棒—稀释”达临界方法与“提棒—稀释—提棒”达临界方法的不同在于，“提棒-稀释”达临界方法首先将控制棒组提升至理论预计的临界棒位上，其次是堆芯在此插棒状态下，将反应堆冷却剂系统中的硼浓度连续稀释至中子倒计数率 $1/M\approx0.08$ 时，停止硼稀释操作；最后反应堆可在反应堆冷却剂系统在均匀过程中实现向超临界状态过渡，否则可通过分段提升控制棒的方式向超临界状态过渡，并以此判断反应堆达到临界状态。

在上述介绍的反应堆达到临界过程中，逼近临界的过程中必须进行中子计数率的监测，并根据中子计数率的倒数外推曲线判断临界条件。也就是说，在反应堆达临界过程中，随着逐步地向堆芯引入正反应性，堆内中子注量率水平的逐渐增大，堆芯次临界度逐渐减小，从而可实现引导反应堆堆芯向临界状态逼近。当堆芯出现正的、稳定的倍增周期时，说明堆芯已过渡到超临界状态。

3.5　临界试验步骤

在首先确定的次临界状态下，采用提棒和连续稀释的方式向临界状态逼近，最后通过分段提升控制棒的方式，向超临界状态过渡，以此判断反应堆已达到临界状态。在逼近临界的过程中进行中子计数率的监测，并根据中子计数率的倒数外推曲线，判断临界条件。在反应堆临界过程中，随着逐步地向堆芯引入正反应性，堆内的中子注量率水平逐渐地增大，堆芯次临界度逐渐地减小，从而可实现引导反应堆堆芯向临界状态逼近。当堆芯出现正的、稳定的倍增周期时，说明堆芯已过渡到超临界状态。

3.5.1　临界试验步骤

压水核动力堆的临界试验步骤可分为以下四个阶段：

1）提升控制棒组

反应堆在热停堆状态下，将调节棒组 A、B、C 和 D 按照正常的重叠棒组方式放置在 5 步状态位置上；建立两个源量测量程通道的基准计数率；将调节棒组的提升方式置于“手动”状态；按重叠棒组提升方式提升控制棒组，在提升控制棒组的过程中，当每提出 50 步时停止调节棒组的提升操作，完成一次中子计数的测量，并做以调节棒组提升步数的 $1/M$ 倒计数曲线；当重叠棒组提升至留在堆内的控制棒组积分价值在 500～700 pcm 的棒位时，停止调节棒组的提升操作。

2）进行一回路硼浓度的稀释

在完成调节棒组提升操作后，投入稳压器的所有电加热器，打开喷淋阀，投入化学和容积控制系统（RCV 系统）的两个下泄流孔板，将稳压器的压力控制置于“自动”方式。上述状态将一直保持到反应堆达到初始临界状态;重新建立新的基准计数,并在稀释过程中每隔 15 min 做一次中子计数率倒数($1/M$)与时间、加水量及硼浓度的外推曲线;同时每隔 30 min 进行一次冷却剂系统硼浓度的实验室取样分析,并在每隔 1 h 记录一次堆芯状态参数。

硼稀释水量和稀释速率的计算按照下列计算方法进行:

首先,进行稀释水量的计算。根据稀释前后的硼总量不变,有

$$M_0 C_{B,初} = (M_0 + Q) C_{B,末} \tag{3-16}$$

即

$$\frac{C_{B,初}}{C_{B,末}} = \left(1 + \frac{Q}{M_0}\right) \tag{3-17}$$

因为$\frac{Q}{M_0} \ll 1$,所以

$$\frac{C_{B,初}}{C_{B,末}} = e^{\frac{Q}{M_0}} \tag{3-18}$$

则有

$$Q = M_0 \ln\left(\frac{C_{B,初}}{C_{B,末}}\right) \tag{3-19}$$

式中,Q 为稀释水的总量,单位为 t;$C_{B,初}$ 为稀释或硼化前反应堆冷却剂系统中的硼浓度,单位为 ppm;$C_{B,末}$ 为稀释或硼化后反应堆冷却剂系统中的硼浓度,单位为 ppm;M_0 为反应堆冷却剂系统的水总量,单位为 t。

$$M_0 = \rho V_0 = \rho (V_1 + V_2) \tag{3-20}$$

式中,V_1 为反应堆冷却剂系统(RCP)的水装量,单位为 m^3;V_2 为化学和容积控制系统的水装量,单位为 m^3;ρ 为反应堆冷却剂系统水的密度(按当时回路的平均温度 T_{avg} 和压力 p),单位为 t/m^3。

其次,进行稀释速率的计算,有

$$F = \frac{1}{C_B} M_0 \frac{dC_B}{dt} \tag{3-21}$$

式中,F 为稀释速率,单位为 t/h;$\frac{dC_B}{dt}$为硼稀释微分速率,单位为 ppm/h,且有

$$C_B = \frac{C_{B,初} + C_{B,末}}{2} \tag{3-22}$$

由于开始稀释操作的硼浓度总是大于在该状态下的最小停堆硼浓度,因此反应堆冷却剂系统中的硼浓度都很高,例如初始堆芯硼浓度在 2 100 ppm 以上。因此,硼稀释操作首先采用的是快速稀释方法,按式(3-21)计算的稀释速率,以恒定的方式对反应堆冷却剂系统进行快速硼稀释。当中子倒计数率 $1/M \approx 0.2$,或当前实验室取样分析的硼浓度 C_B^{mes} 距离外推目标临界棒位的预测临界硼浓度 $C_{B,cri}^{cal}$ 还差 100 ppm,即:$C_B^{mes} = C_{B,cri}^{cal} + 100$ ppm 时,停止快速稀释,并转为慢速稀释。

慢速稀释通常采用以 500 pcm/h 的恒定速率进行,当中子倒计数率 $1/M \approx 0.08$,或当前实验室取样分析的硼浓度 C_B^{mes} 距离外推目标临界棒位的预测临界硼浓度 $C_{B,cri}^{cal}$ 还差 30 ppm,即:$C_B^{mes} = C_{B,cri}^{cal} + 30$ ppm 时,停止慢速稀释;等待反应堆冷却剂系统稳定 30~60 min,使反应堆冷却剂系统中的硼浓度尽可能地充分均匀,直到使反应堆一回路冷却剂系

统内的硼浓度与稳压器内的硼浓度之差的绝对值小于或等于 20 ppm，即 $|C_{B,loop}-C_{B,prz}|\leqslant$ 20 ppm 时，停止所有的稀释操作。另外，在硼稀释的过程中，还需要注意以下两点：

① 在硼稀释过程中，反应堆冷却剂中的硼浓度 $C_{B,loop}$ 与稳压器中的硼浓度 $C_{B,prz}$ 应始终保证：$C_{B,loop}\leqslant C_{B,prz}+50$ ppm，否则应暂停稀释操作，直至化学实验室取样分析结果满足上述要求后，才允许继续执行稀释操作。当 $C_{B,prz}-C_{B,loop}>100$ ppm 时，建议可酌情考虑降低稀释速率或暂停稀释操作，以便于反应堆冷却剂系统中硼浓度尽可能地均匀；

② 采用最大硼稀释速率时，引入的反应性速率应小于理论计算给出的热停堆硼稀释事故时最大反应性添加速率限值，如 CNP650 型压水核动力堆《首燃料循环堆芯启动物理试验理论数据报告》给出的为 0.97 pcm/s。

3）次临界下的刻棒

在达临界过程中，当反应堆处于逼近临界的次临界状态时，可用计数率外推法对控制棒组的价值作初步刻度，一方面可以检查控制棒的性能，另一方面可为提棒达临界反应性计算提供较为精确的控制棒组价值。

在刻棒试验开始时，探测器的稳定中子计数率 N_1，对应地有 $1/M_1$。将待刻棒组插入堆芯，并当中子计数率稳定后，在同一探测器上测量出的中子计数率为 N_2，对应地有 $1/M_2$。从临界外推曲线上可以得出：$1/M_1$ 和 $1/M_2$ 差值所对应的硼浓度差值，乘以该状态下的硼微分价值 α_B，求得 $\Delta C_B\times\alpha_B$ 的计算值，即为待刻棒组的价值。

4）提棒向超临界过渡

当堆芯充分均匀，即 $|C_{B,loop}-C_{B,prz}|\leqslant 20$ ppm 后，重新读取两个源量程测量通道 SRC_1、SRC_2 的各 10 个具有一段间隔时间的中子计数，作为提棒向超临界过渡期间临界安全监督的基准中子计数，并以此进行 $1/M$ 归一；逐步提升主调节 D 棒组，进行倒中子计数率外推临界计算，以预计反应堆的达临界状态；如果外推 D 棒组提升至堆顶（即控制棒组全部提出堆芯状态，英文为 All Rod Out，简称 ARO）时，反应堆仍未达到临界，则须将 D 棒组插回到提升控制棒组前的初始棒位上，并以 500 pcm/h 的恒定流量进行慢速稀释，向堆芯引入正反应性。其稀释水量由引入的反应性应不超过控制棒组从当前棒位提升至 ARO 状态所需要的反应性 ρ 来确定，通常按 1/3 原则确定每次向堆芯引入的正反应性。需稀释的水量按下列方法进行确定。

首先，估算控制棒组从当前棒位提升至 ARO 状态所需要的剩余反应性，也就是确定控制棒组位于两个棒位间的理论棒组积分价值 $\Delta\rho_D$，单位为 pcm：

$$\Delta\rho_D=\alpha_D\times(D_{ARO}-D_i) \tag{3-23}$$

式中，D_i 为待提控制棒组当前棒位，即提棒前棒位，单位为步（step）；D_{ARO} 为控制棒组提升至 ARO 状态的棒位，如 CNP650 型压水核动力堆控制棒组的全提棒位为 225 step，单位为步（step）；α_D 为当前棒位 D_i 至全提棒位 D_{ARO} 之间的平均棒组微分价值，单位为 pcm/step；$\Delta\rho_D$ 为从当前棒位 D_i 到全提棒位 D_{ARO} 的剩余反应性价值，单位为 pcm。

其次，确定稀释后的一回路目标硼浓度：

$$C_{B末}=C_{B初}-\frac{\Delta\rho_D}{3\times\alpha_B} \tag{3-24}$$

式中，$C_{B初}$ 为稀释前反应堆冷却剂系统的实测硼浓度，单位为 ppm；α_B 为当前反应堆所处状态下的理论硼微分价值，单位为 pcm/ppm；$C_{B末}$ 为稀释后反应堆冷却剂系统的估算硼浓度，单位为 ppm。

然后，按照式(3-19)确定的稀释总水量 $Q(t)$。按照 500 pcm/h 的恒定稀释速率，进行反应堆冷却剂系统的慢速硼浓度稀释。

当堆芯充分均匀，即 $|C_{B,loop}-C_{B,prz}|\leqslant 20$ ppm 后，重新测基准中子计数率进行 $1/M$ 归一；重复上述提棒向超临界过渡的试验操作，直至反应堆出现稳定的不短于 80 s 正周期为止。此时反应堆已经达到超临界状态，然后根据《启动物理试验理论数据报告》给出的反应性与周期的数据表，查出反应堆出现的正周期所对应的反应性，计算出主调节棒组 D 所需插入的步数，最后将主调节棒组 D 下插相应的步数，使反应堆刚好达到临界状态。此时的主调节棒组 D 的棒位即为临界棒位，反应堆冷却剂系统的实测硼浓度即为临界硼浓度。

3.5.2 临界点的判断

1）通过源量程测量通道的中子计数和倍增周期监测判断临界点

源量程测量通道未被切除（在 CNP650 型压水核动力堆以 P_6 信号产生为标志）之前，可通过秒表仔细观察源量程测量通道的中子计数的倍增时间，及其周期读数的变化与稳定情况。

在源量程测量通道观察到的中子计数快速增长过程中，其倍增周期稳定在某一段数据内变化（如 120～160 s 或者 180～240 s 等）时，表明反应堆已达到超临界状态。

2）通过中间量程测量通道的倍增周期监测判断临界点

当源量程测量通道被切除后，通过仔细观察堆外核测仪表系统中间量程测量通道的周期读数的变化与稳定情况，当观测到中间量程测量通道的倍增周期稳定在某一段数据内变化（如 120～160 s 或者 180～240 s 等）时，表明反应堆已达到超临界状态。

3）通过观测反应性仪的中子注量率水平和反应性指示判断临界点

反应性仪测量的中子注量率水平在逐步增长，同时，反应性仪给出了稳定的正反应性 $\rho>0$ pcm，表明反应堆已达到超临界状态。

图 3-3 为 CNP650 型压水核动力堆 1 号机组首次堆芯临界试验的外推曲线。

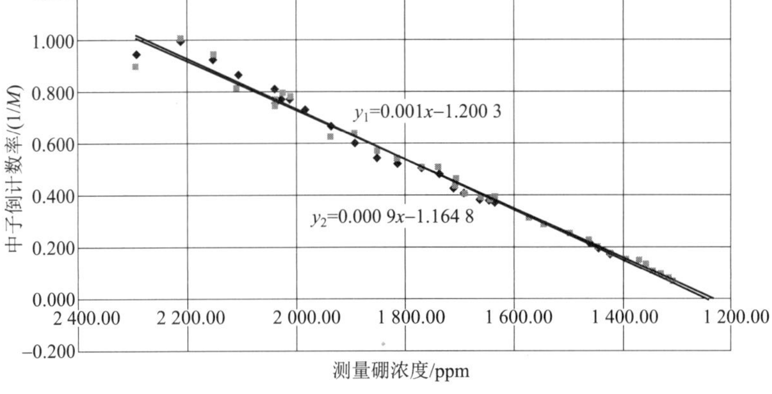

图 3-3 1 号机组首次堆芯临界试验外推曲线

3.5.3 临界过程应注意的问题

临界试验必须严格遵守电厂运行技术规格书中的规定。在逼近临界时，次临界度 ρ 愈小，反应性引入率 $\delta\rho/\delta t$ 也应愈小，因此应采用逐步逼近的方式引导反应堆达临界。同时，应采用单一反应性控制原则，即不能采用两种或两种以上的方式向堆芯引入正反应性。反应堆启动率(SUR)应小于 1 DPM，即中子注量率增加的周期不得短于 26 s(即倍增周期不得短于 18 s)。试验期间，应严禁引起反应堆冷却剂平均温度突然变化的操作。稀释前的提棒阶段，应防止意外硼稀释事故的发生，杜绝意外临界。在试验期间，当反应堆出现任何异常情况(中子计数不正常、硼浓度陡降、冷却剂温度和压力异常或者发生紧急停堆事件等)时，都应立即停止稀释或提棒操作；如果这种异常情况的原因已知，且不影响或危及核电厂的核安全，反应堆可重新进入启动的初始状态，硼浓度应维持在电厂运行技术规格书要求的最小停堆硼浓度上。如果异常情况出现前，反应堆还处于次临界状态下，反应堆可继续完成临界操作步骤。如果异常情况出现前，反应堆已经达临界状态，并由此而导致反应堆停堆，则可采用提棒方式，使反应堆恢复临界，在提棒过程中做计数率倒数外推曲线。在恢复临界过程中，如果调节棒组 D 已经提至堆顶，反应堆仍未临界，这时应调节棒组插入至控制棒组插入限值处，硼浓度维持在电厂运行技术规格书要求的最小停堆硼浓度上，重新进行临界硼浓度和临界棒位的计算。如果实际临界状态参数(包括临界硼浓度和临界棒位等)折算的反应性超出预计临界状态参数折算的反应性 500 pcm 的限值时，必须查明原因。在原因不清楚的情况下，禁止提升反应堆功率。

3.5.4 堆芯恢复临界

反应堆在正常运行过程中，因某种原因使反应堆处于热停堆或冷停堆状态，在这种状态下的反应堆重新启动属于恢复临界。反应堆经过首次或初始临界后，已经精确地知道堆芯的临界硼浓度和临界棒位。在进行反应堆恢复临界前，可按照电厂运行技术规格书的要求，根据停堆前堆芯实际运行的工况和停堆时间，进行临界硼浓度和临界棒位的估算，其计算结果可作为恢复临界的依据。恢复临界通常有两种情况：

(1) 已知堆的临界硼浓度，需要确定临界棒位；

(2) 已知欲达临界的棒位，确定临界硼浓度。

实际上，临界条件的估算是对停堆前的运行工况与现在要启动的工况的反应性进行平衡计算。考虑的因素包括控制棒位、功率亏损、毒性及硼浓度等。

为了更清楚地说明，现举例说明如下：

设已知停堆前反应堆稳定功率运行在 76%FP 功率水平下(平衡 Xe 毒)，临界控制棒位为 193 步(D 组)，硼浓度 C_B 为 444 ppm(堆芯寿期：MOL)。现在，停堆后 1 h 启动，此时硼浓度 C_B 为 425 ppm。试进行临界估算，确定临界棒位。

为了更好地适应运行格式标准化，采取列表的方式：

A. 启动后预期的临界棒位，控制棒 D 组 X 步，反应性当量为 (－)ρ_x(pcm)；

B. 停堆前临界棒位，控制棒 D 组 193 步反应性当量为 (－)190 (pcm)；

C. 由棒位不同向反应堆引入的反应性量＝(A－B)＝$-\rho_x+190$ (pcm)；

D. 功率亏损为 (＋)1 220 (pcm)；

E. 现在硼浓度为 425 (pcm);

F. 停堆前的硼浓度为 444 (ppm);

G. 硼的价值为 (−)11 (pcm/ppm);

H. 由硼浓度变化引入的反应性=$(E-F)\cdot G$=(+)209 (pcm);

I. 启动时 Xe 毒性为 (−)3 200 (pcm);

J. 停堆前平衡 Xe 毒性为 (−)2 600 (pcm);

K. 由 Xe 毒性变化引入的反应性=$(I-J)$=(−)600 (pcm);

L. 启动时 Sm 毒性为 (−)690 (pcm);

M. 停堆前 Sm 毒性为 (−)685 (pcm);

N. 由 Sm 毒性变化引入的反应性=$(L-M)$=(−)5 (pcm);

O. 总的反应性变化=$C+D+H+K+N$

$$=-\rho_x+190\ \text{pcm}+1\ 220\ \text{pcm}+209\ \text{pcm}-600\ \text{pcm}-5\ \text{pcm}$$

这里需要特别提醒的是,达预期临界棒位时所需的反应性变化量。如果第 O 行是正值,需要硼化;如果第 O 行是负值,则需要稀释;如果刚好等于 0,则此时的硼浓度 C_B 即为临界硼浓度。

P. 硼浓度变化量=O/G(稀释/硼化)= 0 ppm

上面讨论中,实际认为现在硼浓度 425 ppm 为临界硼浓度,所以总的反应性变化量应该为 0。因此,

$$-\rho_x+1\ 014\ \text{pcm}=0$$

$$\rho_x=1\ 014\ \text{pcm}$$

Q. 估算的临界棒位　控制棒 D 组 90 步(这是根据 1 014 pcm,从控制棒价值曲线图中查得)

(1) 最高棒位

$$\text{ECP}+500\ \text{pcm}=-1\ 014\ \text{pcm}+500\ \text{pcm}=-514\ \text{pcm}$$

控制棒 D 组 152 步

(2) 最低棒位

$$\text{ECP}-500\ \text{pcm}=-1\ 014\ \text{pcm}-500\ \text{pcm}=-1\ 514\ \text{pcm}$$

控制棒 D 组 52 步

这里需要特别提醒的是,临界最低棒位不能低于《电厂运行技术规范》规定的对应功率水平下的控制棒组插入极限。

现在启动到临界时,实际临界棒位为 108 步(控制棒 D 组),它介于上限 152 步(D 组)与下限 52 步(D 组)之间,所以满足规定的要求,运行结果是认可的。

当然,如果反应堆临界棒位事先已有规定,如上例中,定位控制棒 D 组为 70 步,则问题就变成了确定临界硼浓度,计算方法相同。

3.6　临界试验的验收准则

安全地、顺利地使反应堆达到临界状态,是各种临界试验的验收准则。

3.7 堆外核测仪表系统探测器的线性与重叠校验

堆外核测仪表RPN系统是由3个量程测量通道，即源量程测量通道、中间量程测量通道和功率量程测量通道组成。它们的测量范围覆盖了反应堆的整个功率变化范围（即从$10^{-1}\sim5\times10^{10}$ n/(cm^2·s)，相当于$10^{-9}\sim200\%$FP）。堆外核测仪表系统不仅为反应堆在各种功率运行状态提供实时的监测手段，同时它也为反应堆保护系统提供最为原始的中子注量率水平和功率水平变化的测量信息，承担着一定的保护功能。为此它们的每个量程测量区段之间都至少要有两个数量级的衔接，以保证在3个测量通道所负责的区段水平间的保护和控制的连续性，而且它们的输出应与反应堆的核功率水平呈线性关系。因此，堆外核测仪表系统探测器的线性与重叠试验的目的，就是检查堆外核测仪表RPN系统3个量程测量通道的线性与重叠的特性，并以此判断堆外核测仪表系统3个量程测量通道的性能。

试验方法是通过提升主调节棒组D，向堆芯引入一个大约80 s倍增周期的正反应性。在中子注量率水平增长的过程中，可通过电厂数据采集系统或人工方式记录下源量程测量通道、中间量程测量通道和功率量程测量通道的对应读数。然后采用下面两种数据处理的方法，对绘制的堆外核测仪表系统各量程测量通道探测器的线性与重叠关系曲线进行检查。

方法一是将源量程测量通道和中间量程测量通道的测量数据，中间量程测量通道和功率量程测量通道的测量数据，直接点在双对数坐标纸上（详见图3-4和图3-5），通常将中间量程测量通道作为横坐标，源量程测量通道和功率量程测量通道作为纵坐标。这样可通过绘制在坐标纸上的曲线的斜率来检查和判断堆外核测仪表系统各量程测量通道的探测器的线性与重叠。

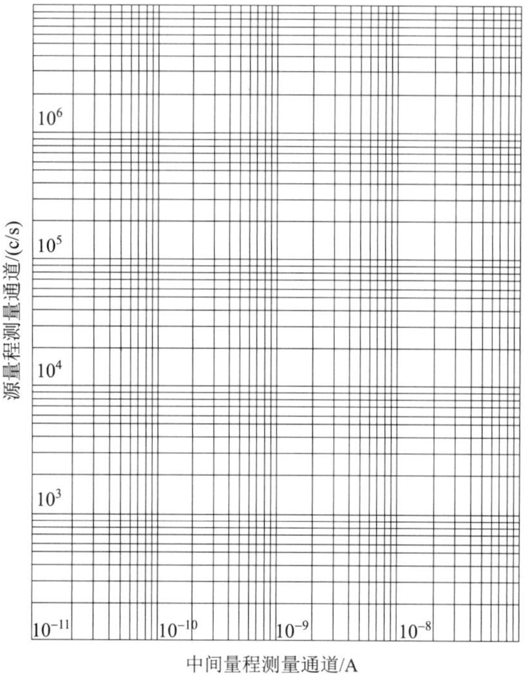

图3-4 源量程与中间量程探测器的线性与重叠检查曲线

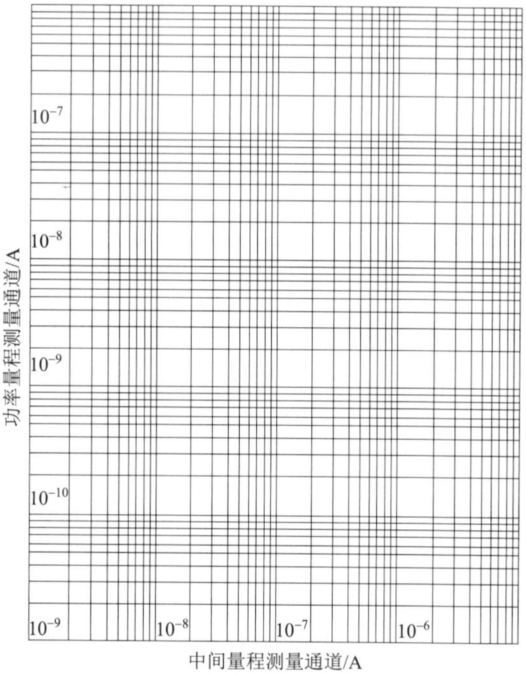

图3-5 中间量程探测器与功率量程的线性与重叠检查曲线

方法二是先将源量程测量通道的测量数据、中间量程测量通道的测量结果和功率量程测量通道的测量数据，分别进行对数计算处理，然后再将处理结果绘制在普通的十进制坐标纸上。这样横坐标可以是时间，纵坐标是源量程测量通道和中间量程测量通道的测量结果，中间量程测量通道和功率量程测量通道的测量结果，这样在坐标纸上就可以显示两条曲线，非常方便于探测器间的线性与重叠性检查和判断。另外，也可将横坐标设为中间量程测量通道的测量结果，纵坐标设为源量程测量通道的测量结果，或者是功率量程测量通道的测量结果，这样检查和判断的方式就同方法一相同。图 3-6 和图 3-7 分别为源量程测量通道与中间量程测量通道曲线，和功率量程第一测量通道与中间量程第二测量通道探测器的线性与重叠检查曲线。

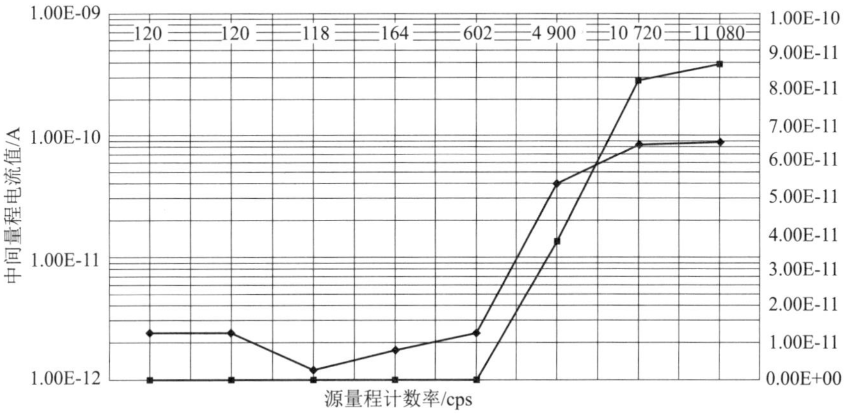

图 3-6　1 号机组首次启动试验的源量程与中间量程探测器的线性与重叠检查曲线

—◆— 1号源量程探测器与中间量程探测器的线性和重叠　　—■— 2号源量程探测器与中间量程探测器的线性和重叠

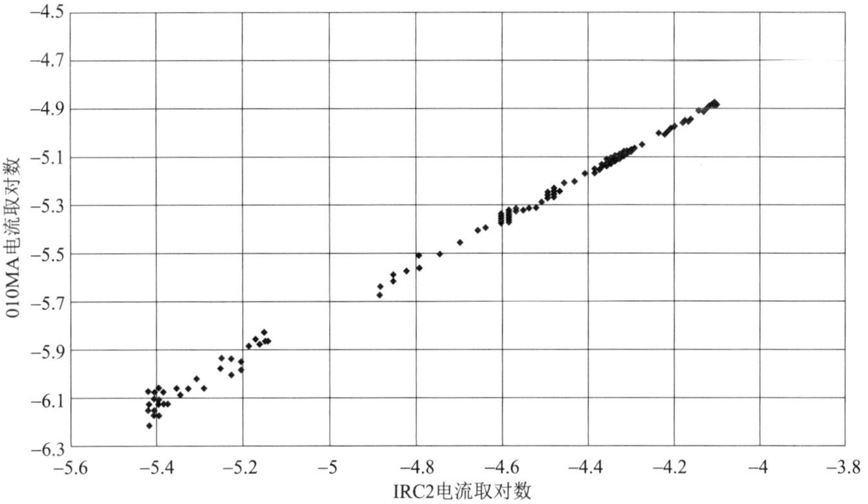

图 3-7　1 号机组首次启动试验的功率量程第一通道与中间量程第二探测器的线性与重叠检查曲线

试验的验收准则为每两个量程测量区段（即测量通道）之间至少有不少于 1.5 个数量级的重叠量，并在重叠区间内具有较好的线性度。

第四章　反应性测量试验

4.1　理论基础

4.1.1　反应性及其单位

反应性是反应堆物理分析及反应堆物理试验所涉及的最为核心的参数。反应性是表征链式裂变反应系统偏离临界程度的一个参数，定量地表示为：

$$\rho = 1 - \frac{1}{k_{\mathrm{eff}}} = \frac{k_{\mathrm{eff}} - 1}{k_{\mathrm{eff}}} \tag{4-1}$$

式中，k_{eff}是有效增殖系数。反应性的大小主要取决于燃料的装载量和燃料的富集度，也取决于堆型和反应堆的结构组成。

反应性 ρ 的符号标志着反应堆的状态。当反应性 ρ 等于零时，$k_{\mathrm{eff}}=1$，此时的反应堆系统处在临界状态；当反应性 ρ 大于零，即为正值时，$k_{\mathrm{eff}}>1$，此时的反应堆系统达到超临界状态；当反应性小于零，即为负值时，$k_{\mathrm{eff}}<1$，此时的反应堆系统处于次临界状态。在压水核动力堆的物理试验中，用于反应性 ρ 测量的最为常用的和有效的方法是通过改变堆内中子注量率水平来实现的。

通常，我们讨论的反应性测量问题大都是反应堆处于临界附近的反应性测量问题，此时的 k_{eff}值都接近于 1，k_{eff}与 1 十分接近，故式(4-1)接近等于 $k_{\mathrm{eff}}-1$。因此，反应性 ρ 可以使用下列近似式：

$$\rho \approx k_{\mathrm{eff}} - 1 \tag{4-2}$$

反应性 ρ 是无量纲的，但习惯上常使用 $\Delta k/k$、Δk、\$(元)几种形式来表示反应性 ρ 的单位。如果反应性 ρ 以缓发中子有效份额 β_{eff}为单位，则称为 dollar，\$(元)。当 $\rho=1\beta$，此时称反应性为 1 \$，即 \$ 是反应性 ρ 与总的缓发中子份额 β 的比值，1 \$ =100 分。

由于上述反应性的单位在实际使用中显得太大，因此在实际使用中常采用另外的辅助单位。对于压水核动力堆来说，在实际使用中常采用 pcm(percent milliard)作为反应性的单位，即 1 pcm$=10^{-5}\Delta k/k$。

在反应堆物理试验中，通常把 $\rho \geqslant \beta$ 的反应性测量称为大反应性测量，而把 $\rho<\beta$ 的反应性测量称为小反应性测量。

式(4-1)是指系统偏离临界状态很小时(k 接近 1)所用的定义，如果系统偏离临界状态较大(或者 k_{eff}偏离 1 较大)的情况，则应用下式：

$$\Delta\rho(\mathrm{pcm}) = \ln\left(\frac{k_{\mathrm{eff},2}}{k_{\mathrm{eff},1}}\right) \times 10^5 \tag{4-3}$$

或

$$\Delta\rho(\mathrm{pcm}) = \left(\frac{1}{k_{\mathrm{eff},1}} - \frac{1}{k_{\mathrm{eff},2}}\right) \times 10^5 \tag{4-3'}$$

数学上可以证明，当 k_{eff} 接近 1 时，两种方法所定义的反应性结果很接近。尽管对两种方法所定义的反应性结果都是认可的，但是当 k_{eff} 偏离 1 较大时，式(4-3)的结果要更准确。

4.1.2　中子动力学方程

以点堆动力学模型为基础，根据离散的功率史数据，用数值方法来求解来反应性随时间的变化的方法叫逆动态法。即由测量得到的中子注量率水平随时间的变化 $n(t)$ 来确定反应性随时间的变化 $\rho(t)$。根据链式裂变反应的理论，在压水核动力堆启动物理试验期间进行的反应性测量，其原理都是基于与空间无关的点堆逆动态中子动力学方程：

$$\frac{\mathrm{d}n(t)}{\mathrm{d}t}=\frac{\rho(t)-\beta_{\mathrm{eff}}}{\Lambda}n(t)+\sum_{i=1}^{6}\lambda_i C_i(t)+S(t)$$

$$\frac{\mathrm{d}C_i(t)}{\mathrm{d}t}=\frac{\beta_{\mathrm{eff}_i}}{\Lambda}n(t)-\lambda_i C_i(t) \tag{4-4}$$

式中：$n(t)$ 表示与时间相关的中子密度，单位为 $\mathrm{n/cm^3}$；$\frac{\mathrm{d}n(t)}{\mathrm{d}t}$ 表示与时间相关的中子注量率水平随时间的变化率，单位为 $\mathrm{n/(cm^3\cdot s)}$；$\rho(t)$ 表示与时间相关的反应性，单位为 pcm；β_{eff_i} 表示第 i 组缓发中子在全部裂变中子中所占的有效份额：

$$\beta_{\mathrm{eff}}=\sum_{i=1}^{6}\beta_{\mathrm{eff}_i} \tag{4-5}$$

Λ 表示瞬发中子的平均代时间，单位为 s；$C_i(t)$ 表示 t 时刻的第 i 组缓发中子的先驱核浓度，单位为 $\mathrm{n/cm^3}$；$S(t)$ 表示 t 时刻的外加中子源的强度，单位为 Bq；λ_i 表示第 i 组缓发中子先驱核裂变碎片的衰变常量，单位为 1/s。其中，$i=1\sim6$。

如果采用瞬发中子平均寿命 l 与 k_{eff} 的比值来表示瞬发中子平均代时间 Λ，则有

$$l=\Lambda k_{\mathrm{eff}} \tag{4-6}$$

式中，l 表示堆中子从产生到通过泄漏、吸收而消失的平均经历时间，或瞬发中子的平均寿命，单位为 s；Λ 表示堆中子在不断产生的过程中，相邻两代之间的平均间隔时间，即瞬发中子的平均代时间，单位为 s；k_{eff} 表示有效增殖因数。l 是描述中子消失速度的时间尺度，Λ 是度量中子产生速率的时间尺度。

因此，点堆逆动态中子动力学方程式(4-4)也可以改写为式(3-1)的形式。在给定了反应性 $\rho(t)$（或 $k_{eff}(t)$）的扰动后，就可以求出中子注量率 $n(t)$ 随时间的变化规律。从式(3-1)和式(4-4)中可以看出，$n(t)$ 的变化率与 ρ/Λ、β_{eff}/Λ、k_{eff}/l 及 β_{eff}/l 有关。式(3-1)和式(4-4)是一个七阶常微分方程组，一般很难解析求解。

4.1.3　倒时方程

倒时方程是反应堆稳定周期 T 和引入反应性 ρ 之间的关系式，是反应堆运行过程和反应堆物理试验中通过测量周期 T 来确定反应性 ρ 的理论依据。

倒时方程是由点堆逆动态中子动力学方程式(3-1)经过拉普拉斯变换后推导出来的。这样反应堆周期与反应性的关系可用倒时数公式来表示：

$$\rho=\frac{l}{Tk_{\mathrm{eff}}}+\sum_{i=1}^{6}\frac{\beta_{\mathrm{eff}_i}}{1+\lambda_i T}=\frac{l}{Tk_{\mathrm{eff}}}+\sum_{i=1}^{6}\frac{\beta_{\mathrm{eff}_i}\tau_i}{\tau_i+T} \tag{4-7}$$

式中：β_{eff_i} 表示第 i 组缓发中子的有效份额；λ_i 表示第 i 组缓发中子先驱裂变碎片核的衰变常量，单位是 s^{-1}；$\tau_i=1/\lambda_i$ 表示第 i 组缓发中子先驱裂变碎片的寿命。

或由点堆逆动态中子动力学方程的另一种表达方式式(4－4)，有：

$$\rho=\frac{\Lambda}{T}+\sum_{i=1}^{6}\frac{\beta_{\mathrm{eff}_i}}{1+\lambda_i T} \tag{4-8}$$

式(4-7)和式(4-8)都称为倒时公式。“倒时”是反应堆工程中早期采用的一个名词。“一倒时”相当于堆功率增长的稳定周期为 1 h，所加入的正反应性的量。当 $T=1\ \mathrm{h}=3\ 600\ \mathrm{s}$ 时，即得到“一倒时”的反应性为：

$$\rho=\frac{\Lambda}{3\ 600}+\sum_{i=1}^{6}\frac{\beta_i}{1+3\ 600\lambda_i} \tag{4-9}$$

倒时公式也是反应堆物理试验中，由测量周期来确定反应性测量方法的理论依据。通常将这种测量反应性的方法称为周期法。周期法是测量小反应性的专用方法。由于反应堆安全上的限制，工程上规定绝不允许核反应堆出现瞬发临界现象，即每一次引入的阶跃反应性不得超过 1 个 β。因此，一般情况下每一次要求测量的反应性规定在 $\frac{1}{3}\beta$ 以内。

因此，反应性测量试验需要引起的反应性变化都是围绕着临界状态的小反应性变化，反应性测量通常都是控制在 ±50 pcm 量程档范围以内。

在目前压水核动力堆物理试验中经常遇到的、绝大多数的反应性测量的问题，如控制棒价值测量、各种反应性效应和反应性系数测量等，周期法是最基本的，而且也是最为常用的反应性测量方法。同时，周期法也常常被作为与其他反应性测量方法进行比较的基准。

4.1.4 反应堆周期及其测量

可以用反应堆周期这个物理量来描述反应堆的状态。

t 时刻反应堆内中子注量率(或称功率)$n(t)$ 变化 e 倍所需的时间，称该时间为反应堆的周期，通常用字母 T 表示，也称为稳定周期或渐进周期。T 由下式定义：

$$n(t)=n_0\mathrm{e}^{\frac{t}{T}} \tag{4-10}$$

式中，$n(t)$ 为 t 时刻反应堆内中子注量率(或称功率)，单位为 $\mathrm{n/cm^3}$；n_0 为 0 时刻反应堆内中子注量率(或称功率)，单位为 $\mathrm{n/cm^3}$。因为按上式，$(t+T)$ 时的中子注量率为：

$$n(t+T)=n_0\mathrm{e}^{\frac{t+T}{T}}=\mathrm{e}n(t) \tag{4-11}$$

考虑一个没有外加中子源的均匀裸堆，且堆内由于裂变反应释放的次级中子都是瞬发的。因为瞬发中子是在中子被 ^{235}U 吸收而发生裂变这一瞬间产生的，因而相继两代瞬发中子之间的平均时间就应等于瞬发中子的平均寿命 l_0。这样，堆内中子密度增长率满足：

$$n(t)=n_0\mathrm{e}^{\frac{k-1}{l_0}t} \tag{4-12}$$

比较式(4-10)与式(4-12)，可得反应堆的周期 T 为：

$$T=\frac{l_0}{k-1} \tag{4-13}$$

反应堆周期 T 描述了反应堆内中子密度的变化速率。对于一个给定的反应堆，l_0 有确定的数值，周期由 k 决定。当 $k>1$，即反应堆处于超临界状态，周期 T 为正值，中子密度随 t 的增加而增大，且 k 越大，T 越小，即中子密度增长越快。若 $k<1$，即反应堆处于次临界

状态，周期 T 为负值，中子密度随 t 的增加而减少。若 $k=1$，反应堆处于临界状态，此时，其周期为无穷大，即临界的反应堆，其中子注量率（或功率）不随时间变化。

反应堆周期通常还采用中子密度的相对变化率来直接定义。对式(4-10)两边取对数：

$$\ln n(t)-\ln n_0=\frac{t}{T} \tag{4-14}$$

如果中子注量率变化稳定，即得：

$$\frac{1}{n(t)}\frac{\mathrm{d}n(t)}{\mathrm{d}t}=\frac{1}{T} \tag{4-15}$$

或

$$T=n(t)\frac{1}{\dfrac{\mathrm{d}n(t)}{\mathrm{d}t}} \tag{4-16}$$

式(4-16)表明，周期 T 等于反应堆内中子注量率相对变化率的倒数。电厂用于测定反应堆周期的堆外核测仪表系统（数字电路）就是按照式(4-16)的定义设计的。

在实际使用过程中，有时也采用倒周期 ω 的量，它是这样定义的：

$$\omega=\frac{1}{T} \tag{4-17}$$

由式(4-14)可以得到反应堆周期的表达式：

$$T=\frac{t}{\ln n(t)-\ln n_0} \tag{4-18}$$

在主控室，可以根据式(4-18)测定反应堆的周期。当反应堆处于超临界状态时，只要测量出不同时间 t 的功率表读数 N，将测得的结果画在半对数坐标纸上，其横坐标为时间 t 坐标，而纵坐标为对数功率坐标，就能得出 $\ln N$-t 的一条直线，见图 4-1。该直线斜率的倒数就是反应堆的周期 $T=(\tan\alpha)^{-1}$。

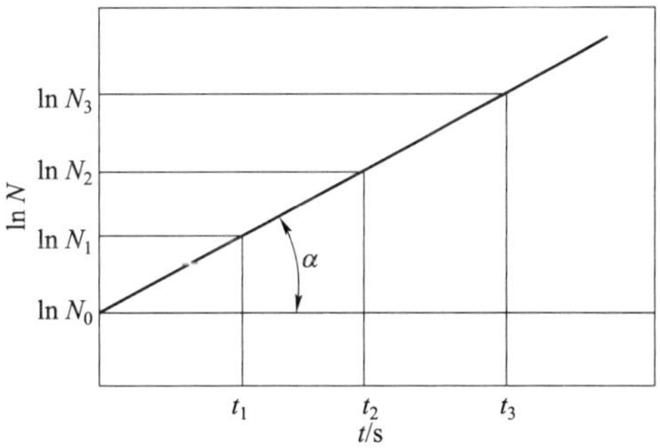

图 4-1　对数功率与时间的关系

在反应堆实际运行过程中，为方便起见，常常使用“倍周期”或者“倍增周期”这个物理量。它定义为功率增长 1 倍所需要的时间，记作 $T_{倍}$。因此，有：

$$n(T_{倍})=n_0\mathrm{e}^{\frac{T_{倍}}{T}} \tag{4-19}$$

两边取自然对数，得：

$$\ln\frac{n(T_{倍})}{n_0}=\frac{T_{倍}}{T}=\ln 2 \tag{4-20}$$

所以，周期 T 和倍周期 $T_{倍}$ 的关系为：

$$T_{倍}=\ln 2\times T \tag{4-21}$$

即：

$$T_{倍}=0.693T \tag{4-22}$$

因此，通过测量周期来确定反应性是压水核动力堆运行过程中最常用的一种反应性测量方法。一般测量是在反应堆处于超临界状态下进行的。根据中子注量率随时间变化的曲线来确定反应堆周期。然后查根据倒时方程计算出来的周期-反应性曲线，即可得到相应于该周期的反应性大小。图 4-2 给出了倍增周期与反应性的关系曲线。

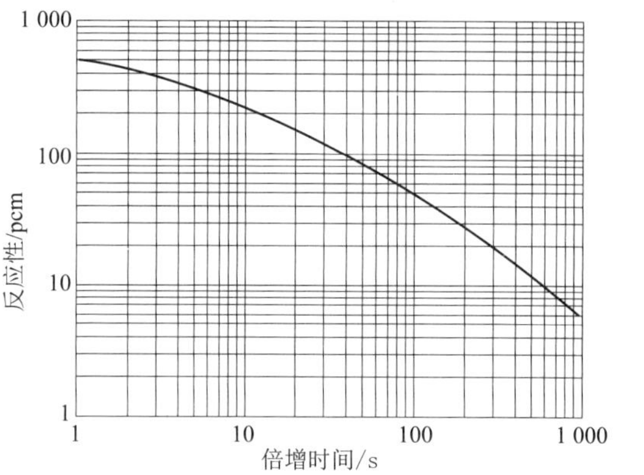

图 4-2 倍增周期与反应性的关系曲线

周期法测量反应性是压水核动力堆进行反应性测量的最常用的方法。用周期法测量反应性时往往是将试验要求的待测量反应性分成若干段进行测量，每次被测量的反应性都远远小于 1 $，使得相应的周期不低于规定值，如 18 s，从而确保了反应堆的安全和周期法测量的精度。

压水核动力堆使用其自身配置的堆外核测仪表系统就能够非常好地使用周期法进行反应性的测量，可以不需要附加任何设备。这是应用周期法进行反应性测量的主要优点。

周期法就其反应性的测量而言，需要考虑如下几个影响其测量准确性的方面。

(1) 被测量的中子注量率水平。由式(4-8)和式(4-10)可知，周期法测量反应性唯一需要测量的是堆内中子注量率水平的变化。由于被测量的中子注量率水平是由堆外核测仪表系统的探测器提供的测量信号，而探测器提供的测量信号在不同的中子注量率水平上测量得到的不完全是中子信号，也有其他噪声信号，比如 γ 信号等；另外，当中子注量率水平高于多普勒发热点水平后，由于受燃料温度效应的反馈，也会影响探测器得到的测量信号。因此，为了确保周期法测量反应性的准确性，就需要一个合适的被测量的中子注量率水平，这个合适的被测量的中子注量率水平即是物理试验范围，具体内容详见 4.6 节的介绍。

(2) 要求提供中子注量率水平测量信号的堆外核测仪表系统的探测器，具有比较好的线性度。一般要求线性度好于 1%，以获取满足置信度要求的可靠的测量信号。这也是为什么在压水核动力堆启动物理试验中，包含有堆外核测仪表系统探测器的线性与重叠校验试验的原因所在。具体内容详见 3.5 节的介绍。

(3) 测量仪器要进行严格地零点校正。对于电流测量系统，至少要保证在一次测量的时间内，零点的漂移不得超过读数的误差范围。这也是为什么在反应性测量试验前必须对反应性仪进行校刻的原因所在。

(4) 引入反应性的控制系统状态的测量误差，如控制棒组的棒位测量误差。这种误差完全是由控制系统的传动机构的机械配合误差，和状态指示器的指示误差所决定的。一般来说，这种误差的总误差在 5%左右，但是这并不包括反应堆内的反应性涨落给结果带来的附加误差。因此，在反应堆物理试验过程中，必须要对反应堆的运行状态加以定期的监督。

(5) 要求在反应性测量过程中，尽可能地减少或者避免会影响反应性测量结果的各种干涉效应。

4.2 临界硼浓度测量

在压水核动力堆运行过程中，硼浓度调节作为反应性控制的主要手段之一，用于调节反应堆的功率水平和补偿由于燃耗、氙浓度变化等引起的较慢的反应性变化。

临界硼浓度测量是反应堆在任何功率水平稳定运行时，对堆芯（包括一回路冷却剂系统）硼浓度的测量。但在反应堆启动物理试验期间进行的临界硼浓度测量试验，是专指反应堆处于零功率物理试验范围内，对不同控制棒组在堆内的不同组合棒位状态下，所实施的堆芯临界硼浓度的测量。这些不同控制棒组的组合状态有：所有控制棒组全提出堆芯（ARO）状态、单组控制棒组分别插入堆芯（包括棒组 D、C、B、A 和 S 分别插入至堆芯 5 步，其他棒组均处于全提出堆芯）状态、堆内存在多组控制棒组插入（包括棒组 D 和 C 插入至堆芯 5 步且其他棒组处于全提出堆芯，棒组 D、C 和 B 插入至堆芯 5 步且其他棒组处于全提出堆芯，棒组 D、C、B 和 A 插入至堆芯 5 步且其他棒组处于全提出堆芯等）状态，和模拟“卡棒准则”的控制棒组插入状态，以及重叠棒组（包括其在全插、处于零功率标准临界棒位和全提等）状态。临界硼浓度测量试验状态示意详见表 1-1。临界硼浓度测量试验的主要目的是验证堆芯核设计的正确性，为反应堆的安全可靠运行提供依据；估算当前燃料循环的寿期。

4.2.1 试验原理

当反应堆在零功率物理试验范围内，控制棒组处于某一棒位 P_i 位置，达到稳定临界状态时，要对控制棒组在堆内的某一给定棒位 P_0 上进行临界硼浓度的测量，则用：

$$C_{\mathrm{B}}^{\mathrm{cri}}(P_0, T_{\mathrm{avg},0}) = C_{\mathrm{B}}^{\mathrm{cri}}(P_i, T_{\mathrm{avg},i}) + \Delta C_{\mathrm{B}}(\Delta h) + \Delta C_{\mathrm{B}}(\Delta T_{\mathrm{avg}}) \tag{4-23}$$

式中，$C_{\mathrm{B}}^{\mathrm{cri}}(P_0, T_{\mathrm{avg},0})$ 为满足试验条件要求的临界硼浓度；$C_{\mathrm{B}}^{\mathrm{cri}}(P_i, T_{\mathrm{avg},i})$ 为控制棒组位于棒位 P_i 时，经化学取样实际测量得到的“临界硼浓度”；$\Delta C_{\mathrm{B}}(\Delta h)$ 为实际棒位 P_i 偏离要求棒位 P_0 所引起的硼浓度变化修正量；$\Delta C_{\mathrm{B}}(\Delta T_{\mathrm{avg}})$ 为测量时反应堆冷却剂实际的平均温度偏离试验要求的平均温度所引起的硼浓度变化修正量。

4.2.2 硼浓度测量

核电厂硼浓度的测量主要采取化学滴定法、在线硼浓度计（硼表）和体积法 3 种方法。其中硼表主要用作实时在线监测，由于仪表精度较低，在反应性控制中只作为参考。试验测量的硼浓度通常要求以实验室取样分析（化学滴定法）测量的结果为准。另外，体积法是在已知初始硼浓度和调硼量的情况下，根据系统加入的稀释水量和硼溶液的体积，来推算系统的硼浓度。这是试验操作中经常使用的一种硼浓度估算方法，具有一定的实际参考价值。

4.2.3 末端反应性价值测量

虽然在理论上可通过采用调硼方式，使控制棒组在堆内的插入状态正好处于试验要求的插入状态，但在实际的反应堆运行过程中，由于运行安全和控制的要求，控制棒在堆内的运行状态是不可能完全满足试验所要求的插入状态，例如对所有控制棒处于全提出堆芯 ARO 状态下的临界硼浓度测量，控制棒状态就很难满足试验条件的要求。这是因为在实际反应堆运行和控制上，为了保证控制棒组具有一定的控制和调节能力，在反应堆任何运行状态下，堆内必须保留一部分的控制和调节手段。另外，由于用于试验期间的反应性计算的参数大都为理论计算结果，这样对于采取具有一定保守性的反应性计算结果，用于指导对反应堆冷却剂系统进行的调硼操作来说，其结果就很难使调硼结果达到试验所要求的插棒状态上。这就是试验操作的不确定性。因此，在试验过程中实际的控制棒棒位经常与试验要求的棒位是有差异的，这就需要对偏离试验要求状态下测量的临界硼浓度进行修正。

这部分控制棒组的价值可以根据理论计算值给出，也可以由控制棒组微积分价值测量试验的结果给出，但更为常用的方法则是采取控制棒组的“末端反应性价值”测量的方法。该试验方法要求试验时，待测棒组处于堆内的棒位与试验要求的棒位之差所对应的反应性价值比较小，一般要求小于 50 pcm。因此，称这种反应性价值测量称为“末端反应性价值”测量，即棒价值的修正。若这种末端反应性价值大于 50 pcm，则需要通过调整硼浓度的方式来使之满足。

试验前，必须确认反应堆冷却剂系统中的临界硼浓度达到均匀状态，即 $|C_{B,loop}-C_{B,prz}|\leqslant$ 20 ppm。并在整个试验测量过程中保持该状态不发生变化。同时也需维持试验测量前后的冷却剂平均温度和系统压力保持不变。

在进行测量时，首先将反应性仪调到合适的量程档位上，通常选择为 50 pcm 量程档，然后通过调整待测棒组的棒位来维持堆芯的稳定临界状态，同时调整记录仪的电坪指示，以满足反应性稳定和试验数据采集时间等试验初始状态的要求。

试验方法是一次性连续提升（或下插）控制棒组至堆顶（或堆底），或者试验要求的某一棒位，由反应性仪和记录纸得到待测棒组末端的积分反应性价值。为了使测量结果更为准确可信，通常这样的操作需要重复 3 次，并将这 3 次的测量结果取平均值作为“末端反应性价值”测量的结果。典型的试验记录曲线如图 4-3 所示。

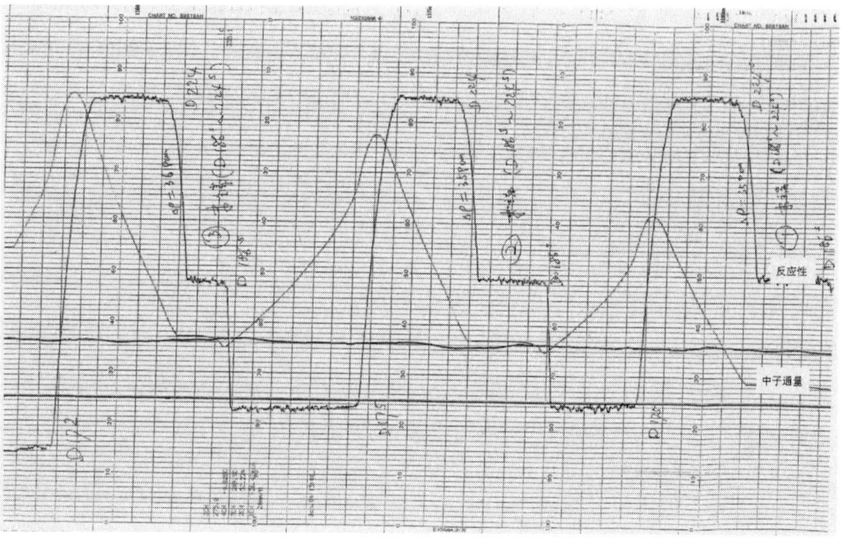

图 4-3　末端反应性测量试验曲线

式(4-23)中的“末端反应性价值”测量对临界硼浓度测量的修正项为：

$$\Delta C_B(\Delta h)=\Delta\rho(\Delta h)/\frac{\partial\rho}{\partial C_B} \tag{4-24}$$

式中，$\Delta\rho(\Delta h)$为3次“末端反应性价值”测量的平均值，单位为pcm；$\frac{\partial\rho}{\partial C_B}$为硼微分价值，单位pcm/ppm，在没有试验实测值时可用理论值。

4.2.4 试验数据处理

1）试验测量数据的两种获取方式

第一种试验测量数据的获取方式是直接从反应性仪上读取测量结果。首先，在达到试验初始条件要求时，从反应性仪显示的反应性测量数据中读取一批稳定的反应性数值（通常数据样本不小于20个），作为提升（或下插）控制棒组前的初始反应性测量数据$\rho_{始}$。其次，当完成一次性“末端反应性价值”测量所需要的操作，且反应性达到稳定或基本接近稳定状态后，同样从反应性仪显示的反应性测量数据中读取一批稳定的反应性数值（通常数据样本不小于20个），作为提升（或下插）控制棒组后的反应性测量数据$\rho_{终}$。第三步是分别计算两个状态的反应性读数的平均值，然后获取两个状态的反应性差值$|\overline{\rho_{终}}-\overline{\rho_{始}}|$。这样完成一次末端反应性价值测量试验数据的获取。最后将三次同样方式获取的末端反应性价值测量的试验数据进行平均，即可得到该试验状态下的“末端反应性价值”测量的试验数据。

第二种试验测量数据的获取方式是从记录仪记录曲线（如图4-3所示）上读取：首先是对反应性测量记录曲线进行画直线处理，对每一次反应性记录曲线做平行于记录仪走纸方向的直线处理。在进行反应性记录曲线直线处理时，通常是取线性段非常好的曲线段进行直线处理，也就是说此时的反应性是非常稳定的。在进行直线处理时，所作的平行直线至少要包络需处理的反应性记录曲线的线性段的2/3部分。这部分被包络的反应性记录曲线可以是连续的，也可以是间断的。其次，所有进行直线处理的反应性记录曲线数据的读取均以反应性ρ为0的坐标为起点，在反应性记录曲线上标出该反应性记录曲线的反应性测量数据。第三步是分别计算每一次“末端反应性价值”测量的试验数据，也就是两条直线间的距离。最后将三次“末端反应性价值”测量的试验数据进行平均，即可得到该试验状态下的“末端反应性价值”测量的试验数据。

通过上述两种方式，就可以获得式（4-24）中需要的$\Delta\rho(\Delta h)$测量值。

2）试验状态的修正

在试验测量过程中，由于试验的堆芯状态并非与试验要求的标准试验状态完全一致，总是或多或少的存在一些偏离，为了与试验要求状态下的理论计算结果进行比较，需要对每一次试验测量过程中的试验要求状态（如反应堆冷却剂系统的平均温度和压力）的变化进行修正。修正处理按照下述方式进行：

① 温度修正

在进行“末端反应性价值”测量试验过程中，由于种种原因反应堆冷却剂系统的平均温度T_{avg}都会或多或少的偏离试验所要求的平均温度T_{ref}，温度的变化也会引起堆芯反应性的，这时就需要考虑温度效应对测量结果的影响。反应堆冷却剂系统平均温度的偏离量对临界硼浓度测量的修正项为：

$$\Delta C_B(\Delta T_{avg})=-\alpha_{iso}\times\Delta T_{avg}/\frac{\partial\rho}{\partial C_B} \tag{4-25}$$

式中，α_{iso}为试验要求的反应堆对应于控制棒组在P_0位置处的等温温度系数，在没有试验实测值的情况下可用理论值，单位为 pcm/℃；$\Delta T = T_{avg} - T_{ref}$，为反应堆冷却剂系统实际的平均温度与试验要求状态（即参考状态）下的反应堆冷却剂系统平均温度的偏差，单位为℃；T_{avg}为反应堆冷却剂系统实际的平均温度，单位为℃；T_{ref}为零功率物理试验要求状态（即参考状态）下的标准平均温度，如：290.8 ℃，单位为℃；$\frac{\partial\rho}{\partial C_B}$为试验要求状态（即参考状态）下的硼微分价值，单位为 pcm/ppm，在没有试验实测值时可用理论值。

② 压力修正

在压水核动力堆运行期间，反应堆冷却剂系统的压力变化是很小的，也就是说压力效应的影响是很小的，此修正一般可忽略不作。

3）试验数据处理

试验结果的处理需要对式(4-23)中的棒位和温度两项进行修正，修正方法如下：

设试验要求在测量棒位为 P_0、反应堆冷却剂系统平均温度为 T_{ref}时的临界硼浓度为 $C_B^{cri}(P_0, T_{ref})$，而实际的测量是棒位为 P_i、反应堆冷却剂系统平均温度为 T_{avg}的临界硼浓度是 $C_B^{cri}(P_i, T_{avg})$，则 $C_B^{cri}(P_0, T_{ref})$与 $C_B^{cri}(P_i, T_{avg})$的关系为：

$$C_B^{cri}(P_0, T_{ref}) = C_B^{cri}(P_i, T_{avg}) + \frac{\Delta\rho - \alpha_{iso}(T_{avg} - T_{ref})}{\left|\frac{\partial\rho}{\partial C_B}\right|} \tag{4-26}$$

式中，$\Delta\rho$ 是棒组从 P_i提到 P_0时的反应性，单位为 pcm，要求 $\Delta\rho < 50$ pcm；α_{iso}是反应堆对应于 $C_B^{cri}(P_0, T_{ref})$状态下的等温温度系数，单位为 pcm/℃；$\frac{\partial\rho}{\partial C_B}$为相应于 $C_B^{cri}(P_0, T_{ref})$状态下的硼微分价值，单位为 pcm/ppm。

4）误差分析

试验数据处理的误差主要来源于以下几个方面，首先是硼浓度化学分析带来的误差：允许的分析误差为 0.5%，这是试验误差的主要来源；其次是控制棒组“末端反应性价值”测量引入的误差，虽然反应性仪的系统误差小于 4%；第三点是试验测量期间反应堆冷却剂系统平均温度的漂移带来的误差，这其中包括了反应堆冷却剂系统平均温度测量的误差，通常在正常测量中两者本身的变化量是很小的，其引入的误差也是很小的，一般可以忽略；最后一点是在对式(4-26)中修正项进行计算时，α_{iso}和$\frac{\partial\rho}{\partial C_B}$取的都是反应堆对应于 $C_B^{cri}(P_0, T_{ref})$状态下的两个理论计算结果，并不是取 $C_B^{cri}(P_0, T_{ref})$和 $C_B^{cri}(P_i, T_{avg})$状态下的平均值，根据试验要求，棒组从 P_i提到 P_0时的反应性价值 $\Delta\rho$ 要求小于 50 pcm，因此作为临界硼浓度测量结果的修正项其引入的误差一般是可以忽略的。

4.2.5 验收准则

(1) 试验测得的 ARO 临界硼浓度和理论计算所得到的 ARO 临界硼浓度的偏差小于 50 ppm；

(2) 在有控制棒组插入堆芯的情况下，可以用下式验收：

$$C_{B_{in}}^{mes} = C_{B_{in}}^{cal} + (C_{B_{out}}^{mes} - C_{B_{out}}^{cal}) \pm \{0.005 \times (C_{B_{out}}^{mes} + C_{B_{in}}^{mes}) + 0.1 \times (C_{B_{out}}^{cal} - C_{B_{in}}^{cal})\} \tag{4-27}$$

式中，$C_{B_{in}}^{cal}$是所要插入的棒插入时预期的临界硼浓度；$C_{B_{out}}^{cal}$是待刻棒组全提时预期的临界硼浓度；$C_{B_{in}}^{mes}$是所要插入的棒插入时测量的临界硼浓度；$C_{B_{out}}^{mes}$是待刻棒组全提时测量校正得到的临界硼浓度。上述硼浓度的单位均为 ppm。

该公式的含义是：在有控制棒组插入状态下的临界硼浓度测量值需与理论设计预期值相比较，并要考虑待测控制棒组插入堆芯前的理论设计预期值与实测结果的偏差($C_{B_{out}}^{mes}-C_{B_{out}}^{cal}$)，许可的化学分析不确定性 0.5%，以及两个状态下理论设计预计值的 10%计算偏差。

4.3 慢化剂温度系数测量

压水核动力堆本身固有的自稳性好坏，在相当程度上取决于慢化剂温度系数的数值。在堆芯核设计和电厂运行技术规格书中，对慢化剂温度系数都有明确的要求，特别是在功率运行工况下，慢化剂温度系数是不能为正的。因此，在压水核动力堆的启动物理试验中，都无一例外地要求对慢化剂温度系数这一重要参数进行测量，以核查该值是否满足堆芯设计和运行技术规格书的规定和要求，为反应堆机组的安全和稳定运行提供可靠的依据。由于测量上的困难，慢化剂温度系数不是直接测量得到的，通常是在压水核动力堆的堆芯处于热态零功率物理试验状态下，通过对等温温度系数的测量而间接得到的。

4.3.1 试验原理

当压水核动力堆处于热态零功率物理试验范围内时，由于此时没有多普勒负反馈现象，因此可假设在慢化剂温度缓慢变化时，燃料的温度变化与慢化剂的温度变化是相一致的。由此把在这种状态下，由于温度缓慢变化引起的反应性系数，称作为等温温度系数α_{iso}，并表示如下：

$$\alpha_{iso}=\frac{\Delta\rho}{\Delta T} \tag{4-28}$$

式中，α_{iso}为试验要求状态下的等温温度系数，单位为 pcm/℃；$\Delta\rho$ 为由于试验期间反应堆冷却剂系统平均温度变化引起的反应性变化量，单位为 pcm；ΔT 为试验期间反应堆冷却剂系统平均温度的变化量，单位为℃。

式(4-28)中的反应性变化$\Delta\rho$ 又可分成两部分，一部分是由于反应堆慢化剂温度变化引起反应性变化量$\Delta\rho_{mod}$；另一部分是由燃料温度变化引起的反应性变化，其中以^{238}U 的共振吸收变化的贡献为主，用$\Delta\rho_{dop}$表示(它是一种负效应)，即$\Delta\rho=\Delta\rho_{mod}+\Delta\rho_{dop}$。由此可把等温温度系数表示为：

$$\alpha_{iso}=\frac{\Delta\rho}{\Delta T}=\frac{\Delta\rho_{mod}+\Delta\rho_{dop}}{\Delta T}=\frac{\Delta\rho_{mod}}{\Delta T}+\frac{\Delta\rho_{dop}}{\Delta T}=\alpha_{mod}+\alpha_{dop} \tag{4-29}$$

式中，α_{mod}为慢化剂的温度系数，单位为 pcm/℃；α_{dop}为燃料的温度系数，单位为 pcm/℃，通常是由理论计算给出。因此，对式(4-29)整理可得：

$$\alpha_{mod}=\alpha_{iso}-\alpha_{dop} \tag{4-30}$$

4.3.2 试验方法

在热态零功率物理试验范围状态下，反应堆冷却剂系统的热量主要是由主泵和稳压器电加热器等提供的。热量通过蒸汽发生器传热管传递到二回路工质(加热蒸汽发生器的给水），产生大量的蒸汽。并通过调节蒸汽向大气的排放量，使得蒸汽带走的热量等于反应堆冷却剂系统产生的热量，从而使蒸汽发生器传热管的一、二次侧达到热力平衡状态，反应堆冷却剂温度保持恒定。为了测量等温温度系数，需要通过调整蒸汽的排放量，来打破蒸汽发生器传热管的一、二次侧之间的热力平衡状态，改变反应堆冷却剂温度即慢化剂温度。慢化剂温度的变化必然导致反应性的变化，这正是试验所希望得到的结果。

试验时，通过调节蒸汽发生器的大气释放阀的开度，使得慢化剂温度呈线性变化。温度的变化幅度必须限制在能保证慢化剂温度与燃料温度变化一致的范围内。反应性的变化通过反应性仪测得，同时又将反应性信号和慢化剂平均温度信号接到记录仪（如 X-Y 记录仪）上，反应性随慢化剂温度变化的曲线 $\rho=f(T_{avg})$ 记录在记录仪的记录纸上。曲线线性段的斜率（$\Delta\rho/\Delta T$）就是等温温度系数（如图 4-4 所示）。在试验测量过程中，中子注量率控制在反应性仪中子注量率测量量程的 15%～90% 范围内。当中子注量率接近超出有效测量量程范围时，可通过调节控制棒组的棒位（如图 4-5 所示），将中子注量率变化控制在有效的测量量程范围内，但绝对不允许对反应堆冷却剂系统中的硼浓度实施调节操作。

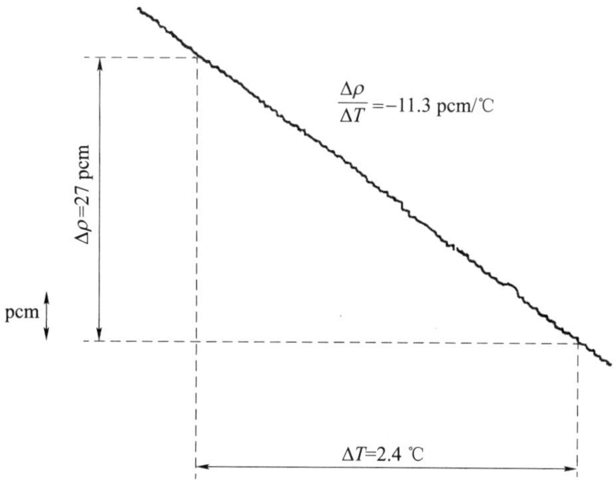

图 4-4 等温温度系数测量曲线

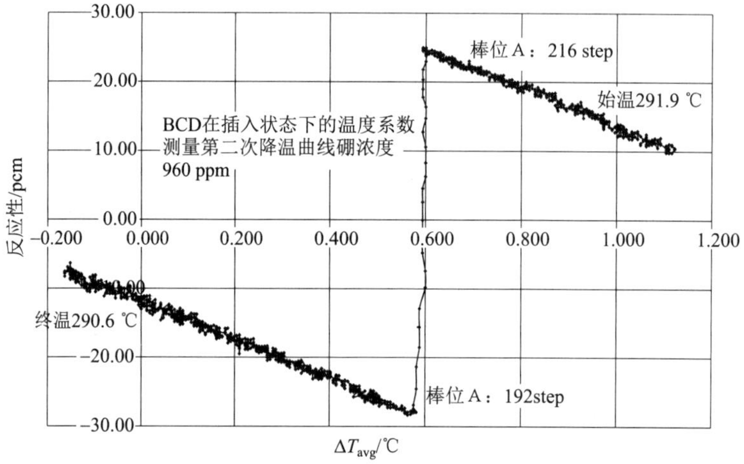

图 4-5 X-Y 记录仪实例记录（控制棒移动）

为满足试验测量数据的误差分析需要，在整个试验测量期间，慢化剂平均温度需要经过两次升温和两次降温的过程（如图 4-6 所示），使试验结束时，慢化剂平均温度又回到试验前的状态。

试验过程中，通过手动调节蒸汽发生器的大气释放阀的开度，使反应堆冷却剂系统平均温度的升温、降温速率按试验要求的速率（如约 6 ℃/h）平稳变化，冷却剂系统平均温度 T_{avg} 的升温、降温幅度需达到 2 ℃左右的变化。

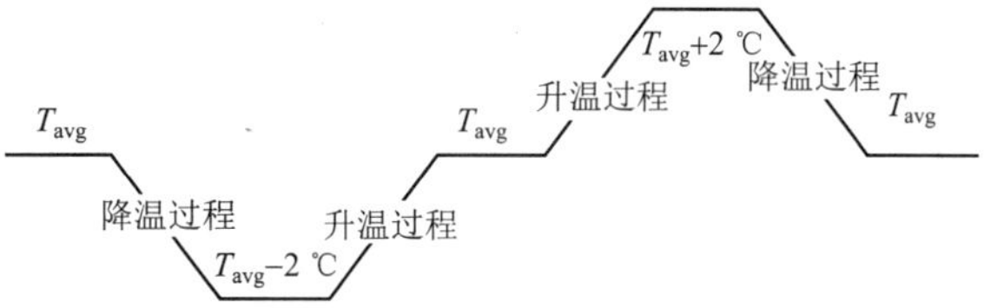

图 4-6　慢化剂温度变化示意图

4.3.3　数据处理

1）原理

测量结束后在记录仪的记录纸上记录有一组或多组 $\rho=f(T_{avg})$ 曲线，在这些曲线中选出有效的线性段，求出每个线性段的斜率（$\Delta\rho/\Delta T_{avg}$），即每一个温度变化过程的实测等温温度系数：

$$\alpha_{iso}^{act}=\frac{\Delta\rho}{\Delta T_{avg}} \tag{4-31}$$

2）试验测量曲线（或数据）的处理

从式（4-31）可以看出，等温温度系数的数据处理就是获取 $\rho=f(T_{avg})$ 曲线的斜率。因此对试验测量曲线的处理不论是采用对记录仪记录的曲线进行数据处理的方式，还是使用反应性仪自带的离线计算模块进行数据处理的方式，都需要对试验记录曲线（或数据）进行选取。对选取的曲线（或数据）应满足以下要求：

① 选取有效温度平稳变化的线性段。所谓线性就是所选曲线的 2/3 部分（包括连续的或者间断的）都落在所画直线上，或者样本点的标准方差 R^2 越接近 1 越好；

② 对于试验过程中没有发生控制棒棒位变化的试验记录曲线来说，有效的线性段应至少达到 1 ℃以上；对试验过程中发生了控制棒棒位变化的试验记录曲线来说，两段的有效温度平稳变化的线性段应分别达到 0.7 ℃以上。

另外，对于采用反应性仪自带的离线数据处理功能，和采用办公软件进行处理的方法是，选取的试验前后的反应性数据和温度数据均需为试验测量的有效记录数据，即为所选取线性度最好的曲线范围内的起始点和终止点的温度和反应性数值：

$$\alpha_{iso}^{act}=\frac{\rho_{max}-\rho_{min}}{T_{avg}^{max}-T_{avg}^{min}} \tag{4-32}$$

式中，ρ_{max} 为所选取线性度最好的曲线范围内的反应性最大值，单位为 pcm；ρ_{min} 为所选取线性度最好的曲线范围内的反应性最小值，单位为 pcm；T_{avg}^{max} 为 ρ_{max} 对应的反应堆冷却剂平均温度，单位为℃；T_{avg}^{min} 为 ρ_{min} 对应的反应堆冷却剂平均温度，单位为℃。

对于采用记录仪上的记录曲线进行处理的方式，可按照图 4-4 所示的方式对试验测量数据进行处理。

3）试验状态的修正

在试验测量过程中，由于试验的堆芯状态并非与试验要求的标准试验状态完全一致，总是或多或少的存在一些偏离，为了与试验要求状态下的理论预计结果进行比较，需要对升温、降温过程中的每段测量数据进行试验状态的修正。修正公式如下：

$$\alpha_{iso}^{mes}=\alpha_{iso}^{act}+\Delta\alpha_T(\Delta T)+\Delta\alpha_P(\Delta P)+\Delta\alpha_{C_B}\times\frac{(C_B^{ref}-C_B^{act})}{100\ \text{ppm}}+\Delta\alpha_{rod} \tag{4-33}$$

式中，α_{iso}^{mes}表示修正到理论预计状态下的实测等温温度系数，单位为 pcm/℃；α_{iso}^{act}表示实际试验测量得到的等温温度系数，单位为 pcm/℃；C_B^{ref} 和 C_B^{act} 分别表示理论计算状态和实际试验测量状态的堆芯临界硼浓度，单位为 ppm；$\Delta\alpha_T$表示慢化剂温度偏离ΔT 的修正量，单位为 pcm/℃；$\Delta\alpha_P$表示反应堆冷却剂系统压力偏离ΔP 的修正量，单位为 pcm/℃；$\Delta\alpha_{C_B}$表示试验期间测量的临界硼浓度与试验要求的临界硼浓度偏离 ΔC_B 引入的修正量，单位为 pcm/℃；$\Delta\alpha_{rod}$表示试验期间由于控制棒的部分插入，与试验要求的控制棒棒位偏离Δ_{rod}引入的修正量，单位为 pcm/℃。

由于在反应堆运行期间，反应堆冷却剂系统的压力偏离是很小的，而且压力反应性系数的影响也是很小，因此，一般可忽略$\Delta\alpha_P$，不作此修正。

4）温度系数的处理

在完成上述升、降温每个过程中的等温温度系数处理和修正后，对两次升温和两次降温的试验测量结果加以平均，求得试验的最终等温度系数的平均值，如燃料循环寿期初(BOL)、热态零功率(HZP)、全提棒(ARO)状态下的等温温度系数 α_{iso}^{ARO}：

$$\overline{(\alpha_{iso}^{ARO})}^{mes}=\frac{((\alpha_{iso}^{ARO})_1^{mes}\times\Delta T_{avg}^1+(\alpha_{iso}^{ARO})_2^{mes}\times\Delta T_{avg}^2+(\alpha_{iso}^{ARO})_3^{mes}\times\Delta T_{avg}^3+(\alpha_{iso}^{ARO})_4^{mes}\times\Delta T_{avg}^4)}{\Delta T_{avg}^1+\Delta T_{avg}^2+\Delta T_{avg}^3+\Delta T_{avg}^4} \tag{4-34}$$

式中，$(\alpha_{iso}^{ARO})_1^{mes}$ 表示第一次降温试验实际测量得到的等温温度系数，单位为 pcm/℃；ΔT_{avg}^1表示第一次降温试验期间实际测量得到的慢化剂平均温度的有效变化量，单位为℃；$(\alpha_{iso}^{ARO})_2^{mes}$ 表示第一次升温试验实际测量得到的等温温度系数，单位为 pcm/℃；ΔT_{avg}^2表示第一次升温试验期间实际测量得到的慢化剂平均温度的有效变化量，单位为℃；$(\alpha_{iso}^{ARO})_3^{mes}$表示第二次升温试验实际测量得到的等温温度系数，单位为 pcm/℃；ΔT_{avg}^3表示第二次升温试验期间实际测量得到的慢化剂平均温度的有效变化量，单位为℃；$(\alpha_{iso}^{ARO})_4^{mes}$ 表示第二次降温试验实际测量得到的等温温度系数，单位为 pcm/℃；ΔT_{avg}^4表示第二次降温试验期间实际测量得到的慢化剂平均温度的有效变化量，单位为℃。

最后，将式(4-33)计算得到的等温温度系数结果和理论计算给出的燃料多普勒温度系数，代入式(4-30)最终计算出试验要求状态下的慢化剂温度系数。

4.3.4 验收准则

试验验收准则如下：

① 对于在某一棒位下，试验测量值与理论计算值之间的偏差应满足如下关系式：

$$\left|(\alpha_{iso}^{ARO})^{mes}-(\alpha_{iso}^{ARO})^{cal}\right|\leqslant 5.4\ \text{pcm/℃} \tag{4-35}$$

② 如果相邻两次 α_{iso}测量值(分段的取二段平均值)之间的偏差小于 2 pcm/℃，试验结果可以接受，否则应查明原因重复试验直到偏差小于 2 pcm/℃。

另外，当慢化剂温度系数为正值时，按下述方法进行处理。

由于慢化剂温度系数试验的结果直接影响到反应堆的运行，堆芯设计和电厂运行技术规格书都对慢化剂温度系数有非常明确的要求。如果在慢化剂温度系数测量试验中出现$(\alpha_{mod}^{ARO})^{mes}>0$ 的测量结果，则必须在一定功率水平或燃耗状态下限制控制棒组的提升上限，使得在这个限制条件下的$(\alpha_{\text{mod}}^{\text{ARO}})^{\text{mes}} \leqslant 0$。图 4-7 所示为 CNP650 型压水核动力堆首燃料循环慢化剂温度系数测量值为正的情况下，控制棒组提升上限与功率水平的限制曲线。

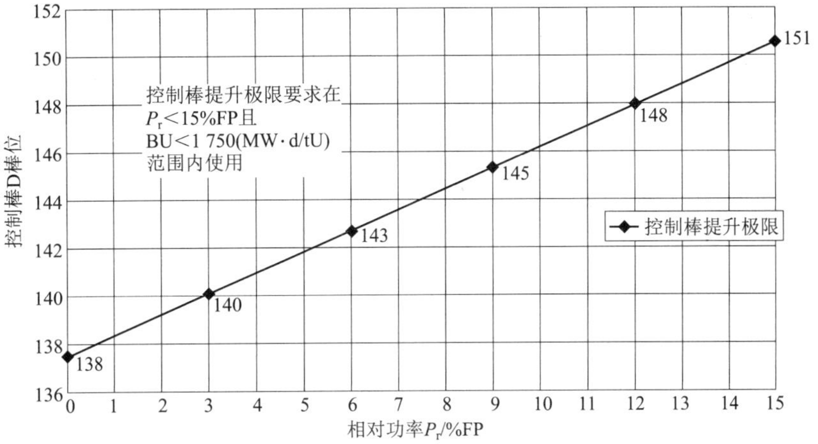

图 4-7　慢化剂温度系数为正值时控制棒组提升上限与反应堆功率水平的限制曲线

4.4　控制棒组微积分价值测量

控制棒组作为反应性主要的控制手段之一，它的移动速度快、操作可靠、使用灵活、控制反应性准确度高的特性，为反应堆在正常的功率运行和事故工况下提供了不可缺少的调节和控制能力。它在反应性的调节和控制上起着如下作用：

(1) 与堆内可溶硼浓度一起协调控制和调节反应堆功率的变化；

(2) 主调节棒组 D 用来调整较小的反应性变化和轴向功率分布形状；

(3) 在事故工况下，向反应堆提供快速的反应性控制和停堆深度。

因此，控制棒组价值计算的准确程度，在某种程度上直接关系到堆芯核设计的安全。因此，控制棒组价值的测量也是大型压水核动力堆启动物理试验的主要内容之一。它一方面起到验证换料设计的作用，另一方面也可以为反应堆运行提供了参考的数据，起到指导反应堆运行的作用。

控制棒组的价值分为积分价值和微分价值。控制棒组的积分价值是指反应堆内有控制棒存在和无控制棒存在时的反应性之差。控制棒组的微分价值一般是指控制棒组每移动一步向堆芯引入的反应性大小。

正因为上述控制棒组在反应堆的功率控制和调节上具有重要的作用，因此在压水核动力堆的设计和运行过程中，不仅需要知道控制棒组的积分价值，而且还需要知道控制棒组(尤其是主调节棒组)在堆芯轴向不同高度上的微分价值。图 4-8 为 CNP650 型压水核动力堆控制棒组在堆芯布置图，图中 D、C、B 和 A 为调节棒组，S 为停堆棒组。

4.4.1　试验原理

控制棒组价值测量的实质是对由于控制棒组在堆内所处位置上的插入或提出，引起堆芯反应性偏离临界状态的测量。控制棒组向堆芯引入的反应性大小，即为控制棒组的价值。

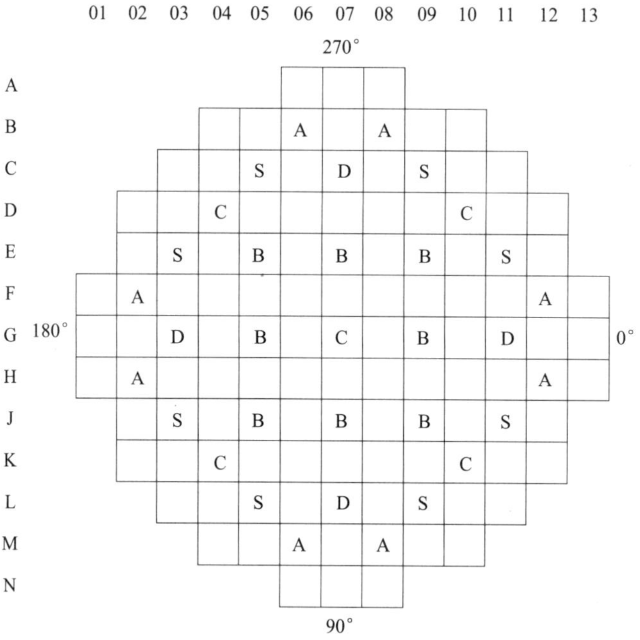

图 4-8 控制棒束在堆芯位置示意图

对于大型压水核动力堆、沸水堆来说，可利用倒时方程对在临界状态附近引入的小反应性测量进行反应性计算。在实际测量中可利用设置在堆外或堆内的中子探测器对中子注量率的变化进行测量，得到随时间变化的中子注量率函数，进而计算出控制棒组在堆内运行时所引入的反应性大小。

当控制棒组在堆内运行时所引入的反应性较大时，即 $1/3\ \beta<\rho<1\beta$，大型压水核动力堆的空间效应会非常明显，使设置在堆外或堆内的中子探测器测量的中子注量率偏离倒时方程的应用范围，从而无法直接利用周期法对反应性进行精确的测量。因此，对于控制棒组向堆芯引入较大反应性的测量，需要根据其所在的不同的堆型和不同的燃料装载模式进行空间效应修正和缓发中子效应修正，才能获得正确的反应性测量结果。基于上述理论的介绍，控制棒组价值的测量分成几种不同的方法，主要有硼补偿法、置换棒法、动态刻棒法(DRWM)。次临界状态下的动态刻棒法(SDRWM)等。但目前在压水核动力堆中常用的控制棒组价值测量方法为硼补偿法和置换棒法。

4.4.2 测量方法的基本原理

1) *硼补偿法*

试验通常是在反应堆处于热态零功率试验范围内的稳定临界状态下进行的，堆芯的临界状态是由待测控制棒组和试验初始临界硼浓度共同维持的。通过采用连续调硼(稀释或硼化)的方式，向反应堆堆芯引入一个恒定的反应性变化量，堆内的硼浓度随即发生变化(ΔC_B)，相应产生一个反应性改变量($\Delta\rho$)，使反应堆堆芯的临界状态发生偏离。为了在这个反应性连续变化过程中，使反应堆堆芯的临界状态始终围绕在初始临界状态附近做小幅度的变化，就必须通过间断的调节待测控制棒组的棒位 Δh_i，引入一个与调硼方式相反的反应

性变化量 $\Delta\rho_i$，来进行反应性变化的补偿，以维持试验测量前后反应堆堆芯的临界状态，并通过对试验期间硼浓度的变化量ΔC_B、反应性的变化量$\Delta\rho$ 和待测控制棒组的调整步数Δh，达到测量出待测控制棒组的微积分价值和硼微分价值的目的。

由于该试验测量方法在测量过程中，始终是围绕着堆芯临界状态做小反应性变化的测量，因此试验测量得到的待测控制棒组的微积分价值和硼微分价值结果相对来说是比较精确的。正因为如此，该试验测量方法作为传统的控制棒组价值测量试验方法，也常常被用作与其他控制棒组价值测量试验方法进行比较的基准。该试验测量方法的缺点是试验测量时间较长，如对具有较大积分价值的待测控制棒组的测量；另外，调硼法还伴随有大量的废液产生，增加了电厂三废系统处理的负担；第三，若试验测量过程中堆内已存在有控制棒组，那么采用该试验测量方法进行控制棒组微积分价值测量时，就存在控制棒组间的干涉效应，对控制棒组价值测量结果的准确性有一定的影响。

2）棒置换法

本试验通常也是在反应堆处于热态零功率试验范围内的稳定临界状态下进行的。试验测量期间，反应堆堆芯的临界状态是由已知价值的控制棒组和试验初始的临界硼浓度共同维持。试验是通过使用全提出堆芯的已知价值的控制棒组，去置换处于全插入堆芯状态的待测价值的控制棒组，在控制棒组置换过程中，已知价值棒组的棒位和待测价值棒组的棒位交替操作，以维持反应堆堆芯的临界状态和试验初始临界硼浓度的不变。这种控制棒组价值的测量方法通常称为棒置换法。

在使用本试验方法进行控制棒组价值测量的试验流程设计时，必须注意以下几点：

（1）棒置换法测量前、后，反应堆堆芯的临界状态都必须是通过已知价值棒组进行维持和调节的。

（2）由于本试验测量方法称为棒置换法，因此必须是使用已知价值的控制棒组去置换待组价值的控制棒组，来达到控制棒组价值测量的目的。

（3）正确调整试验测量开始前，已知价值棒组和待测价值棒组的棒位状态。如果已知价值棒组的价值是使用硼补偿法中的稀释、插棒方式得到的，那么棒置换法测量前就必须将已知价值棒组的初始棒位状态调整至位于全提出堆芯的状态，待测价值棒组的初始棒位状态调整至位于全插入堆芯的状态。如果已知棒组价值的控制棒组的价值是使用硼补偿法中的硼化、提棒方式得到的，那么棒置换法测量前就必须将待测价值棒组的初始棒位状态调整至位于全提出堆芯的状态，已知价值棒组的初始棒位状态调整至位于全插入堆芯的状态。这是因为控制棒组在堆内的移动对堆芯轴向功率分布的形状是有影响的，堆芯轴向功率分布形状的不同会影响控制棒组价值的测量结果，也就是说采用稀释、插棒方式测量得到的控制棒组价值结果，与采用硼化、提棒方式测量得到的控制棒组价值结果是不完全相等的。

下面就以采用硼补偿法中的稀释、插棒方式得到的已知价值棒组为例，对棒置换法进行控制棒组价值测量试验的方法与操作进行介绍和描述。

在堆芯临界状态下，调整已知价值棒组和待测价值棒组在堆内的状态，将待测价值棒组完全插入堆内，并采用调硼的方式将已知价值棒组（一般棒组价值最大）留在堆内的剩余部分，调整到该棒组留在堆内的棒组价值小于 50 pcm 以内的棒位上，其余的控制棒组均处于全部提出堆芯的状态。此时堆芯的稳定临界状态是采用已知价值的控制棒组来维持的，同时进行该临界状态下的硼浓度取样分析和已知价值棒组的上“末端反应性价值”的测量。然后，采用棒置换法进行待测棒组的价值测量操作。在使用棒置换法进行控制组价值测量的过程中，采用已知价值的控制棒组与待测价值的控制棒组的交替插入和抽出操作，使反应堆堆芯维持在试验测量前的临界状态附近。重复这种交替操作，直至待测价值的控制棒组完全提出堆芯，已知价值的控制棒组处于堆内的某一高度位置处，并且维持堆芯的临界状态。这样就完成一组待测控制棒组的价值测量试验。在使用棒置换法测量控制棒组积分价值的过程中，由于反应堆冷却剂系统中的临界硼浓度是保持不变的，这样待测控制棒组的积分价值就等于棒置换法测量前后，已知价值控制棒组在堆内两个不同高度棒位下的反应性之差。

棒置换法相对于硼补偿法的优点是，试验测量前后堆内只存在有一组控制棒组，这样就不存在控制棒组间的干涉效应对测量结果的影响，同时试验测量过程中不进行调硼操作，测量时间较短，而且减少了废液的产生量。但棒置换法的缺点是该试验方法具有一定的局限性，首先是该试验方法只能给出待测控制棒组的积分价值测量结果，而无法给出待测控制棒组的微分价值，因此该试验测量方法一般不适用于对主调节棒组的价值测量。其次，为满足棒置换法测量控制棒组价值的需要，已知价值的控制棒组必须是一组具有最大积分价值的控制棒组，而且在使用棒置换法前其棒组的精确微积分价值，已经通过硼补偿法测量试验得到。第三，是已知价值的控制棒组在使用棒置换法测量试验时，其运行的方向(即是插棒形式，还是提棒形式)，必须与其自身棒组价值测量时的运行方向(即是插棒形式，还是提棒形式)相一致。这对待测棒组的价值计算与误差分析是很重要的。因为在反应堆临界状态下，对于同一组控制棒组，由稀释、插棒方法测量得到的控制棒组价值，与硼化、提棒方法测量得到的控制棒组价值，其测量结果是不完全相等的。原因是控制棒组在堆内的插入与提出，对堆芯轴向功率分布的影响是不同的，这样就影响了控制棒组在堆内的插入与提出每一段反应性测量的结果，最后由每一段反应性测量结果累计得到的整个控制棒组的积分价值测量结果就产生了一定量的偏差。因此，在使用棒置换法进行控制棒组价值测量试验时，一定要根据已知价值的控制棒组在硼补偿法测量时的运动方向，进行棒置换法测量试验前已知价值控制棒组和待测价值控制棒组的初始棒位状态的调整。

4.4.3 试验方法介绍

1) *硼补偿法*

反应堆处于热态零功率试验范围内稳定临界，堆芯的临界状态由待测价值的控制棒组和试验初始的临界硼浓度来维持。此时，待测价值控制棒组插入堆内的反应性价值要求小于 50 pcm。首先，需要完成待测价值控制棒组的上“末端反应性价值”的测量，然后根据理论计算给出的待测价值控制棒组积分价值预估出需进行调硼的水量和调硼速率，再以恒定的调硼(稀释或硼化)速率向堆芯引入反应性。在进行调硼操作的过程中，反应堆堆芯的临界状态开始偏离初始的临界状态，当反应性偏离初始临界状态不超过±30～±40 pcm 时，通过向堆芯一次性调节待测价值控制棒组的棒位 Δh_i 步数，向堆芯引入与调硼相反的反应性变化量 $\Delta\rho_i$，来达到补偿调硼引起的反应性变化，使硼补偿法测量控制棒组价值的反应性变化量控制在不超过反应性仪和记录仪量程的±40 pcm 范围内。整个试验就是在这种周而复始的操作过程中，通过间断的调节待测价值控制棒组向堆内引入的反应性，来补偿由于调硼所引起的反应性变化，以维持试验前后堆芯始终处于临界状态，图 4-9 给出了硼补偿法测量控制棒组价值试验过程的示意。图示中颜色深的堆芯表示其硼浓度较高，随着堆芯中的硼浓度被逐渐地稀释，图示中堆芯的颜色也逐渐地变浅，图示中不同颜色的堆芯表示其不同的硼浓度。

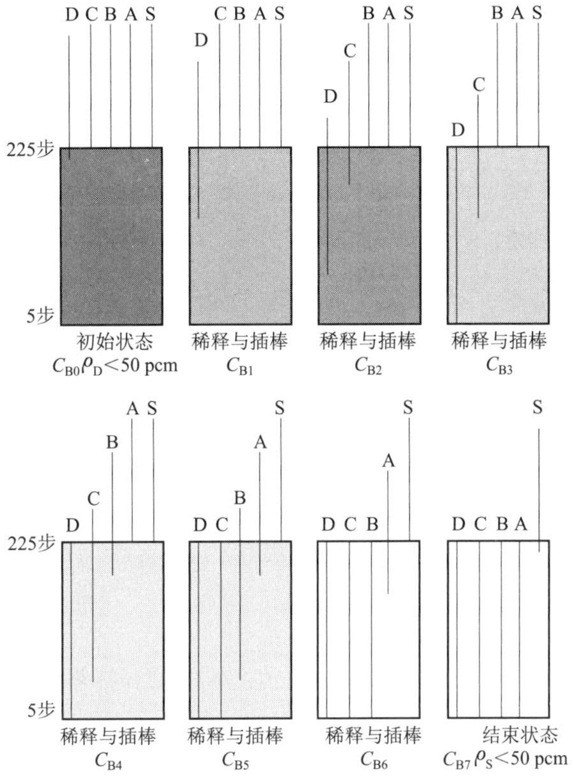

图 4-9 调硼法测量控制棒组价值试验示意图

在整个试验测量过程中，反应性的变化是通过反应性仪采集堆外核测仪表 RPN 系统功率量程测量通道的电流信号计算得到的，并由反应性仪和记录仪进行连续测量、记录和跟踪，以及控制控制棒组的棒位移动。

当待测价值控制棒组调整至某一预计棒位后，停止调硼操作。预计棒位需要考虑在反应堆冷却剂系统硼浓度达到均匀后，待测价值控制棒组距堆底或相邻控制棒组留在堆内的棒组价值控制在 50 pcm 以内。停止调硼操作后，需要等待至少大约 30 min 的反应性冷却剂系统硼浓度均匀时间，判断硼浓度均匀的依据是反应堆冷却剂系统的环路内冷却剂中的硼浓度，与稳压器内的硼浓度之差的绝对值小于等于 20 ppm，即：$|C_{\text{Bloop}}-C_{\text{Bpres}}|\leqslant 20$ ppm。在反应堆冷却剂系统硼浓度均匀的过程中，反应堆堆芯的临界仍然是通过调节待测价值控制棒组的棒位来进行维持的。图 4-10 给出了硼补偿法测量控制棒组价值试验过程记录的曲线。

由于稀释或硼化过程的反应性引入有一定的滞后效应，反应堆冷却剂系统的环路内冷却剂中的硼浓度与稳压器内的硼浓度也有一个均匀过程，因此硼补偿法最终用来维持反应堆临界状态的某一预计棒位，一般很难控制到根据理论计算要求的预计棒位（通常是堆底或堆顶）上。在反应堆冷却剂系统的硼浓度达到均匀后，还需要进行一次控制棒组的“末端反应性价值”测量。这个测量可能是本待测价值控制棒组的下“末端反应性价值”测量，也有可

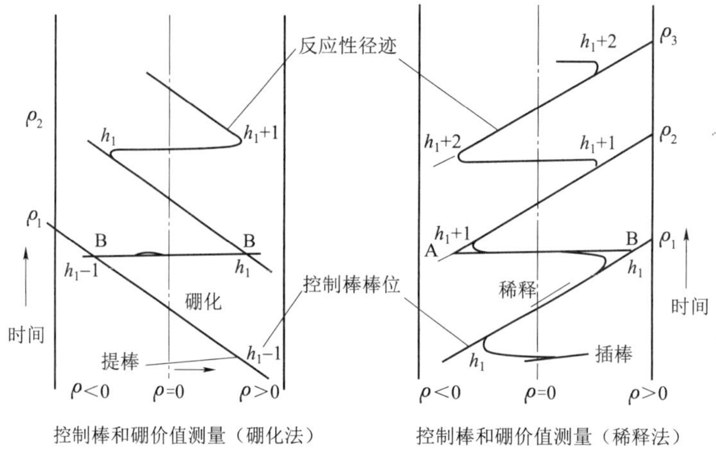

图 4-10　调硼法测量控制棒组价值试验记录的曲线

能是邻近一组待测价值控制棒组的上“末端反应性价值”测量。

在试验测量中，调硼速率可根据反应性仪的设置量程和记录仪的走纸速度，以稀释或硼化所引入的反应性变化记录曲线与时间轴的夹角约呈为45°角等方便数据处理的原则来确定。

2）棒置换法

在反应堆处于热态零功率试验范围内稳定临界状态上，首先通过硼补偿法得到一组最大积分价值控制棒组的微积分价值，图 4-11 中的左起第一幅图给出的示意是通过稀释、插棒的方式得到的状态，此时堆芯的临界状态是由待测价值控制棒组来维持的。然后进行棒置换法测量控制棒组价值试验前的状态调整过程：首先插入一段待测价值控制棒组向堆芯引入一定量的负反应性，堆芯的临界状态开始偏离初始的临界状态，然后提出一段已知价值控制棒组向堆芯引入一定量的正反应性，以补偿由插棒向堆芯引入的负反应性变化，使堆芯仍然维持在初始临界状态附近。这种交替向堆芯引入的正负反应性的变化量，应控制在不超过反应性仪和记录仪量程的±40 pcm 范围内。

当待测价值控制棒组被完全插入堆芯时，已知价值控制棒组处于堆芯的某一高度位置上，图 4-11 中左起第二幅图给出了这个过程的示意。由于此状态下，已知价值控制棒组留在堆内的价值超过了 50 pcm，不满足试验测量前后堆内仅存在有一组控制棒组的要求。因此在这之后，还需采用与硼补偿法测量控制棒组价值试验相同的方法，将已知价值控制棒组留在堆内的棒组价值调整至不超过 50 pcm 的棒位上。此时堆芯的稳定临界状态是由已知价值控制棒组来维持的。至此，完成了棒置换法测量控制棒组价值试验前的状态调整。

接下来开始进行棒置换法测量控制棒组价值的试验。首先，进行该试验初始状态下的堆芯临界硼浓度测量，和已知价值控制棒组的上“末端反应性价值”ρ_1 的测量，图 4-11 中左起第三幅图示意了棒置换法进行控制棒组价值测量试验的初始状态。其次，开始采用棒置换法进行控制棒组价值的测量操作：首先提出一段待测价值控制棒组向堆芯引入一定量的正反应性，堆芯的临界状态开始偏离试验初始的临界状态，然后插入一段已知价值控制棒组向堆芯引入一定量的负反应性，以补偿由提棒向堆芯引入的正反应性的变化，使堆芯仍然维持在初始临界状态附近。这种交替向堆芯引入的正负反应性的变化量，应控制在不超过反应性仪和记录仪量程的±40 pcm 范围内。当待测价值控制棒组被完全提出堆芯时，已知价值控制棒组处于堆芯的某一高度位置上，此时的堆芯临界状态是由调整已知价值控制棒组的棒位来维持的，其留在堆内的棒组积分价值为 ρ_2，图 4-11 中左起第四幅图示意了这个过程的最终状态，并在完成该试验状态下的已知价值控制棒组的最终临界棒位、反应堆冷却剂系统的临界硼浓度测量和堆芯状态参数记录后，棒置换法测量控制棒组价值试验结束。虽然在图 4-11 所示的堆芯中有两种不同的颜色，表示其有两种硼浓度的存在，但是在棒置换法测量控制棒组价值期间，反应堆冷却剂系统中的硼浓度应保持不变。

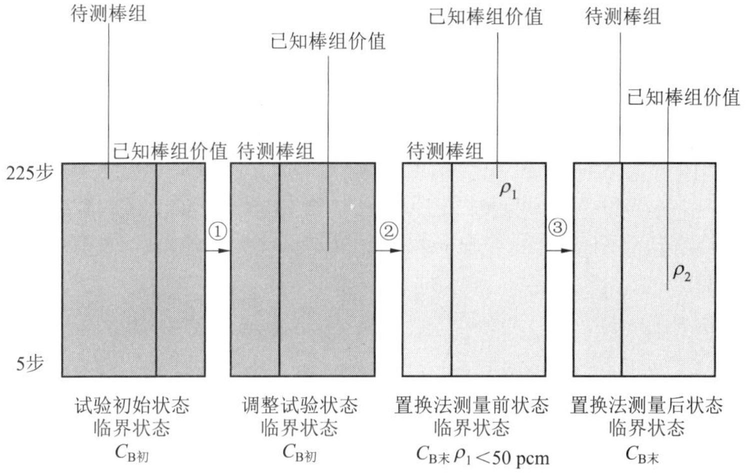

图 4-11　置换法测量控制棒组价值试验示意图

对于所有控制棒组价值低于已知价值控制棒组的待测价值控制棒组，都可采用上述方法进行控制棒组积分价值的测定，而且测量顺序应该是控制棒组积分价值依次递减的，这样可以减少反应堆冷却剂系统废液的产生量，同时缩短了测量时间。为了在棒置换法测量控制棒组价值开始前，形成待测价值控制棒组处于全部插入堆芯，其他所有控制棒组包括已知价值控制棒组均处于全提出堆芯的临界状态，这就需要有一个采用调硼方式进行控制棒组棒位调整的中间过程。但特别需要注意的是，在棒置换法测量终了状态时，堆内只能有一组已知价值控制棒组的存在，其他控制棒组均处于全提出堆芯的临界状态。这是为了防止相邻的控制棒组同时在堆内存在时，所引起的控制棒组间的相互干涉效应，以影响待测价值控制棒组价值的测量准确性。

4.4.4　数据处理

1）硼补偿法

在硼补偿法进行控制棒组价值测量过程中，每移动一段控制棒组引入的反应性值可以由数字反应性仪读出，也可以在记录纸上处理得到。考虑到移动控制棒组过程必要的修正，一般以处理记录纸上的记录曲线得到的测量结果更为准确：根据图 4-10 所示的记录曲线，沿着稀释（或硼化）反应性变化曲线作直线（该直线应取记录曲线线性段较好处，并至少覆盖记录曲线的 2/3 以上部分，如曲线中标注的 P_1 直线），沿着移动控制棒时反应性变化的曲线，作与反应性零点的垂直线（即以移动控制棒时反应性曲线与反应性 $\rho=0$ 线相交处作为垂直线的垂直点，如曲线中标注的直线 AB)，并与 P_1 直线存在两个相交点。这两个交点之间的反应性变化量，就得到待测价值控制棒组棒位变化 Δh_i（沿着走纸轴线运动方向）时，引起的反应性变化量 $\Delta\rho_i$（垂直于走纸轴线运动方向），也就是待测价值控制棒组棒位变化 Δh_i 步数所对应的该段控制棒组的积分价值 $\Delta\rho_i$，即：

$$\Delta\rho_i = |\rho_A| + |\rho_B| \tag{4-36}$$

式中：$\Delta\rho_i$ 为控制棒组棒位变化 Δh_i 步数所对应的控制棒组积分价值，单位为 pcm；Δh_i 为控制棒组棒位变化的步数，单位为 step。

每移动一段控制棒组的控制棒组积分价值 $\Delta\rho_i$，与本次控制棒组移动步数 Δh_i 之商，即为这部分被移动控制棒组的微分价值，即：

$$\alpha_i = \frac{|\rho_A| + |\rho_B|}{h_i - h_{i+1}} = \frac{\Delta\rho_i}{\Delta h_i} \tag{4-37}$$

式中：α_i 为待测价值控制棒组的微分价值，单位为 pcm/step；ρ_A 为移动控制棒组之前的反应性最大值（绝对值），单位为 pcm；ρ_B 为移动控制棒组之后的反应性最大值（绝对值），单位为 pcm；h_i 为移动控制棒组之前的控制棒组棒位，单位为 step；h_{i+1} 为移动控制棒组之后的控制棒组棒位，单位为 step。

整个待测价值控制棒组的积分价值，就是将每一次移动控制棒组测量得到的控制棒组积分价值加起来 $\sum\Delta\rho_i$，再加该控制棒组的上“末端反应性价值”$\Delta\rho_{\text{up}}$的修正。而硼微分价值就是硼化或稀释过程的反应性变化量（不包括“末端反应性价值”）与硼浓度改变量ΔC_{B}的商。

由于大型压水核动力堆的堆芯水装量较大，因此硼补偿法引入的反应性常常存在一定的滞后效应，以稀释刻棒操作为例（硼化刻棒也是类似的），往往稀释操作完成并且堆芯达到均匀后，用来维持堆芯稳定临界状态的控制棒组的棒位，不一定会刚好达到理想的堆底。一般存在两种情况，即稀释不足，控制棒组未完全插到堆底；或者稀释过量，需要下插邻近控制棒组。这样就或者需要进行本控制棒组的下“末端反应性价值”的测量，或者需要进行邻近组控制棒组的上“末端反应性价值”的测量。

(1) 如果稀释过量，即在反应堆冷却剂系统的硼浓度均匀后，待测价值控制棒组全部插入堆芯仍然超临界的情况，可插入邻近控制棒组以维持堆芯的临界状态。此时使用反应性仪测量得到的“末端反应性价值”是该邻近控制棒组的上“末端反应性价值”$\Delta\rho_{\text{e}}$。这样待测价值控制棒位的积分价值为：

$$\rho_{\text{棒}} = \Delta\rho_{\text{up}} + \sum_i \Delta\rho_i \tag{4-38}$$

硼微分价值表示为：

$$\alpha_{\text{b}} = -\frac{\rho}{\Delta C_{\text{B}}} = -\frac{\sum\limits_i \Delta\rho_i + \Delta\rho_{\text{e}}}{|C_{\text{B初}} - C_{\text{B末}}|} \tag{4-39}$$

式中，$\Delta\rho_i$ 为每一次移动控制棒组测量得到的反应性价值，单位为 pcm；$\Delta\rho_{\text{e}}$ 为邻近控制棒组的上“末端反应性价值”，单位为 pcm；$C_{\text{B初}}$、$C_{\text{B末}}$ 分别为调硼前、后的堆芯临界硼浓度，单位为 ppm；$\Delta\rho_{\text{up}}$为待测价值控制棒组的上“末端反应性价值”，考虑到试验前待测价值控制棒组一般有小部分插入堆芯。这部分控制棒组价值一般是已知的，若没有经过测量则也需要进行“末端反应性价值”测量。

（2）如果稀释不足，即反应堆冷却剂系统的硼浓度均匀后，待测价值控制棒组不足以插入至堆底，即待测价值控制棒组距离堆底仍有小部分距离。该部分留有的反应性价值须控制在 50 pcm 以内，这样就需要进行待测价值控制棒组的下“末端反应性价值”测量。这样待测价值控制棒组的积分价值为：

$$\rho_{棒} = \Delta\rho_{up} + \sum_i \Delta\rho_i + \Delta\rho_{down} \tag{4-40}$$

硼微分价值可以表示为：

$$\alpha_b = -\frac{\rho}{\Delta C_B} = -\frac{\sum_i \Delta\rho_i}{|C_{B初} - C_{B末}|} \tag{4-41}$$

式中，$\Delta\rho_{down}$ 为待测价值控制棒组的下“末端反应性价值”，单位为 pcm。

2）置换棒法

由于棒置换法测量控制棒组价值的试验只关注待测价值控制棒组与已知价值控制棒组置换前后，已知价值控制棒组留在堆内的状态变化情况。因此，只需要进行这两个临界状态下已知价值控制棒组插入堆内的控制棒组积分价值的比较，即可求出待测价值控制棒组的积分价值 $\Delta\rho$。即：

$$\Delta\rho = \rho_2 - \rho_1 \tag{4-42}$$

在控制棒组价值测量试验过程中，要求反应堆冷却剂系统的平均温度和压力恒定。如果在试验测量期间，反应堆冷却剂系统的实际测量温度和/或压力波动较大，则还需要对每一次反应性测量的结果进行温度和/或压力效应的修正：

$$\Delta\rho_T = \alpha_m^T \times \Delta T + \alpha_m^p \times \Delta p = \alpha_m^T \times (T_o - T_i) + \alpha_m^p \times (p_o - p_i) \tag{4-43}$$

式中，α_m^T 和 α_m^p 为慢化剂温度系数和压力系数，可采用理论计算结果或实际测量结果；T_i 和 T_o 为反应堆冷却剂系统平均温度的测量值，若对待测价值控制棒组积分价值修正，则它们分别为待测价值控制棒组价值测量试验前、后的反应堆冷却剂系统平均温度；若只是对待测价值控制棒组中的部分段棒组的测量价值进行修正，则它们分别为该段棒组测量前、后的反应堆冷却剂系统平均温度；p_i 和 p_o 为反应堆冷却剂系统压力的测量值，若对待测价值控制棒组积分价值修正，则它们分别为待测价值控制棒组价值测量试验前、后的反应堆冷却剂系统压力；若只是对待测棒组中的部分段棒组的测量价值进行修正，则它们分别为该段棒组成立前、后的反应堆冷却剂系统压力。由于压力变化对反应性测量结果的影响较小，且其变化范围也比较小，故一般不予考虑对压力变化的修正。

4.4.5　试验验收准则

在控制棒组价值和硼价值测量试验中，无论是采用硼补偿法还是采用棒置换法进行控制棒组价值测量，其试验的验收准则都是相同的，都必须满足以下两条要求：

1）控制棒的积分价值测量值＝(1±10%)×理论计算值(pcm)；

2）硼微分价值测量值＝理论值±1(pcm/ppm)。

上述两种测量方法的选用，与具体核电机组的设计、反应堆运行和控制模式有关。不同运行和控制模式设计的反应堆，其控制棒组的设计功能也不一样。对于像 CNP650 型压水核动力堆这种以 Mode A 运行和控制模式设计的反应堆来说，其主调节棒组即设计起温度调节棒组的作用，又与 C、B、A 棒组联合起来作为功率调节棒组。由于主调节棒组担负着反应堆在正常功率运行期间的主要调节和控制作用，因此在控制棒组价值测量与验证中，不仅需要验证其棒组的积分价值，而且还需要验证其棒组的微分价值。因此，一般对主调节棒组价值的测量方法推荐选用硼补偿法。另外，一个不同点就是以 Mode A 运行和控制模式设计的反应堆，其主调节棒组的积分价值是所有棒组价值中最小的，因此它不足以对其他棒组采用棒置换法的测量手段进行控制棒组价值的测量。而以 Mode G 运行和控制模式设计的反应堆，其主调节棒组只作为温度调节棒组使用，而且其积分价值是仅次于停堆棒组的第二大价值的棒组，因此它的主调节棒组是可以作为参考棒组，足以对其他棒组使用棒置换法的测量手段进行控制棒组价值的测量。图 4-12 给出了 CNP650 型压水核动力堆首次堆芯启动物理试验期间的重叠棒组微积分价值测量曲线。

图 4-12　重叠棒组微积分价值测量曲线

—— 重叠棒组积分价值　—— 重叠棒组微分价值

4.5　硼微分价值测量

前面已经描述了硼酸溶液在压水核动力堆中对反应性控制的重要性。因此，硼微分价值计算的准确程度，同样需要在启动物理试验中进行验证。

硼微分价值测量试验的原理与控制棒组价值测量试验的原理相同，都是基于倒时方程的理论，在临界状态附近通过对向堆芯引入的小反应性测量进行计算得到的。

硼微分价值测量试验是与控制棒组价值测量试验一同进行的。试验的测量方法、试验的数据处理和试验的验收准则等已在控制棒组价值测量试验章节中进行了描述和介绍，具体的内容请参看上述相关的章节。

4.6　零功率物理试验范围的确定

压水核动力堆在热态零功率状态下实施的反应性测量，如慢化剂温度系数测量、控制棒组价值测量等试验，都是要求在系统无反应性反馈状态下进行的。这是因为本底噪声和燃料的多普勒效应都会对反应性测量的结果产生影响。因此，必须在反应性测量试验实施前，确定热态零功率物理试验所需要的中子注量率水平的范围，以保证用于验证反应性测量试验结果的验收准则的合理性和准确性。通常把这个中子注量率水平的范围称为零功率物理试验范围。因此，热态零功率物理试验的范围是在系统本底噪声水平以上，核加热点以下。所谓核加热点是指当中子注量率水平上升，受燃料多普勒效应的影响，由燃料温度的负反馈效应引起的反应性、中子注量率和冷却剂温度等出现偏离其各自正常运行曲线的拐点，通常把这个拐点称为核加热点，也称为多普勒(Doppler)发热点。

试验方法：以中间量程测量通道的对数电流、反应堆冷却剂系统平均温度 T_{avg} 和反应性仪指示的反应性随堆内中子注量率水平变化的曲线为依据。首先，进行热态零功率物理试验中子注量率水平的上限确定。在堆芯临界状态下，将反应性仪设置在 50 pcm 量程挡上，通过调整主调节棒组 D 的棒位，将中子注量率水平调整至记录仪量程挡的 20％处左右，并维持堆芯的稳定临界状态。然后，再通过提升主调节棒组 D 一次性向堆芯引入一个如周期不短于 100 s 左右的正反应性，此时中子注量率水平开始缓慢增加，注意观测反应性信号、中子注量率水平的变化和反应堆冷却剂平均温度的变化。当观测到反应性仪上记录的反应性信号开始下降，或中子注量率水平偏离指数规律上升，即对数显示的直线斜率发生改变，或反应堆冷却剂平均温度上升偏离原记录曲线的轨迹时，表明燃料的多普勒效应开始影响堆芯反应性、反应堆冷却剂平均温度和中子注量率水平的变化，即观察到了核加热点 $\phi_{doppler}$，如图 4-13 中所示意的反应性、反应堆冷却剂平均温度和中子注量率水平记录曲线的变化。将出现多普勒核发热点 $\phi_{doppler}$ 对应的中子注量率水平确定为零功率物理试验中子注量率水平范围的上限。接下来，进行热态零功率物理试验中子注量率水平的下限确定。在堆芯临界状态下，通过调整主调节棒组 D 的棒位，将中子注量率水平调整至记录仪量程挡的 90％处附近，并维持堆芯的稳定临界状态。然后，再通过插入主调节棒组 D 一次性向堆芯引入一个如周期不短于 80 s 左右的负反应性，此时中子注量率水平开始缓慢降低，这里需要注意观测反应性仪的中子注量率水平记录曲线是否稳定。当观测到中子注量率水平的记录曲线出现“振荡”，即记录曲线的变化呈较大的密集的毛刺或者离散现象的变化，而且记录曲线的下降趋势非常缓慢时，则需调整主调节棒组 D 的棒位，来逐步地提高中子注量率水平，但绝对不允许超过上述已确定的零功率物理试验范围中子注量率水平的

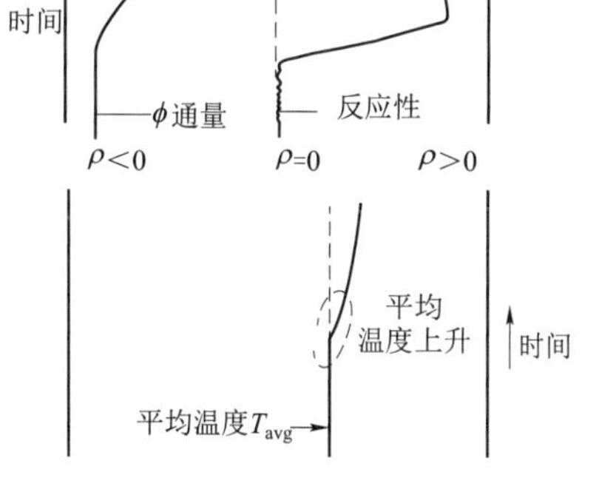

图 4-13　确定核加热(多普勒发热)点示意图

注：画圈处为中间量程电流值(A)

上限值，直至观察到反应性仪的中子注量率水平的记录曲线出现较为稳定，即记录曲线毛刺减小非常明显或者无明显的离散现象，而且记录曲线的下降趋势也非常缓慢，即可将该中子注量率水平确定为热态零功率物理试验中子注量率水平范围的下限 $\phi_{下限}$。在此过程中观测到的"振荡"现象，是由于堆芯本底"噪声"对中子注量率水平记录曲线的影响。

因此，为确保零功率物理试验测量精度和误差分析的需要，通常将热态零功率物理试验所需要的中子注量率水平 ϕ 的范围，按照下述关系式给出的区间进行确定：

$$10\phi_{下限}\leqslant\phi\leqslant\frac{\phi_{\rm doppler}}{10} \tag{4-44}$$

即，热态零功率物理试验中子注量率水平 ϕ 的范围，是在上限值 $\phi_{\rm doppler}$ 降低一个数量级，和下限值 $\phi_{下限}$ 提高一个数量级以内。

这里需要注意的是，由于从零功率物理试验中子注量率水平范围的上限到其下限，通常都跨越了 4～5 个数量级，而且确定零功率物理试验中子注量率水平范围的下限需要花费较长的时间。因此，通常的做法是在确定了零功率物理试验中子注量率水平范围的上限后，按照式(4-44)的规定将上限值 $\phi_{\rm doppler}$ 降低一个数量级，来观察反应性仪的反应性指示是否稳定，若反应性仪的反应性指示稳定，则确认该中子注量率水平为的热态零功率物理试验实施的中子注量率水平。若反应性仪的反应性指示不稳定，则需通过调整主调节棒组 D 的棒位来逐步地提高中子注量率水平，但绝对不允许超过上述操作已确定的零功率物理试验范围的中子注量率水平的上限值，直至观察到反应性仪的反应性指示达到稳定，则确认该中子注量率水平为的热态零功率物理试验实施的中子注量率水平。而下限的确定就不再安排专门的操作。对于换料堆芯来说，由于经过辐照后堆芯的本底较新建成的干净堆芯要高许多，因此换料堆芯的热态零功率物理试验中子注量率水平的范围，按照下述关系式给出的区间进行确定：

$$5\phi_{下限}<\phi<\frac{\phi_{\rm doppler}}{5} \tag{4-45}$$

即，热态零功率物理试验中子注量率水平 ϕ 的范围，是在上限值 $\phi_{\rm doppler}$ 降低半个数量级，和下限值 $\phi_{下限}$ 提高半个数量级以内。

另外，为了确保零功率物理试验的反应性测量结果的准确性，同时考虑测量设备的精确度，通常将零功率物理试验范围的中子注量率水平确定在靠近上述两个关系式的右侧，即零功率物理试验范围中子注量率水平的上限附近。

4.7　反应性仪的校刻原理

4.7.1　校验目的

反应性是反应堆物理计算与分析中最重要的一个物理参数，与核安全直接相关，它的计算准确性与反应堆的安全密切相关。反应性仪是进行反应性测量的唯一的"计量器具"，是压水核动力堆启动物理试验中测量控制棒组价值和反应性系数的最为常用的基本工具。因此，反应性仪的品质、计算模型，特别是输入的缓发中子参数，是否满足压水核动力电厂不同燃料循环换料堆芯启动物理试验的要求，都需要通过与周期法测量的结果比较来进行验证，以保证反应性测量结果的准确性和可信度。

目前，压水核动力电厂的数字式反应性仪的工作原理都是基于点堆逆动态中子动力学方程的原理设计而成的，即假设当反应堆内的中子注量率水平处于动态变化时，堆内各处中子注量率水平的变化与空间位置无关。因此，对式(4-4)进行整理并简化得到下式：

$$\rho(t)=\frac{l}{n(t)}\left[\frac{\mathrm{d}n(t)}{\mathrm{d}t}+\sum_{i=1}^{6}\left(\frac{\beta_{\mathrm{eff}_i}n(t)}{l}-\lambda_i C_i(t)\right)-S\right] \tag{4-46}$$

式中，l 为瞬发中子平均寿命，单位为 s，$l=k_{\mathrm{eff}}\Lambda$，$\Lambda$ 为瞬发中子平均代时间，单位为 s。

考虑到中子注量率水平和堆外核测仪表系统探测器测得的电流大小成正比，同时，在试验测量仪表系统中该电流可由放大器按比例转化为电压信号输出，所以式(4-46)中的中子注量率水平可以用堆外核测仪表系统探测器测得的电压值代替：

$$\rho(t)=\frac{l}{U(t)}\left[\frac{\mathrm{d}u(t)}{\mathrm{d}t}+\sum_{i=1}^{6}\left(\frac{\beta_{\mathrm{eff}_i}U(t)}{l}-\lambda_i C_i(t)\right)-S\right] \tag{4-47}$$

式中：U 为与中子注量率水平相对应的电压，单位为 V。

因此，式(4-47)就是数字式反应性仪进行反应性测量工作原理的理论依据。可以看出它实质上是一台对点堆逆动态中子动力学方程逆向求解的专用微型计算机。由于试验的初始状态和源项是已知的，则可以根据式(4-47)对电压信号进行采样，然后通过数值运算得到反应性的数值解。由于简化的点堆模型仅适用于讨论临界态附近的问题，因此基于简化的点堆逆动态中子动力学模型设计而成的反应性仪是不适合用于进行大反应性的测量。在实际应用中，为了保证反应性测量的精度，一般推荐的反应性测量范围为±50 pcm。

4.7.2　周期法校刻的原理

周期法测量反应性的原理在本章的第一节中已经讨论过了。反应堆周期 T 和反应性 ρ 之间的关系可用由点堆动力学方程推导得到的“倒时方程”表示。它表达了反应堆周期 T 与反应性 ρ 之间的关系式，是反应堆运行中通过测量周期来确定反应性的理论依据：

$$\rho=\frac{l}{T}+\sum_{i=1}^{6}\frac{\beta_{\mathrm{eff}_i}}{1+\lambda_i T} \tag{4-48}$$

式中，反应堆周期 T 为堆内中子注量率水平变化 e 倍所需的时间，单位为 s。在实际应用中，常用“倍周期”，它是反应堆内中子注量率水平变化一倍所需的时间，记为 T_{d}。则有：

$$T=\frac{T_{\mathrm{d}}}{\ln 2} \tag{4-49}$$

这样只要测量出中子注量率水平变化的倍增时间 T_{d}，就可以根据式(4-48)算出 ρ。式(4-48)中的缓发中子参数与数字式反应性仪中输入的参数是一致的。不同的反应堆堆型，其缓发中子参数是不同的，同一座反应堆的不同燃料循环的数据也略有差异。

4.7.3　试验方法

对数字式反应性仪的校刻大都是采用周期法进行测量的，即通过引入包括正、负多个不同周期大小的反应性，对堆芯启动物理试验中常用的±50 pcm 和±100 pcm 两个量程档进行分别的校刻。根据启动物理试验理论数据文件，对数字式反应性仪的输入参数进行设置。检查数字式反应性仪的自稳性，要求数字式反应性仪的漂移应≤5 pcm/h。然后分别在数字式反应性仪常用的 50 pcm 和 100 pcm 量档上，对引入 ±20 pcm、±40 pcm 和 ±60 pcm（其中，−60 pcm 的测量最好在首燃料循环的启动物理试验过程中安排）的待测反应性进行周期法的测量，以校刻数字式反应性仪的精度。

在进行数字式反应性仪校刻试验中，通常是采用控制棒引入一定数量大小的正（或负）反应性，由数字式反应性仪实时进行中子注量率水平变化的测量，并由此测量信号计算出堆芯的反应性 ρ^{mes}，同时记录中子注量率水平的变化曲线，由该记录曲线得到堆芯中子注量率水平变化的倍增周期 T_d，进而计算反应堆的倍增周期 T 和反应性 ρ^{cal}。然后，通过比较反应性 ρ^{cal} 和 ρ^{mes} 的相对偏差，对数字式反应性仪的精度进行检验。

试验前，根据待引入正（或负）反应性的要求，通过调整控制棒组 D 棒位，将中子注量率水平调整至的数字式反应性仪中子注量率水平输入量程范围的下（或上）限，推荐使用 15%（或 90%）满量程附近。

根据待引入反应性的大小，从《启动物理试验理论数据报告》查得该状态下理论计算给出的对应的控制棒步数，然后通过连续提升（或插入）已确定的控制棒步数，观察数字式反应性仪和记录仪上中子注量率水平记录曲线的变化。在中子注量率水平上升（或下降）至接近推荐量程范围的过程中，一方面可以通过使用秒表测量的方式记录并获得中子注量率水平变化一倍的时间，例如由 40%～80%（或由 60%～30%）满量程的倍增时间。另一方面，可以通过对记录在记录纸上的中子注量率水平变化一倍的记录行程，计算出对应的倍增时间。并将由这两种测量方法获得的周期测量结果进行对比验证。第三种测量周期的方法是利用反应性仪的离线数据处理功能，在数字式反应性仪记录的数据中选取相应的中子注量率水平变化范围，如由 40%～80%（或由 60%～30%）满量程，计算出倍增时间（T_d）和对应的反应性数据 ρ_d。

4.7.4 数据处理和验收准则

根据秒表和记录纸测量出来的时间 T_d，在《启动物理试验理论数据报告》提供的 ρ-T_d 数据表或 ρ-T_d 曲线上，找出对应于测量倍增时间 T_d 的 ρ_d；

目前的反应性仪已集成了数据处理的方法，可直接在反应性仪上进行数据处理得到对应于测量倍增时间 T_d 的 ρ_d。

倍增周期查得的反应性 ρ_d 和通过反应性仪测得的反应性 ρ_r 应满足：

$$\Delta = \left|\frac{\rho_r - \rho_d}{\rho_d}\right| \leqslant 4\% \tag{4-50}$$

否则需要查找数据处理偏大的原因，改进试验，或对反应性仪的参数进行调整，重做对应数据处理结果大于 4% 的反应性值下的校验试验，直到试验数据处理的结果≤4% 止。

试验数据处理的误差来自如下几个方面，首先是试验数据读取（秒表和记录纸）中人为引入的误差；其次是在查 ρ-T_d 表时，进行插值计算带来的误差，或在 ρ-T_d 曲线上查找对应的反应性 ρ_d 过程中，读曲线数据时带来的误差。另外，对于采用反应性仪的离线数据处理功能，反应性仪自身的稳定性及其计算模型带来的误差。

4.7.5 负反应性周期校刻的分析

通常反应性测量过程中的稳定周期是基于阶跃扰动时的点堆模型动态中子动力学方程

的解，即：在堆芯临界状态下的反应堆中引入的反应性 ρ 为常数的阶跃扰动，且不考虑各种反馈效应时，中子注量率水平随时间的变化，如图 4-14 所示。对于处于临界状态的反应堆，其堆内的中子注量率水平比外中子源的中子源强大好几个数量级，因此在此状态下可忽略外中子源的存在，这样点堆动中子力学方程式(4-4)可改写为：

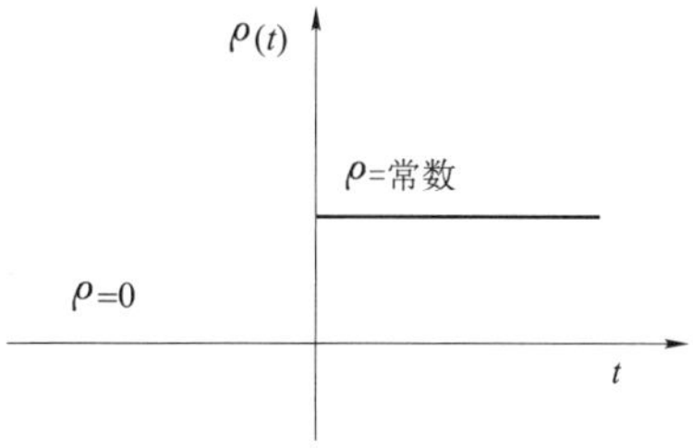

图 4-14　反应性的阶跃变化示意图

$$\frac{\mathrm{d}n}{\mathrm{d}t}=\frac{\rho-\beta}{\Lambda}n+\sum_{i=1}^{6}\lambda_i C_i \tag{4-51}$$

$$\frac{\mathrm{d}C_i}{\mathrm{d}t}=\frac{\beta_i}{\Lambda}n-\lambda_i C_i \qquad i=1,2,\cdots,6 \tag{4-52}$$

这是一阶线性常系数微分方程组，常用如下形式的指数尝试函数来求解。令：

$$n=A\,\mathrm{e}^{\omega t} \tag{4-53}$$

$$C_i=B_i\,\mathrm{e}^{\omega t} \qquad i=1,2,\cdots,6 \tag{4-54}$$

式中，A、B_i 和 ω 是待定常数，将式(4-53)和(4-54)代入式(4-51)和(4-52)，先有式(4-52)对 C_i 求解，得到：

$$B_i=\frac{\beta_i}{\Lambda(\omega+\lambda_i)}A \tag{4-55}$$

再将此结果代入方程式(4-51)，消去常数 A，整理后反应性方程为：

$$\rho=\Lambda\omega+\sum_{i=1}^{6}\frac{\omega\beta_i}{\omega+\lambda_i} \tag{4-56}$$

若代入 $\Lambda=l_0/k$，$k=1/(1-\rho)$后，式(4-56)可写为：

$$\rho=\frac{l_0\omega}{1+l_0\omega}+\frac{\omega}{1+l_0\omega}\sum_{i=1}^{6}\frac{\beta_i}{\omega+\lambda_i} \tag{4-57}$$

方程(4-56)或(4-57)是一个特征方程，它表征参数 ω 和反应堆特性参数 ρ、l_0、k、β_i 和 λ_i 之间的关系，这个方程称为反应性方程。可以看出，这是一个 ω 的 7 次代数方程，它有 7 个根，假定 $\omega_1>\omega_2>\omega_3>\cdots>\omega_7$。因此，求解微分方程组(4-51)、(4-52)的问题变为求解反应性方程(4-57)的解。于是，中子注量率水平的响应可用 7 个指数项之和来表示：

$$n(t)=n_0\sum_{i=1}^{7}A_i\,\mathrm{e}^{\omega_i t} \tag{4-58}$$

式中，n_0 是 $t=0$ 时的中子注量率水平；ω_i 与反应堆特性量 l_0，各组缓发中子的 β_i，λ_i 及阶跃值 ρ_0 有关。A_i 值由适当的初始条件定出：

$$A_i=\rho\left\{\omega_i\left[l_0+\sum_{i=1}^{6}\frac{\beta_{\mathrm{eff}_i}\lambda_i}{(\omega_i+\lambda_i)^2}\right]\right\}^{-1} \tag{4-59}$$

对方程(4-57)直接求解其解析解是非常困难的，一般都采用图解法初步确定 ω_i 和 ρ 的关系，即把方程右端 ω 作为 ρ 的函数画在图 4-15 中。由图中曲线可知，当 $\rho>0$ 时，即正反应性阶跃变化的情况，反应性方程(4-57)中只有第一项的指数是正的，即有唯一的正根 ω_1，其余的指数项都是随时间而衰减的，因而堆内最终的中子注量率水平是由第一项来决定的，如图 4-16 所示。同时周期随着正反应性的增加而单调地减少。当 $\rho<0$ 时，即负反应性阶跃变化的情况，反应性方程(4-57) 所有的 7 个根都是负的，从而所有的指数项都是随时间

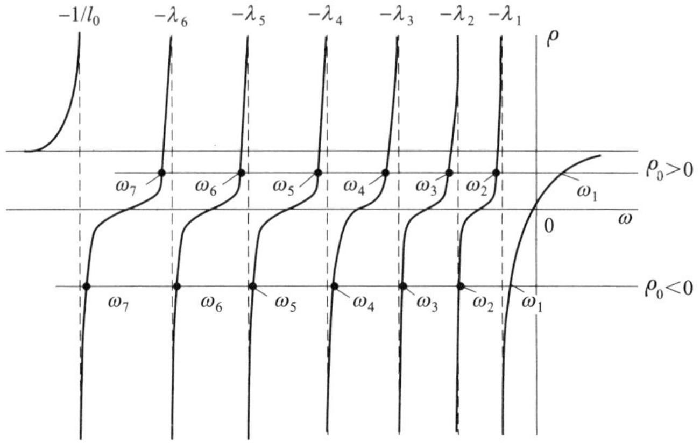

图 4-15 反应性方程的图解

而衰减的。但是第一个指数项比其他指数项衰减的最慢,因而堆内最终的中子注量率水平 $N(t)$ 仍然是由第一项所决定的,如图 4-17 所示。堆内最终的中子注量率水平 $N(t)$ 为:

$$N(t)=n_0 A_1 e^{\omega_1 t} \tag{4-60}$$

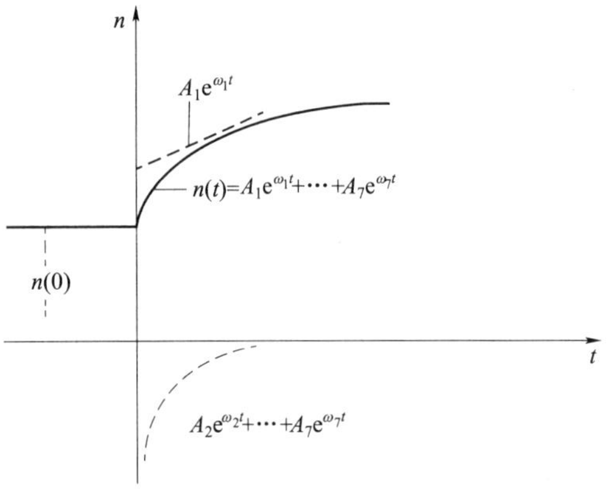

图 4-16 正反应性阶跃时相对中子注量率水平的变化

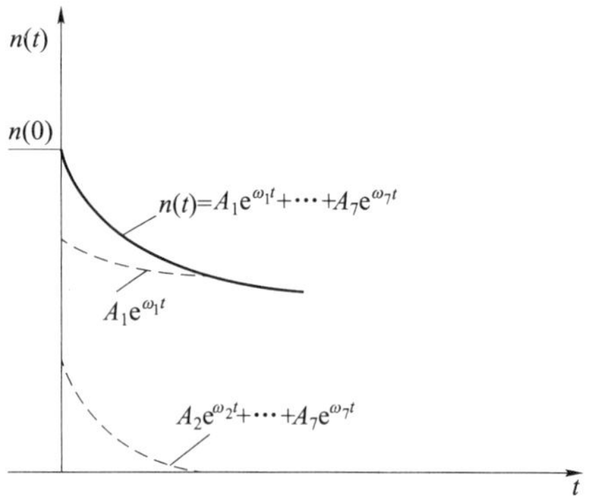

图 4-17 负反应性阶跃时相对中子注量率水平的变化

比较式(4-60)和式(4-10)可知,稳定周期 T 实际上就是 $(1/\omega_1)$,即:

$$T=\frac{1}{\omega_1} \tag{4-61}$$

对于负反应性来说,无论我们引入多大的负反应性,都不能使反应堆停堆周期短于最长寿期缓发中子先驱核所决定的周期 $T=\frac{1}{\lambda_1}$,当 $\rho\rightarrow-\infty$ 时,$\omega_1=-\lambda_1$,则 $T=\frac{1}{\omega_1}$,在以 ^{235}U 为燃料的热中子反应堆内 $T=\frac{1}{\omega_1}=\frac{1}{\lambda_1}=\frac{1}{0.0125}=80\ s$。

因此,周期法测量使用的是点堆中子动力学方程正解中不考虑瞬发项后的近似解。而系数项 A_1 可以理解为由瞬变项引起的初始中子注量率水平 n_0 的瞬发变化,其数值与引入的反应性 ρ 大小相关,而与时间无关。由于使用周期法进行反应性校刻考虑的是 $n(t)$ 的相对变化，故其结果与 A_1 的数值大小是无关的。

为了进一步比较周期法在正、负反应性测量之间的区别，对方程(4-57)取不同的 ρ 值进行数值计算求解，并由式(4-61)得到相应的稳定周期 T，绘制出相应的 ρ-T 关系曲线如图 4-18 和图 4-19 所示。从这两条曲线可以看出：

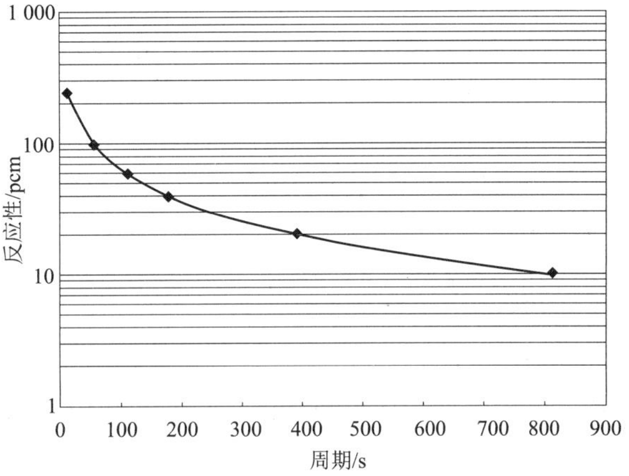

图 4-18 正反应性下的 ρ-T 曲线

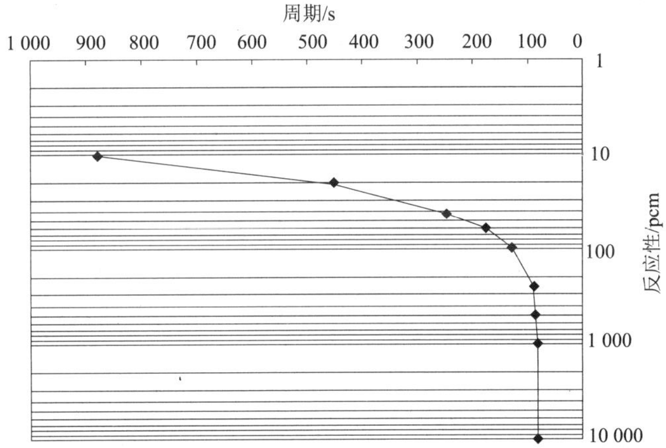

图 4-19 负反应性下的 ρ-T 曲线

对于同样数值大小的反应性，正、负反应性对应的稳定周期明显不同，正反应性的周期相对较短，而负反应性的周期相对较长，如＋60 pcm 的周期约为 60.9 s，而－60 pcm 的周期约为 110.3 s。因此，当引入的正反应性很大时，其稳定周期很小，在核电厂运行中会导致短周期事故，甚至是瞬发临界，如引入的正反应性大于 β_{eff}。

对于负反应性，前面已经讲到，在约 80 s 周期附近存在一个奇点，即该奇点(或者说是最小负周期)为第一组缓发中子衰变常量的倒数。这个结论不仅对反应堆的运行很重要，而且对采用周期法进行反应性测量和反应性仪校刻同样很重要。由于有这么一个最小负周期的存在，说明当引入一个负反应性阶跃时，由方程(4-57)和式(4-60)的计算表明，无论引入多大的负反应性，堆内的中子注量率水平的稳定下降周期总不小于 80 s。也就是说，即使是在紧急降功率的情况下，由于缓发中子的继续发射，堆内的中子注量率水平也不可能在瞬间下降到零，而是极快地降至初始值的大约10%左右，并最终以约80 s的周期缓慢下降。

从图4-18和图4-19还可以看到，无论引入的是正反应性或者是负反应性，在临界反应堆中引入小阶跃的反应性后，中子注量率水平的响应都是先有一个突变，然后以稳定周期指数规律变化，即小阶跃的反应性变化会引起周期比较明显的变化，周期对反应性的变化是敏感的。在进行反应性测量或反应性仪校刻试验时，小阶跃的反应性变化的测量精度较高，而对于大阶跃的反应性测量，周期对反应性的变化是不敏感的，测量误差较大。

通过上述的描述，我们知道负反应性是可以使用周期法进行测量的，尤其是对较大的负反应性的周期。在采用周期法时，由于忽略了其他的瞬发项，在初始0时刻计算得到的中子注量率水平并不是n_0，而是有一个A_1倍的阶跃变化。A_1的数值大小与引入的反应性大小有关，且不同反应性引起的变化量(A_1-1)与反应性大小近似成正比。对于引入的正反应性阶跃，由于瞬发项衰减很快，$N(t)$和$n(t)$两者的偏差很快就可以忽略；而对于引入的负反应性阶跃，随着反应性数值(绝对值)增大，两者计算偏差明显增大，不能很快的达到可忽略的水平，说明周期法只在微小负反应性时才可用。对于引入较大的负反应性阶跃，由于目前数字式反应性仪在求解式(4-47)的缺陷，而导致对反应性仪校刻的结果有很大的影响，这尤其是在对引入较大的负反应性阶跃的周期校刻时，其测量结果基本上是无法满足试验验收准则式(4-50)的要求。

反应性仪作为反应性测量的唯一的“计量器具”，按照计量器具管理的要求，在反应性仪正式投入反应性测量之前必须对其测量精度进行校刻。由于目前反应性测量都是基于“倒时方程”进行的，因此使用反应性仪进行的反应性测量，都是围绕着堆芯临界状态进行的正、负反应性小阶跃的测量。因此，对反应性仪的校刻不能仅仅只进行对正反应性周期测量的校刻，而忽略对负反应性周期测量的校刻。

从前述分析可以看出，用于确定稳定周期T_1的中子注量率水平也应该是$n_1(t)$而不是$n(t)$。虽然在对正反应性周期的校刻中，两者的偏差是可以忽略的，但在对负反应性的周期校刻中则会产生比较大的偏差，从而导致不能准确的校刻。因此，可以采用修正系数K的方法来修正实际测量得到的$n(t)$，以得到$n_1(t)$值，从而仍可以使用传统的周期法进行反应性仪校刻。修正系数K根据反应性校刻的目标反应性$\rho^{\text{ref}}(t)$(如-60 pcm)计算得到不同时刻的$n_1^{\text{ref}}(t)$和$n^{\text{ref}}(t)$值，并计算其比值：

$$K(t)=\frac{n_1^{\text{ref}}(t)}{n^{\text{ref}}(t)} \tag{4-62}$$

则

$$n_1(t)=K(t)\times n(t) \tag{4-63}$$

由于K的不敏感特性，才使得该方法可行。因而，在引入修正系数$K(t)$后，对于负反应性周期的计算仍可以采用周期法而获得比较高的精度。

另外，前面已经介绍了，对于引入一个无论大小的负反应性阶跃，由于反应堆内存在有约80 s这么一个最小的负周期，堆内的中子注量率水平的稳定下降周期总不小于80 s。因此，在对较大负反应性周期的校刻时，由于负反应性的周期相对较长，因此在对记录曲线进行读数时，就不能再按照4.7.3节介绍的方法对记录曲线进行如60%到30%满量程的读数了。这正是目前广泛使用的数字式反应性仪存在的不足，给负反应性周期的校刻不能很好地满足试验验收准则的原因所在。在这里推荐最好使用可以自动切换反应性和中子注量率水平输出量程的反应性仪。这样，可以在尽可能地考虑缓发中子的效应后，对记录曲线进行跨量程的读数，使得实际测量得到的中子注量率水平 $n(t)$ 满足式(4-58)的要求，以满足验收准则式(4-50)对负反应性周期的校刻要求。

第五章 有功率状态下的堆芯稳态性能试验

5.1 堆芯功率分布测量试验

5.1.1 试验目的

在压水核动力堆堆芯里，任何一点处所产生的热量都是该点中子注量率的函数，反应堆的平均功率受到堆芯内热量产生最大点(热点)是否能够得到有效的冷却的限制，如果热点得不到有效的冷却就有可能导致燃料发生烧毁。因此，对确保反应堆的安全稳定运行来说，不仅需要监测堆芯功率的大小，还必须在反应堆处于不同的功率水平和燃耗运行阶段，对堆内的核热点因子 F_q^N、核焓升因子 $F_{\Delta H}^N$、径向功率峰因子 F_{xy}、最大平均面的线功率密度、象限功率倾斜比 $QPTR$ 和轴向功率偏移 AO 等关键安全参数是否在运行限值范围内进行确认与监督，来掌握堆内功率分布的运行状态，同时也可对堆芯的核设计和堆芯装载的正确性进行验证。

这里需要说明的是，在零功率物理试验进行堆芯功率分布测量试验时，需要考虑堆芯中子注量率水平应满足堆芯测量系统探测器的灵敏度要求，一般要求功率水平＜2%FP。另外，反应堆功率的上限受燃料元件包壳破损和燃料温度的限制，如果能得到堆芯各点的功率密度分布和温度分布等运行特性的详细数据，则通过展平中子注量率分布的措施，就有可能在限制值范围内把功率提高到更高水平，因此堆芯功率分布测量和温度监测对提高核电厂的安全性和经济性都具有非常重要的作用。

核电厂为了获取反应堆堆芯中子注量率分布，都专门设置了堆芯核测仪表系统(RIC)，所采用的中子探测器有可移动式微型裂变电离室和固定式自给能探测器两种。

5.1.2 试验原理

CNP650 型压水核动力堆采用的是可移动式微型裂变电离室。该系统包括了堆芯出口热电偶温度测量系统和堆芯中子注量率测量系统两部分，主要功能是完成燃料组件出口处冷却剂的温度和堆内中子注量率分布的测量。在 121 组燃料组件的堆芯中，有 38 组燃料组件内设有可移动式中子探测器移动位置。另外在堆芯顶部位置(即燃料组件上管座)放置了 30 个热电偶温度探测器，用于监测堆芯出口处的温度，并由此可推算出堆芯功率的倾斜。堆芯核测仪表系统布置见图 5-1 所示。驱动装置和接线柜安装在安全壳内－3.5 m 的堆芯仪表室内，控制柜和温度测量柜放置在主控室旁的计算机房内。整个系统布置见图 5-2。

可移动的探测器是涂有高浓缩 UO_2(90%丰度)层的微型裂变电离室，其活性长度为 6.6 mm，中子探测范围为 $10^{10}\sim1.4\times10^{14}$ n/(cm^2 · s)。在设计上要求中子探测的灵敏度在整个电厂寿期中变化不明显。

270°

180°	01	02	03	04	05	06	07	08	09	10	11	12	13	0°
A						T	D	T						
B				D				D						
C				D T		T		T		T				
D			D			D	D		D	D				
E		T		T		T		T		T		D T		
F	D		D		D			D		D		D		
G		T		T		T		T	D	T	D	T	D	
H		D				D		D				D		
J		T		T		D T	D	T	D	T		D T		
K			D	D						D		D		
L				T		T	D	T	D	T	D			
M				D						D				
N						D T		D T						

90°

D：可移动堆内探测器(38)

T：热电偶(30)

图 5-1　热电偶和可移动堆内探测器布置

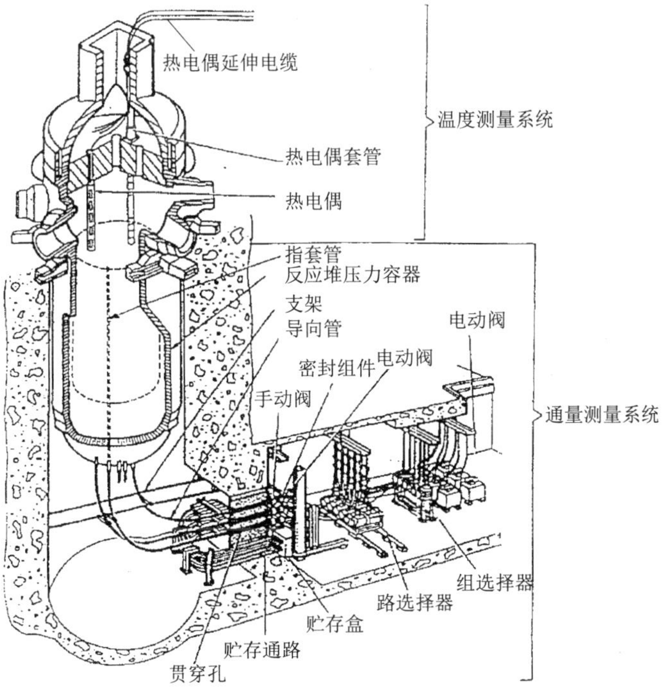

图 5-2　可移动式堆芯中子探测装置例图

每一个探测器由一台机械-电气驱动机构来驱动，测量时，驱动机构将探测器首先从起点沿着置于导管内的指形套管，以高速（18 m/min）的运动插向堆芯底部，然后以低速（3 m/min）的运动将裂变电离室均匀上升进入堆芯至堆顶，再以 3 m/min 的低速运动使裂变电离室均匀下降，与此同时，注量率测量电路测出裂变电离室的输出电流。当探测器降达到堆芯底部时，测量停止，并且驱动机构以 18 m/min 的高速运动将裂变室抽回起点。

CNP650 型压水核动力堆的堆芯注量率测量系统有 4 个可移动式探测器，其中前 3 个可移动式探测器分别各负责 10 个测量仪表管道，最后一个可移动式探测器只负责 8 个测量仪表管道。在堆芯注量率测量开始之前，首先需要对 4 个可移动式探测器进行"功率标定"，也称为归一化测量。在之后的注量率测量过程中，4 个探测器同时插入堆芯不同位置处的 4 个仪表通道内，详见图 5-1，首先探测器将上行到堆芯活性区顶部，然后在探测器下行过程中记录注量率测量数据，此来回过程为一个测程，对每个仪表管道称为一个测量轨迹（即为 1 pass）。4 个探测器在测量过程中互为备用，该方式也称为支援方式，即 1 号探测器为 2 号探测器的备用，2 号探测器为 3 号探测器的备用，3 号探测器为 4 号探测器的备用，4 号探测器为 1 号探测器的备用。

5.1.3 试验方法

堆芯功率分布测量是定期在线进行的，当反应堆在试验要求的功率台阶上至少稳定运行 24 h，基本达到氙平衡（除包括 10%FP 及其以下低功率水平外）状态后，开始进行试验操作。

1）探测器的坪特性测量

测量次数增加，探测器中 ^{235}U 的损耗也不断增加，必然引起探测器坪特性的变化。因此，在探测器使用一段时间后，或在使用条件（堆芯状态）发生较大变化的情况下，必须重新对探测器的坪特性进行测量与检查，以重新选取合适的探测器的工作电压。

2）探测器间的校刻测量

也称为功率归一化测量。这主要是考虑：通常一个完整的全堆芯中子注量率测量试验需要花费近 1 h 的时间，在这么长的测量时间内，反应堆的功率水平不可能始终维持在测量开始时的一个数值上，总会或多或少地出现一定程度的功率波动，这种功率波动都会影响测量结果。因此，在全堆芯注量率图测量的开始时，首先必须进行 4 个中子探测器间的校刻测量。校刻测量有两种方式：参考校刻和循环校刻。所谓参考校刻就是将 4 个中子探测器依次进入同一个测量仪表通道（即 26 号参考测量仪表通道）进行相互刻度测量，然后在对测量数据进行处理时，以第一个中子探测器在参考测量仪表通道的测量数据做基准，对其他 3 个中子探测器在参考测量仪表通道的测量数据进行归一化处理，得到各中子探测器的归一化刻度系数。而循环校刻则是在同一时刻，将 4 个中子探测器分别以支援的方式，进入其各自的第一个支援测量仪表通道进行测量，在对测量数据进行处理时，以第 1 个中子探测器在其支援测量仪表通道的测量数据做基准，对其他 3 个中子探测器在各自支援测量仪表通道的测量数据进行归一化处理，得到各中子探测器的归一化刻度系数。然后，用各自的刻度系数对所负责通道近 1 h 的测量数据归一至测量开始时的中子注量率水平上。另外，一个完整的堆芯中子注量率测量结果是由 4 个可移动式探测器共同完成的，但是由于 4 个探测器制造工艺的偏差和使用过程中在堆内受辐照的历史的差异，对探测器性能的影响，最终都会影响测量数据。因此在测量开始前，也必须对探测器进行性能归一，以保证试验测量数据的可靠性和有效性。

3）堆芯中子注量率的测量

在探测器校刻完毕后，4 个探测器根据预先制定好的扫描程序，同时进入各自所负责的对应仪表通道进行测量。每一个探测器根据控制计算机给出的指令有序地将测量信号送入控制计算机中，控制计算机将采集得到的注量率测量结果，结合由电厂中央数据处理计算机(KIT)输送来的堆芯状态数据(包括热电偶测量的温度、控制棒棒位、冷却剂平均温度和压力等信息)形成一条测量信息。当控制计算机完成所有 4 个探测器的 4 条测量信息采集后，完成一次堆芯扫描。然后 4 个探测器在控制计算机的指令下开始进行下一个测程的测量。如此往复，当 4 个探测器完成预定程序规定的全部扫描次数(正常情况下 4 个探测器完成 10 测程)后，堆芯中子注量率测量操作完毕。

4）存储试验测量数据

当 4 个探测器完成预定程序规定的所有指令后，控制计算机将 4 个探测器本次试验的测量数据连同需手动输入的堆芯燃耗和硼浓度等所有试验测量信息后，最终形成一个测量文件，以供试验测量数据计算机处理程序 CEDRIC、CARIN 进行测量数据的处理。从而获得拓展了的堆芯三维功率分布，进而求得对反应堆安全有重要意义的关键参数。

5.1.4　试验数据处理

在核电厂，堆芯功率分布测量数据的处理，大都是由 RIC 系统制造商提供的数据处理软件完成的。如 CNP650 型压水核动力堆的该数据处理软件是由法国法玛通(Framatome)公司下属的 ATEA 公司提供的，注量率图测量数据处理的流程详见图 5-3。该软件包包括 CEDRIC 和 CARIN 两个数据处理软件，它们的主要功能如下：

1）CEDRIC 软件的主要功能是数据预处理

首先，在选定的不同位置处的燃料组件仪表测量通道中，对可移动式中子探测器记录下的试验测量数据进行有效性的判断：按照一定的规则检查错误值和可疑点，并按照一定的规则对某些错误点或者可疑点进行修正或舍弃。其次，对中子探测器的本底进行搜索和确定，同时对不同的中子探测器间的灵敏度进行修正。然后，对中子探测器的起始点位置的偏差进行修正。最后，对中子探测器在不同的测量轨迹间的平均功率偏移因子进行计算与调整。

2）CARIN 软件的主要功能是获得全堆芯三维功率(中子注量率)分布

CARIN 软件是利用 CEDRIC 软件对测量得到的堆芯三维测量活度数据的预处理结果，与相同功率水平和堆芯燃耗状态下的堆芯三维功率分布理论数据库进行比对，将有限的 38 个测量仪表通道的测量数据拓展到全堆芯 121 组燃料组件的三维功率(中子注量率)分布。CARIN 软件对测量数据的分析，首先，认为测量活度和中子注量率成正比；其次，对于有测量仪表的组件内，认为计算值与再构造值的功率偏差等同于计算值与测量活度的偏差；第三，对于无测量仪表的组件，则可使用下式进行拓展计算：

$$P_{s}^{est} = P_{s}^{cal} \times \sum_{k \in D} [\omega(s,k) \times Rk] \tag{5-1}$$

$$\omega(s,k) \propto (1 + \alpha \times d_{s,k})^{-2} \tag{5-2}$$

上面两式表示只有以源 s 为中心，以 D_s 为直径的圆周之内的测量管道才对 P_{s}^{est} 的计算

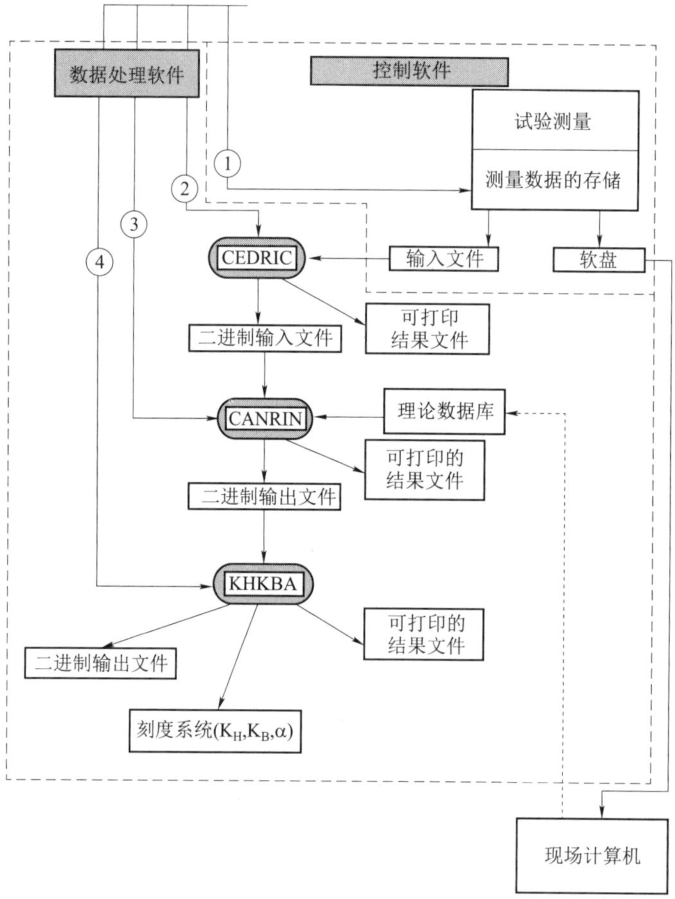

图 5-3　堆芯功率分布测量数据处理软件流程图

有贡献，其贡献大小的权重因子为 ω；ω 又和测量管道 k 到源 s 间的距离 $d_{s,k}$ 有关。其中，α 是一个至关重要的半经验计算参数；D_s 是一个与燃料组件中棒个数（棒栅格）有关的参数，对于 CNP650 型压水核动力堆取 40。

因为轴向切片的划分毕竟是有限的，因此如果要完整的计算某根棒的轴向功率分布就必须考虑对于轴向过渡区的功率推衍计算，对于两个不同轴向切片 m、n 之间区域的功率推衍需要使用半经验方程来近似。

根据上述 4 个过程计算拓展得到三维功率分布形状，进一步计算得出对反应堆安全有重要意义的堆芯关键安全参数，如通道的核焓升因子 $F_{\Delta H}^{N}$、核热管因子 F_{q}^{N}、径向功率峰因子 F_{xy} 和象限倾斜率比 QPTR 等堆芯核特性参数。

全堆芯功率分布处理结果如图 5-4 所示，堆芯象限功率倾斜处理结果详见图 5-5，关键安全参数计算结果详见图 5-6。

5.1.5　试验验收准则

1）核焓升因子 $F_{\Delta H}^{N}$

核焓升因子 $F_{\Delta H}^{N}$ 必须低于与一定功率水平相应的限值：

PROGRAM CARIN POWER STATION QINSHAN UNIT 1 CYCLE 1 BURNUP 28. MAP NUMBER 2

RADIAL MAP OF 3D POWER INTEGRATED OVER THE ACTIVE CORE HEIGHT AND ESTIMATED BY
COMBINATION MEASUREMENT CALCULATION + RADIAL MAP OF CALCULATED/ESTIMATED DEVIATIONS

	N	M	L	K	J	H	G	F	E	D	C	B	A
1						0.720 7 –6.1	0.868 4 –5.7	0.714 2 –5.8					
2				0.768 7 –5.9	1.085 6 –4.5	1.167 9 –3.7	0.966 7 –3.5	1.157 1 –3.8	1.076 6 –4.4	0.760 2 –5.4			
3			0.511 1 –5.4	1.227 7 –3.3	1.051 4 –2.0	1.192 2 –1.3	0.908 2 –1.2	1.189 3 –1.6	1.047 4 –2.4	1.225 1 –3.6	0.506 5 –5.0		
4		0.767 6 –5.9	1.222 5 –3.0	1.081 8 –1.0	1.077 6 0.3	1.201 6 0.9	0.877 6 0.9	1.206 5 0.4	1.090 1 –0.5	1.088 8 –1.8	1.226 4 –3.4	0.762 0 –5.1	
5		1.077 2 –3.9	1.039 0 –1.1	1.075 5 1.0	1.141 9 2.2	0.893 5 2.8	1.115 9 2.8	0.897 6 2.3	1.154 3 1.3	1.084 8 –0.1	1.048 7 –1.8	1.077 0 –3.7	
6	0.721 7 –6.4	1.150 6 –2.5	1.171 1 0.4	1.190 2 2.5	0.888 4 3.8	1.081 5 4.4	0.976 4 4.3	1.092 7 3.8	0.902 0 2.7	1.206 0 1.3	1.188 8 –0.4	1.153 9 –2.4	0.710 3 –4.5
7	0.870 2 –5.7	0.952 1 –1.8	0.893 6 1.2	0.863 7 3.4	1.102 2 4.7	0.969 5 5.4	0.894 7 5.4	0.980 1 4.8	1.116 0 3.8	0.880 8 2.4	0.909 3 0.6	0.951 1 –1.4	0.852 4 –3.5
8	0.718 9 –5.9	1.143 1 –1.8	1.165 1 1.3	1.173 4 3.6	0.881 6 5.0	1.074 9 5.8	0.967 7 5.8	1.084 6 5.3	0.895 1 4.4	1.197 2 3.0	1.176 5 1.2	1.132 0 –0.8	0.697 7 –3.0
9		1.064 4 –2.8	1.020 1 0.5	1.058 0 2.9	1.128 5 4.5	0.883 8 5.4	1.097 6 5.5	0.886 7 5.1	1.140 2 4.2	1.072 5 2.9	1.026 2 1.2	1.049 0 –0.8	
10		0.758 9 –4.8	1.202 9 –1.3	1.062 3 1.3	1.064 5 3.1	1.186 7 4.1	0.866 1 4.4	1.180 7 4.1	1.065 5 3.3	1.058 3 2.1	1.189 3 0.5	0.737 9 –1.4	
11			0.505 7 –4.2	1.208 1 –1.4	1.029 7 0.6	1.169 5 1.8	0.895 4 2.3	1.168 1 2.2	1.022 8 1.5	1.190 8 0.4	0.491 5 –1.1		
12				0.766 8 –5.3	1.074 1 –3.1	1.146 2 –1.7	0.948 5 –0.9	1.139 0 –0.8	1.057 1 –1.3	0.744 8 –2.2			
13						0.724 8 –6.4	0.870 9 –5.4	0.716 1 5.0					

OVER THE SET OF 121 ASSEMBLIES RETAINED, THE CALCULATED/MEASURED DEVIATION IS –0.22 PC
THE ESTIMATED STANDARD DEVIATION IS 3.511 PC

THE MAXIMUM, POSITIVE AND NEGATIVE, DEVIATIONS ARE RESPECTIVELY (IN %) 5.83(0.2) AND –6.38 (N6)

图 5-4 堆芯功率分布测量数据处理结果

按照安全准则：

$$F_{\Delta H}^{N}(P_{r})\times 1.04 < F_{\Delta H\,\mathrm{design}}^{N}(100\%\mathrm{FP})\times[1+0.3\times(1-P_{r})] \tag{5-3}$$

按照设计准则：

$$设计预计值\times(1-8\%) < F_{\Delta H}^{N}(P_{r}) < 设计预计值\times(1+8\%) \tag{5-4}$$

对于安全准则，式(5-3)中的 P_r 为相对功率水平，单位为%FP；$F_{\Delta H}^{N}(P_r)$ 为试验对应功率水平下的测量值，该准则适用范围为反应堆功率水平为 0～100%FP 之间；1.04 为安全准则计算的不确定性；$F_{\Delta H\,\mathrm{design}}^{N}(100\%\mathrm{FP})$ 为 $F_{\Delta H}^{N}$ 额定功率下的设计限值，不同的堆芯燃料管理策略下该设计限值是不相同的。该限值取决于堆芯燃料管理策略对应的堆芯装载模式，如对于采用年换料“out-in”堆芯装载模式下的 M310 型和 CNP650 型压水核动力堆来说，都取值为 1.55；而对于采用长燃料循环“in-out”堆芯装载模式下的 M310 型压水核动力堆来说，取值为 1.65，对 CNP650 型压水核动力堆来说，取值为 1.60。

对于设计准则，式(5-4)中的 8% 为设计准则计算的不确定性，设计预计值在启动物理试验中取自《启动物理试验理论数据报告》中给出的对应功率水平和燃耗状态下的理论计算结果，在正常功率运行期间的定期物理试验中取自《换料堆芯核设计报告》中给出的对应功率水平和燃耗状态下的理论计算结果。当反应堆功率水平远低于额定功率水平时，如低于

PROGRAM CARIN POWER STATION QINSHAN UNIT 1 CYCLE 7 BURNUP 1367. MAP NUMBER 16

EVALUATING THE AZIMUTHAL TILTS BY QUADRANT (OF TYPE + AND X)

```
====================================================================

 *   5   *   4   *              *               *                *
  *      *      *               *                *              *
   * 0.51 *-0.31 *              *                 *    0.10    *
    *    *    *         6+5     *   4+3            *          *
 6   *   *   *   3              *                   *  4+5   *
       *  *  *             0.39 *  -0.33             *      *
 0.28   * * *  -0.35            *                     *    *
          ***                   *               0.18   * *  -0.26
*****************      *****************                 *
          ***                   *                6+7   * *   2+3
 0.08   * * *  -0.16            *                     *    *
       *  *  *             0.22 *  -0.28             *      *
 7   *   *   *   2              *                   *  8+1   *
    *    *    *         7+8     *   1+2            *          *
   * 0.36 *-0.40 *              *                 *   -0.02    *
  *      *      *               *                *              *
 *   8   *   1   *              *               *                *

                          QRD TYPE 1                QRD TYPE 2
```

NOTE: THESE AZIMUTHAL TILTS, EXPRESSED IN %, ARE ASSIGNED TO INTEGRALS OVER THE ACTIVE CORE HEIGHT

图 5-5　堆芯象限功率倾斜数据处理结果

PROGRAM CARIN　POWER STATION　QINSHAN　UNIT　1　CYCLE　7　BURNUP　1367.　MAP NUMBER　16

N AXIAL	H(N)-CM-	ASSEM POS	PXYM(Z)	PMOY(Z)	QM(XYZ)	FXY (Z)	ASSEM POS	Q (XYZ)	DSF	W(Z)	QT(Z)	LOCA	MARGE
1	0.0	F 6	1.5047	0.3694	0.5559	1.6506	F 6NE	0.6098	2	1.000	0.642	1.50	0.428
2	65.8	H 8	1.4820	0.4811	0.7130	1.6065	F 6NE	0.7729	2	1.000	0.814	1.60	0.508
3	131.6	F 8	1.4538	0.6082	0.8842	1.5717	F 6NE	0.9560	2	1.000	1.007	1.71	0.590
4	197.4	H 8	1.3844	0.7222	0.9998	1.4955	F 6NE	1.0800	2	1.000	1.137	1.81	0.629
5	263.2	E 7	1.3192	0.8106	1.0693	1.4399	J 7MD	1.1671	3	1.000	1.229	1.91	0.643
6	329.0	E 7	1.2970	0.8631	1.1195	1.4200	J 7MD	1.2256	3	1.000	1.291	2.01	0.641
7	394.8	E 7	1.2814	0.9045	1.1591	1.3988	J 7MD	1.2653	3	1.000	1.332	2.10	0.634
8	460.6	E 7	1.2703	0.9809	1.2461	1.3862	J 7MD	1.3597	3	1.000	1.432	2.11	0.679
9	526.4	E 7	1.2595	1.0190	1.2834	1.3740	J 7MD	1.4001	3	1.000	1.474	2.11	0.697
……													
46	2961.0	H 3	1.1967	1.0514	1.2582	1.3511	H12DM	1.4205	3	1.000	1.496	2.25	0.665
47	3026.8	H 3	1.1966	1.0098	1.2083	1.3514	H12DM	1.3646	3	1.000	1.437	2.25	0.639
48	3092.6	H 3	1.2011	0.9964	1.1968	1.3517	H12DM	1.3468	3	1.000	1.418	2.25	0.630
49	3158.4	H 3	1.2047	0.9942	1.1977	1.3513	H12DM	1.3434	3	1.000	1.415	2.25	0.629
50	3224.2	H 3	1.2090	0.9658	1.1677	1.3482	H12DM	1.3021	3	1.000	1.371	2.25	0.609
51	3290.0	H 3	1.2117	0.9288	1.1254	1.3447	H12DM	1.2489	3	1.000	1.315	2.25	0.585
52	3355.8	G 5	1.2146	0.8810	1.0701	1.3412	H12DM	1.1816	3	1.000	1.244	2.25	0.553
53	3421.6	G 5	1.2298	0.8191	1.0074	1.3371	H12DM	1.0952	3	1.000	1.153	2.25	0.513
54	3487.4	G 9	1.2534	0.7393	0.9266	1.3366	G 9NM	0.9881	2	1.000	1.041	2.25	0.462
55	3553.2	G 9	1.2742	0.6368	0.8114	1.3552	G 9NM	0.8630	2	1.000	0.909	2.25	0.404
56	3619.0	G 9	1.2974	0.5029	0.6524	1.3785	F 6NE	0.6932	2	1.000	0.730	2.25	0.324
57	3684.8	E 7	1.3135	0.4315	0.5668	1.4084	F 6NE	0.6078	2	1.000	0.640	2.25	0.284

THE ESTIMATED MEAN AXIAL POWER LEVEL (PMOY(Z)) HAS A MAXIMUM OF　1.1333 (35.71 % / H) AND AN AXIAL-OFFSET OF　0.41 %
THE AXIAL DISTRIBUTION OF THE HOT FUEL ROD RADIAL FACTOR (MAX ON FXY(Z)) TAKES A MAXIMUM OF　1.4399 (J 7MD , point 5)

MAXIMUM INTEGRATED POWER LEVEL (FDH fuel rod) :　1.3351 (K 3MN)
LOCAL MAXIMUM POWER LEVEL　(FQ fuel rod) :　1.5261 (H12DM axial position 29)

THE VALUES ASSIGNED TO COLUMN QT(Z) TAKE INTO ACCOUNT THE UNCERTAINTY FACTORS LISTED BELOW :

EUN = 5.00 %
FQE = 3.00 %
FRB = 5.70 %

图 5-6　关键安全参数计算结果

10%FP 时，不对该因子进行验收。

2）轴向功率分布

任一点上的最大轴向功率分布 $Q^T(z)$ 必须满足：

$$Q^T(z)\times P_r < Q^L(z) \tag{5-5}$$

式中，$Q^L(z)$ 为 LOCA 功率分布计算的包络线（在 CARIN 的计算结果中有该曲线的输出）。

3）核热点因子 F_q^N

按照安全准则：

$$F_q^N \times 1.08 < \frac{F_q^L}{P_r} \tag{5-6}$$

式中，F_q^L 为 LOCA 功率分布计算的包络值，对于采用年换料"out-in"堆芯装载模式下的 M310 型和 CNP650 型压水核动力堆来说，该值都取值为 2.35；而对于采用长燃料循环"in-out"堆芯装载模式下的 M310 型压水核动力堆来说，该值取值为 2.45，对 CNP650 型压水核动力堆来说，该值取值为 2.40。

按照设计准则：

$$\text{设计预计值}\times(1-8\%) < F_q^N < \text{设计预计值}\times(1+8\%) \tag{5-7}$$

其中，设计预计值在启动物理试验中取自《启动物理试验理论数据报告》中给出的对应功率水平和燃耗状态下的数值，在正常功率运行期间的定期试验中取自《换料堆芯核设计报告》中给出的对应功率水平和燃耗状态下的数值。当反应堆功率水平远低于额定功率水平时，如低于 10%FP 时，不对该因子进行验收。

4）径向功率峰因子 $F_{xy}(z)$

z 平面径向功率峰因子 $F_{xy}(z)$ 必须满足如下方程：

$$F_{xy}(z) < 1.04\times F_{xy}^L \times [1+0.1\times(1-P_r)] \tag{5-8}$$

式中，$F_{xy}(z)$ 为 z 平面径向功率峰因子的测量值。

对于按照安全准则，F_{xy}^L 取自反应堆机组对应燃料循环换料堆芯安全评价报告给出的对应堆芯燃耗状态下 HFP ARO 的使用值。

对于设计准则，F_{xy}^L 是额定功率水平下 z 平面径向功率峰因子的设计预计值。该值在启动物理试验中取自《启动物理试验理论数据报告》中给出的对应燃耗状态下的堆芯径向功率峰因子 F_{xy} 的计算结果，在正常功率运行期间的定期试验中取自于《换料堆芯核设计报告》给出的对应燃耗状态下的堆芯径向功率峰因子 F_{xy} 的计算结果。对于非三维堆芯燃料管理设计程序给出的 F_{xy} 计算结果，考虑到试验测量期间控制棒组在堆芯插入状态对 F_{xy} 计算结果的影响，该计算结果还需乘以轴向修正因子 $\varepsilon(z)$ 进行修正。$\varepsilon(z)$ 是由理论计算给出，是选取最大的 $F_{xy}^{\max}(z)$ 测量值对应高度上的修正因子，即

$$\varepsilon(z)=\frac{F_{xy}^{\max}(z)}{F_{\Delta H}^N} \tag{5-9}$$

式中，$\varepsilon(z)$ 的选取需要考虑堆芯燃耗、功率水平和控制棒插入状态。$\varepsilon(z)$ 选取原则为：$\varepsilon(z)$ 大于 1.0，取计算结果；$\varepsilon(z)$ 小于 1.0，就按 $\varepsilon(z)=1.0$ 取值。当反应堆功率水平远低于额定功率水平时，如低于 10%FP 水平时，不对该因子进行验收。

5）燃料组件相对功率水平

燃料组件的测量相对功率与设计预计值之差按照表 5-1 的规定进行试验验收。

表 5-1 燃料组件相对功率验收准则

	堆芯功率<50%FP	堆芯功率≥50%FP
该燃料组件的相对功率水平≥0.9	$\left\|\frac{P_{ass}^{mes}-P_{ass}^{cal}}{P_{ass}^{cal}}\right\|\leqslant 10\%$	$\left\|\frac{P_{ass}^{mes}-P_{ass}^{cal}}{P_{ass}^{cal}}\right\|\leqslant 5\%$
该燃料组件的相对功率水平< 0.9	$\left\|\frac{P_{ass}^{mes}-P_{ass}^{cal}}{P_{ass}^{cal}}\right\|\leqslant 15\%$	$\left\|\frac{P_{ass}^{mes}-P_{ass}^{cal}}{P_{ass}^{cal}}\right\|\leqslant 8\%$

表中，P_{ass}^{mes}和 P_{ass}^{cal}分别为一组燃料组件测量得到的相对功率与其设计预计值。这里需要特别提醒的是，该试验验收准则仅对有探测器位置上的燃料组件相对功率水平的测量数据处理结果进行检验。

6）象限功率倾斜比 $QPTR$

象限功率倾斜比的定义是堆芯某一最大象限的上半部(或下半部)堆外探测器的标定电流输出与 4 个象限的上半部(或下半部）堆外探测器的平均标定电流输出之比。用 $QPTR$ 表示。即：

$$QPTR=\frac{(P_{max})_{上/下}}{(P_{avg})_{上/下}} \tag{5-10}$$

式中：$(P_{max})_{上/下}$是由堆外核测仪表系统功率量程测量通道给出的堆芯四个象限中最大的上半部(或下半部)的标定电流输出；$(P_{avg})_{上/下}$是由堆外核测仪表系统功率量程测量通道给出的堆芯四个象限平均的上半部(或下半部)的标定电流输出，其定义为：

$$(P_{avg})_{上/下}=\frac{\sum_{i=1}^{4}(P_i)_{上/下}}{4} \tag{5-11}$$

在这里 P_i一般取堆外核测仪表系统 4 个功率量程测量通道的 6 段电离室电流信号，经功率放大器处理后的输出信号称之为“标定输出”。

试验功率在满功率附近时，象限功率倾斜比必须小于 1.02；试验功率处于约为 75%FP 时，象限功率倾斜比必须小于 1.03；试验功率处于约为 50%FP 时，象限功率倾斜比必须小于 1.05；试验功率处于热态零功率（HZP)状态时，象限功率倾斜比必须小于 1.09。

若象限功率倾斜比>1.09，必须将反应堆置于热停堆状态。

这里需要提醒的注意事项是，堆芯功率分布测量试验开始前要求堆芯必须基本达到氙平衡状态的稳定运行状态。在整个试验过程中，应尽可能地避免对试验测量结果带来影响的有控制棒动作的操作，以及会引起反应堆冷却剂系统平均温度发生变化的操作。

5.2 堆外中子注量率测量电离室刻度试验

5.2.1 试验目的

压水核动力堆核电厂在启动过程和功率运行期间，反应堆的核功率和堆芯轴向功率分布都是通过堆外核测仪表系统中的功率量程测量通道的电离室进行有效的、连续不间断地测量和监视。该系统有运行监督和核安全监督两种功能。运行功能是为反应堆的临界安全监督以及为反应堆功率监测系统提供实时的、有效的监测信息；核安全监督功能主要是提供高中子注量率、超温及超功率 ΔT 保护、地震情况下的安全保护等。因此，堆外核测仪表系统是一个集在线测量、控制及保护三个为一体的系统，必须能够实时地、准确地反映出反应堆堆芯的实际功率水平和堆内轴向功率变化的情况。

然而由于测量通道有限，电离室节数不多，堆内中子到达堆外探测器时，其轴向分布很难与堆内的完全一致，再加上探测器，所使用中子探测器物质(^{10}B)的燃耗以及系统本身的漂移等因素，使堆外核测仪表系统随着燃耗的增加，中子注量率分布形状在不断地变化，从而导致电离室电流与堆芯功率分布之间的“电流-功率转换系数”也在不断地变化。所以，需要周期性的利用反应堆热功率测量和堆内中子注量率测量的结果，对其进行刻度，以保证该系统能够始终正确反映出反应堆的功率水平和堆芯轴向功率分布。该试验的周期由电厂运行技术规格书规定。

5.2.2　试验原理

1) 压水核动力堆核电厂的功率校验

压水核动力堆核电厂的热功率监督采用一回路热平衡测量(KIT)系统、二回路热平衡测量(KME)系统、堆外核测仪表(RPN)系统和堆内核测仪表(RIC)系统4个系统相互配合、相互校核的方式进行，它们之间的校验关系见图5-7。其中，以二回路热平衡(KME)系统的测量精度最高，一般都是以其测量结果作为校刻其他系统的基准。

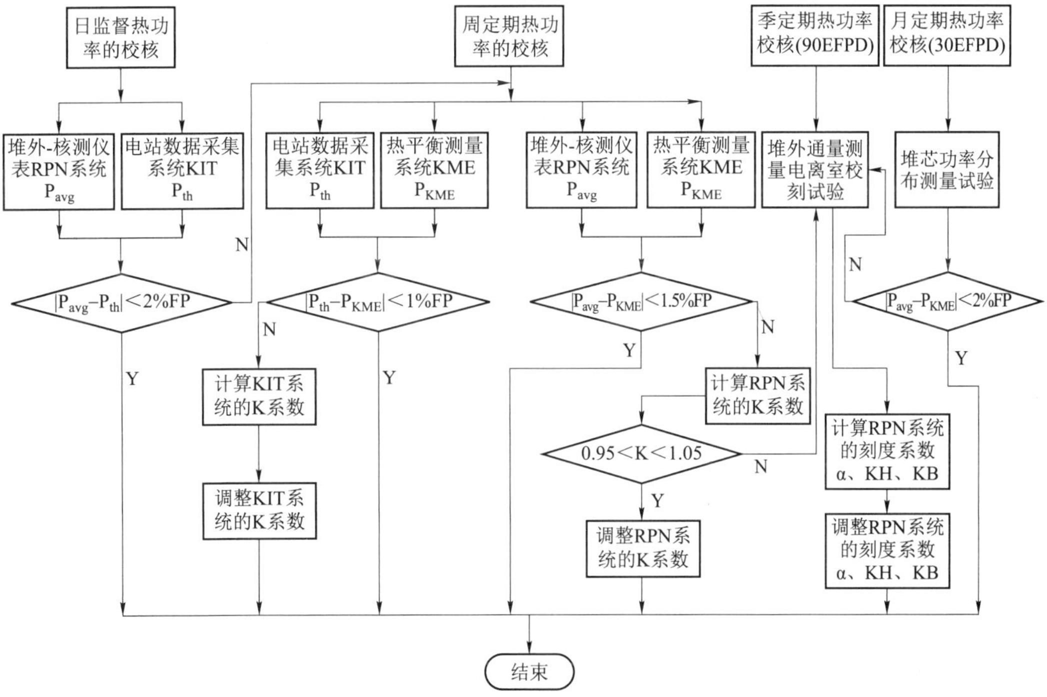

图5-7　压水堆核电厂功率校验与调整示意图

由于堆外核测仪表(RPN)系统和一回路热平衡测量(KIT)系统均为在线监测系统，而二回路热平衡测量(KME)系统和堆内核测仪表(RIC)系统均为试验系统，因而，一般日常堆芯监督和校验首先使用RPN系统和KIT系统互校，如果两系统之间的测量值偏差增大时，需要启动KME系统热平衡测量试验，实施KME与RPN系统间，和KME与KIT系统间的校验测量，以验证 KIT 系统热平衡测量结果和 RPN 系统功率测量结果的准确性和可靠性。如果 KIT 系统与 KME 系统的热平衡测量结果偏差超过要求的限值，则需要对 KIT 系统热平衡测量结果加以修正，否则说明 RPN 系统的功率测量结果存在较大偏差，需要对其功率调整系数 G 进行调整。但是，如果 G 值超过了它的调节范围(0.95～1.95)，则应该实施堆外注量率测量电离室的校核试验，重新设置 K_H、K_B及 α 整套刻度系数值。

2）堆外核测系统的“电流-功率刻度系数”

堆外核测仪表 RPN 系统的探测器由多节长电离室组成，它们平行于堆芯轴向而分布于压力容器的 4 个象限内外侧，如图 5-8 所示。这些长电离室分为堆芯上段和下段两部分，如图 5-9 所示。

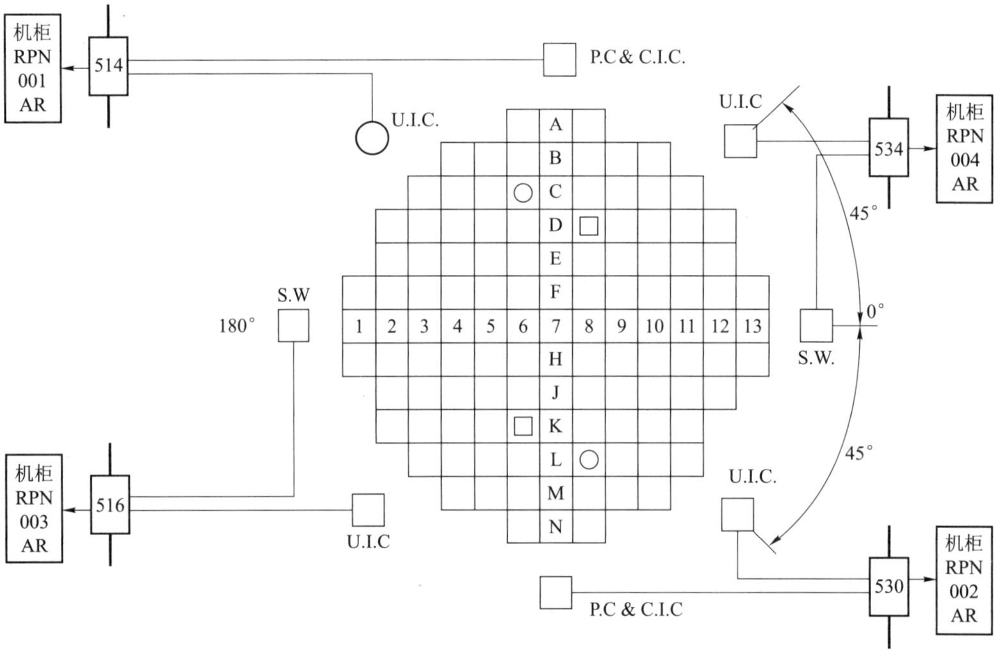

图 5-8　压水核动力堆堆外核测仪表系统各测量通道布置示意图

图中，P_H、P_B为堆芯上、下部功率(注：角标 H 表示堆芯上部，角标 B 表示堆芯下部)，I_H、I_B分别为堆外核测仪表 RPN 系统的上部电离室的电流之和与下部电离室的电流之和，K_H、K_B为相应的转换系数，K 为功率调整因子，α 为轴向功率偏移因子。它们满足：

$$P_{RPN}=K\times[(K_H\times I_H+K_B\times I_B)]$$
$$\Delta I_{ex}=\alpha\times[(K_H\times I_H-K_B\times I_B)] \quad (5\text{-}12)$$

式中，K 用于核功率指示的微调，在整套(K_H、K_B、α)系数重新确定的过程中，K 为 1。

3）刻度系数(K_H、K_B、α)的物理意义

由图 5-9 可以推导几个系统之间的检验关系：

$$I_H=C_H(aP_H+bP_B) \quad (5\text{-}13)$$
$$I_B=C_B(aP_B+bP_H) \quad (5\text{-}14)$$
$$P_{RPN}=P_H+P_B \quad (5\text{-}15)$$
$$\Delta I_{ex}=P_H-P_B \quad (5\text{-}16)$$

式中，C_H、C_B为上部和下部效率系数；a、b 为几何转换（电流-功率）因子；P_{RPN}、P_H、P_B分别为反应堆相对功率和堆芯上、下部相对功率，单位为%FP。ΔI_{in}称轴向功率偏差。

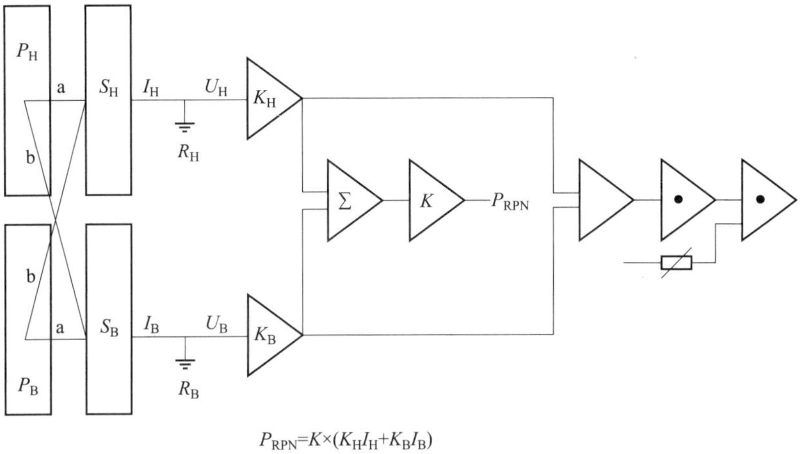

图 5-9　堆外注量率测量电离室工作原理示意图

从式(5-13)和式(5-14)可得：

$$\frac{I_H}{C_H}=aP_H+bP_B \tag{5-17}$$

和

$$\frac{I_B}{C_B}=aP_B+bP_H \tag{5-18}$$

式(5-17) ＋ 式(5-18)，并整理得：

$$\frac{I_H}{C_H}+\frac{I_B}{C_B}=(a+b)(P_H+P_B) \tag{5-19}$$

$$P_{RPN}=\frac{I_H}{C_H(a+b)}+\frac{I_B}{C_B(a+b)} \tag{5-20}$$

式(5-17)－式(5-18)，并整理得：

$$\frac{I_H}{C_H}-\frac{I_B}{C_B}=(a-b)(P_H-P_B) \tag{5-21}$$

$$\Delta I_{ex}=\frac{I_H}{C_H(a-b)}-\frac{I_B}{C_B(a-b)} \tag{5-22}$$

令：

$$\frac{1}{C_H(a+b)}=K_H,\frac{1}{C_B(a+b)}=K_B,\frac{a+b}{a-b}=\alpha \tag{5-23}$$

分别代入式(5-20)和式(5-22)：

$$P_{RPN}=K_HI_H+K_BI_B \tag{5-24}$$

$$\Delta I_{ex}=\alpha(K_HI_H-K_BI_B) \tag{5-25}$$

4) 刻度系数(K_H、K_B、α)的确定

堆外探测器电流与功率的关系满足：

$$I_H+I_B=K\times W \tag{5-26}$$

式中，W 为二回路热平衡测得相对热功率值(%FP)。

试验和研究表明，堆内、外核测仪表系统得到的轴向功率偏移满足：

$$AO_{ex}=A+B\times AO_{in} \tag{5-27}$$

其中

$$AO_{ex}=\frac{I_H-I_B}{I_H+I_B}\times 100 \tag{5-28}$$

即有：

$$\frac{I_H-I_B}{I_H+I_B}\times 100=A+B\times AO_{in} \tag{5-29}$$

式中，AO_{ex}为堆外核测仪表系统测得的堆芯轴向功率偏移值，AO_{in}为堆内核测仪表系统测得的堆芯轴向功率偏移值。

根据校验的定义

$$\Delta I_{in}=AO_{in}\times\frac{W}{100} \tag{5-30}$$

从(5-26)式和(5-29)式解 W 和 AO_{in}代入式(5-30)，并整理可得：

$$\Delta I_{in}=\frac{\left(1-\frac{A}{100}\right)\left(1+\frac{A}{100}\right)}{B}\left[\frac{I_H}{K\left(1+\frac{A}{100}\right)}-\frac{I_B}{K\left(1-\frac{A}{100}\right)}\right] \tag{5-31}$$

将式(5-31)与式(5-25)进行比较，就得堆外核测系统刻度系数：

$$\alpha=\frac{1-\left(\frac{A}{100}\right)^2}{B} \tag{5-32}$$

$$K_H=\frac{1}{K\left(1+\frac{A}{100}\right)} \tag{5-33}$$

$$K_B=\frac{1}{K\left(1-\frac{A}{100}\right)} \tag{5-34}$$

为确定堆外核测仪表系统功率量程测量通道的刻度系数，需知 3 个参数 A、B、K。

在压水核动力堆核电厂中，通常采用多次堆芯中子注量率分布测量，再利用最小二乘法或线性回归法，可以求出这些参数的数值并确定出它们的误差。为此需要人为地向堆芯引入一个轴向功率振荡，并在振荡过程中进行多次(一般为 6 次)测量，最终确定 A、B、K。

5.2.3 试验的方法

1) 试验条件和要求

堆芯在目标功率水平上至少已连续稳定运行 24 h 以上，基本达到氙平衡状态；在堆芯核测仪表系统进行中子注量率分布图绘制过程中，特别是当探测器进行试验数据采集期间，必须保持控制棒组的棒位不变；在中子注量率分布图绘制过程中，应禁止可能引起反应堆冷却剂平均温度变化的操作，控制反应堆冷却剂平均温度在参考温度的±0.5 ℃内；在中子注量率分布图测量期间，反应堆功率变化应小于±2%FP；且在进行每一步测量时，要求反应堆功率变化小于±1%FP。

由于本试验需要向堆芯引入一个轴向功率振荡，因此在试验测量过程中，应尽可能将 ΔI 控制在 $\Delta I_{ref}\pm5\%$FP 运行带内。在进行刻度系数调整前，为避免因新旧刻度系数调整而有可能触发保护信号动作，如 RUNBACK 信号，应要求运行闭锁 C21 信号。

2）试验步骤

在向堆芯引入一个轴向功率振荡之前，通过 KME 系统完成热平衡测量试验和 RIC 系统完成一次全堆芯中子注量率分布图的测量；维持反应堆功率稳定，通过采用调整控制棒棒位和调硼操作使轴向功率偏差 ΔI 变化约 1%FP；在 ΔI 每发生一次约 1%FP 的变化后，通过使用 RIC 系统完成一次部分堆芯中子注量率分布图的测量；重复上述操作，使用 ΔI 累计变化约 6%～8%FP，共计完成 4～6 个部分堆芯中子注量率分布图的测量。在中子注量率分布图的测量过程中，记录如下试验相关的反应堆运行监测参数：能够表示出反应堆堆芯热功率的 KIT 系统和 KME 系统的热功率测量值；RPN 系统功率量程核功率及各节电离室电流信号；反应堆冷却剂系统的硼浓度；反应堆运行状态参数，如棒位、冷却剂平均温度和压力、堆芯出口热电偶温度等；堆芯的平均燃耗。

5.2.4 试验数据处理

由式(5-32)～式(5-34)可知，要确定堆外核测仪表 RPN 系统功率量程测量通道的刻度系数，就必须得到 A、B 和 K 共计 3 个参数。其中 K 值可由式(5-26)给出，A、B 值则需要由式(5-29)采用构造不同的 AO_{in} 和相对应的 ΔI 而获得。在压水核动力堆中，通常 ΔI 需要变化 6%～8%FP，在不同的 AO_{in} 状态下进行多次（一般进行 6～8 次）的中子注量率分布图测量，再利用最小二乘法或线性回归法进行所需参数 A 和 B 的计算，同时确定出它们的误差。因此，首先需要对这 6～8 个不同 AO 状态下的中子注量率分布测量结果进行处理，该数据的处理方法与 5.1.4 节试验数据处理介绍的方法和使用的软件相同，然后在得到经 CARIN 处理后的 6～8 个不同 AO 状态下的中子注量率分布测量数据的处理结果后，再执行由法玛通（Framatome）的 ATEA 公司提供的专门用于处理堆外注量率测量电离室刻度试验数据的 KHKBA 软件，对这 6～8 个中子注量率分布测量结果进行数据处理，最后就可以得到试验所需要的堆外注量率测量电离室的刻度系数，以及它们的误差结果，如图 5-10 所示。

CEDRIC、CARIN 和 KHKBA 三个软件数据处理的流程如图 5-3 所示。

5.2.5 试验验收准则

对于堆外核测仪表系统的各个测量通道，通过试验测量，分别地对每个通道进行计算：

$$\Delta_1(k)=W-P_r(k)=W-[K_H(k)\times I_H(k)+K_B(k)\times I_B(k)] \tag{5-35}$$

$$\Delta_2(k)=\Delta I_{in}-\Delta I_{ex}(k)=\Delta I_{in}-\alpha(k)\times[K_H(k)\times I_H(k)-K_B(k)\times I_B(k)] \tag{5-36}$$

验收准则是：

$$|\Delta_1(k)|<5\%\text{FP} \tag{5-37}$$

$$|\Delta_2(k)|<3\%\text{FP} \tag{5-38}$$

实际上，这两者也是核电厂保护系统中考虑的误差：$|\Delta_1(k)|$ 设计小于 5%FP，主要是考虑了反应堆高注量率停堆定值中包含的误差，但由于目前试验及测量手段方便而且精确，

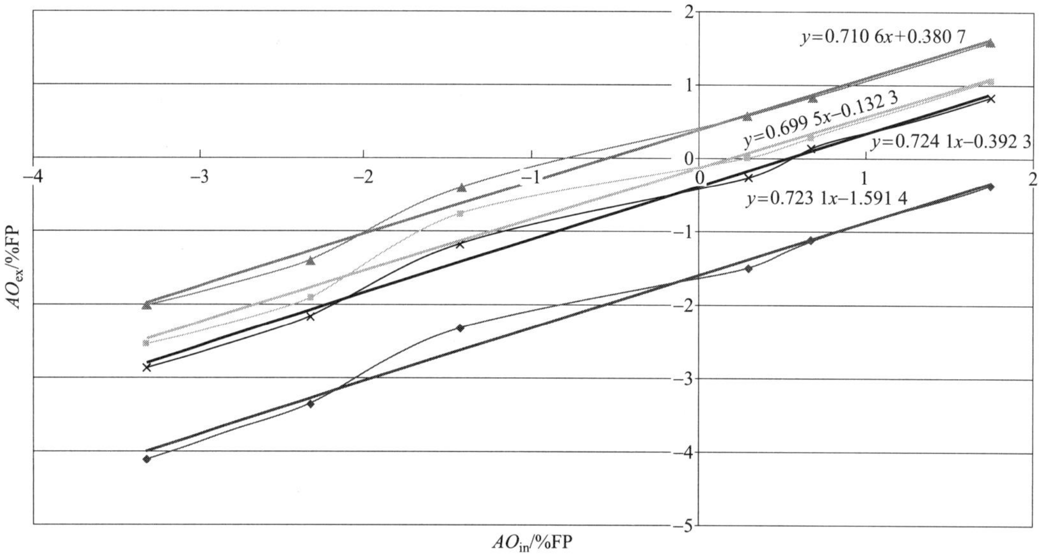

图 5-10　堆内轴向功率偏移 AO_{in} 与堆外轴向功率偏移 AO_{ex} 关系曲线

因此在实际控制上，$|\Delta_1(k)|$ 的验收准则可采用小于 2%FP。$|\Delta_2(k)|$ 设计小于 3%FP，是为超温和超功率 ΔT 保护整定值中的 $f(\Delta\phi)$ 函数所包含的误差。

5.3　额定功率下的堆芯稳态性能试验

5.3.1　试验目的

对于一座新建成的压水核动力堆核电厂来说，反应堆在首次到达额定满功率稳定运行时需对其堆芯稳态性能做一次综合化性评定。因为在反应堆核设计上往往是把额定功率运行状态下的一些核、热参数作为设计的基本输入。这些基本输入参数都是反应堆核设计、热工水力设计和安全分析的基础，同时也是电厂系统设备设计的基础，如反应堆冷却剂系统、电厂热力系统等，因此堆芯在额定功率下的稳态特性对反应堆机组的安全、稳定运行是非常重要的。

堆芯稳态性能试验是验证反应堆处于额定功率稳定运行状态下，验证堆芯稳态性能参数是否在设计范围之内，确认反应堆在额定功率氙平衡状态下的临界硼浓度是否与设计相符，同时也检验主调节棒组 D 在额定功率咬量位置附近的棒组微分价值，等等，从而得到一套反应堆在额定功率状态下稳定运行的基础数据，为反应堆机组的后续功率稳定运行、功率能力提升分析、堆芯燃料管理策略改进和延寿分析等都提供了最初的运行测量数据。

5.3.2　试验原理与方法

堆芯稳态性能试验是一个比较特殊的试验，其试验测量包括了反应堆处于额定功率且平衡氙状态下的临界硼浓度，一些用于表征堆芯稳态特性的物理、热工水力和关键安全参数，如堆芯热功率、堆芯进出口冷却剂温度及其流量、核热点因子 F_q^N、核焓升因子 $F_{\Delta H}^N$、径向功率峰因子 F_{xy}、燃料组件相对功率、象限功率倾斜比（*QPTR*）、平均线功率密度（*ALPD*）、最大线功率密度（*MLPD*）和最小偏离泡核沸腾比（*DNBR*）等参数的测量，以及主调节棒组 D 在其咬量位置附近的微分反应性当量的测量 3 个部分内容。

这些试验测量数据大部分都可以从其他试验结果中获取，如《热平衡测量》和《不同功率水平下的堆芯功率分布测量》试验，而仅有主调节棒组 D 在其咬量位置的微分价值需要进行单独的测量试验。因此，热平衡测量和堆芯功率分布测量等试验的原理和试验方法，可参阅本书相关章节专门的介绍。

反应堆处于额定功率、氙平衡稳定运行状态下，将反应性仪和多笔记录仪的量程挡设置在合适位置，以及设置反应性的滤波系数和调整适当的记录仪走纸速度，以得到较好的记录曲线。然后，将主调节棒组 D 设置为手动模式，提升 D 棒组两三步或插入 D 棒组两三步，在反应性仪屏幕和多笔记录仪上观察由此引起的反应性曲线的变化，待反应性变化曲线稳定后，恢复 D 棒组的试验初始棒位。试验如此反复进行 3 次测量后，试验完毕。

这里需要注意的是，此时的控制棒组价值测量是在反应堆有功率状态下进行的，由于燃料多普勒温度效应的反馈作用，向堆芯引入的反应性很快就会被反馈效应"吃掉"，反应性又会回到初始的临界状态，而且观察到的反应性记录曲线将呈"弧线"形式，不再像零功率控制棒组价值测量时记录曲线为"直线"形式。另外，主调节棒组 D 向堆芯引入的反应性大小需要参考该功率水平下的燃料多普勒温度系数的理论计算结果，以便于主调节棒组 D 的动作能够引起较为明显的反应性变化，在记录仪上记录下满意的反应性变化曲线，为试验测量数据处理创造条件。

5.3.3　试验数据处理

1）临界硼浓度

额定功率、平衡氙状态下的临界硼浓度测量值是堆芯稳态性能试验的一个重要而关键的参数。之所以说它重要，是因为该临界硼浓度与堆芯后备反应性的大小有关，其测量结果将预示着本燃料循环有可能运行的时间，即燃料循环长度，简称寿期。通常核设计报告中给出的临界硼浓度都是在反应堆处于寿期初（BLX，即堆芯燃耗为 150 MW · d/tU）、满功率（HFP）、平衡氙（Eq. Xe）、ARO（控制棒组全提），和反应堆冷却剂系统平均温度 T_{avg} 等于其参考温度 T_{ref} 的标准状态下的计算结果。因此，需要对实测条件下得到测量临界硼浓度进行修正，以便于能够与标准状态下的理论计算的临界硼浓度进行比较。修正可采用类似 MEDOR 程序进行或者采用人手工计算。修正到 HFP、Eq. Xe、ARO 标准状态下的临界硼浓度计算公式如下：

$$C_B^C = C_B^{mes} + \frac{(\Delta\rho_{power} + \Delta\rho_{Xe} + \Delta\rho_{Sm} + \Delta\rho_{rod} + \Delta\rho_{temp})}{\alpha_B} + \Delta C_{Bburnup} \tag{5-39}$$

式中的各修正项均指对标准状态（150 MW · d/tU、HFP、Eq. Xe、ARO ）的修正。

C_B^{mes}为反应堆处于实际运行状态下，即反应堆处于近满功率稳定运行、D棒组在接近ARO状态，测量得到的临界硼浓度值，单位为ppm。

α_B 为微分硼价值，单位为ppm/pcm；这也是一个比较复杂的计算。它要先把HZP、BOL、ARO状态下的 α_B 值修正到(HFP、C_B^C、ARO、Eq. Xe)状态，其中需要考虑密度修正、Xe修正和燃耗修正3个因子。然后计算测量状态下的微分硼价值，最后取这两者之和的平均作为公式(5-39)中的 α_B 值。

$\Delta\rho_{power}$为多普勒功率亏损修正，单位为pcm；因为慢化剂温度的修正已经单独列项给予考虑了。由于功率亏损与燃耗有关，所以修正中要考虑给定燃耗情况下的功率偏差修正，在MEDOR程序内用的是抛物线内插法，手工计算时一般用线性内插法。

$\Delta\rho_{Xe}$为氙毒反应性修正，单位为pcm；氙修正显然与功率和燃耗有关，但是人工手算时一般假设与燃耗无关，用程序计算时可以考虑更多一些。

$\Delta\rho_{Sm}$为钐毒反应性修正，单位为pcm；在日常的硼跟踪期间处理测量状态与标准状态下的钐修正是不大的，可以不做。但是对150 MW·d/tU钐修正是需要考虑的，因为这时的硼浓度对燃耗是比较敏感的。

$\Delta\rho_{rod}$为棒位偏离全提棒状态的修正项，单位为pcm；棒价值与棒位、功率水平和燃耗有关，因此要做这三项修正。

$\Delta\rho_{temp}$为温度偏离参考温度的修正项，单位为pcm；这是一个比较复杂的计算，它的修正考虑大致为，首先得到一个参考状态(HFP、C_{B^C}、ARO、T_{ref})下的慢化剂温度系数 α_{mod}^{ref}；然后来计算硼浓度测量时的慢化剂温度系数 α_{mod}^{mes}，因为测量时的 T_{avg}、C_B、功率和氙都可能与参考状态不一样，所以要做这些修正。其修正公式和它的简单的说明如下：

$$\alpha_{mod}^{mes}=\alpha_{mod}^{ref}+(\Delta\alpha(T_{avg})+\Delta\alpha(C_B)+\Delta\alpha(P)+\Delta\alpha(\mathrm{Xe})) \tag{5-40}$$

这里需注意的是，在计算 $\Delta\alpha(C_B)$ 时可以忽略燃耗的修正；在计算 $\Delta\alpha(T_{avg})$ 时需要考虑硼浓度的内插；在计算 $\Delta\alpha(P)$时需要按照慢化剂温度系数的功率修正曲线来进行；在计算 $\Delta\alpha(\mathrm{Xe})$时除查氙毒曲线外，还有一个较特殊的考虑，那就是要乘一个各功率区间的氙修正因子，程序内取0.2 pcm/℃。

在本试验结束后，可以按照试验结果对设计给出的硼降曲线进行修正，并按这修正后的硼降曲线进行日常的硼跟踪。

2) 关键安全参数的确定

偏离泡核沸腾比(*DNBR*)是用来描述的堆芯上任何一点的临界热流密度除以实际的热流密度的最小局部值。在电厂调试期间通过本试验对它进行检查，并同堆芯热工水力设计中确定的数据相比较。如果这个比较暴露出设计与实际参数之间有矛盾，那么系统的实际安全裕度就可以确定，反应堆保护系统和控制系统的整定值也可以按照实际测量数据进行适当的调整，这样电厂就将有更大的灵活性。对稳定额定工况该值一般取1.8～2.2，这样就为动态工况留有了足够的裕度。秦山第二核电厂稳定额定工况的取值为2.16，*DNBR*的计算方法通常是采用综合方法WRB-1公式。为计算*DNB*数值，一般需要如反应堆冷却剂系统的总流量、反应堆冷却剂系统的平均温度、反应堆冷却剂系统的压力、堆芯的冷却剂进出口温度、冷却剂的焓升、燃料棒的轴向规一化的功率分布、径向核功率不均匀系数、象限核功率不均匀系数、局部核功率峰值因子、水力模拟试验系数、冷却剂流量交混因子、焓升工程热管因子 $F_{\Delta H}^E$ 和程热管因子 F_q^E 等参数。

所以在试验期间进行堆芯功率分布测量,热功率测量和流量测量,从中可以得到这些必需的测量参数。*DNBR* 的计算主要是靠程序进行离线计算,以得到如下的计算结果:$F_{\Delta H}^{N}$、F_q^N、F_{xy}、*QPTR*、*DNBR*、最大平均面的线发热率、平均线功率密度和最大线功率密度等。

3) 主调节棒组 D 在"咬量"位置下的微分反应性当量测量

为确保主调节棒组具有足够的反应性引入能力,需要确定反应堆运行时主调节棒组最小插入深度,通常把这个插入位置称为主调节棒组"咬量"位置。设计要求主调节棒组"咬量"位置处具有 2.5 pcm/步的微分价值。同时,"咬量"位置还随堆芯燃耗的加深不断地变化,如 CNP650 型压水核动力堆设计上是从寿期初的 197 步到寿期末的 221 步。通常,"咬量"位置是核设计推荐的控制棒棒位。因此,需要通过试验的方式对此进行验证,检查在"咬量"位置上的棒组微分价值是否达到设计预期目标。

主调节棒组的微积分价值已经在热态零功率试验期间进行了测量,但是在满功率状态下棒价值有了明显的变化,一般其价值增加了大约 20%。

用反应性仪测量控制棒组的微积分价值,通常需要在多普勒温度反馈效应可以忽略不计的条件下,才能得到较为正确的测量结果。这是因为反应性仪的实时计算模型中没有考虑到多普勒温度反馈效应。因此,在有功率情况下用这种反应性仪测量棒组微积分价值时,需要对所得到的测量结果做一定的处理,方能得到较为合理的结果。常用的办法可以是,根据记录仪走纸上的反应性轨迹用外推的方法来得到反应性的修正值,具体试验方法如图 5-11 所示。

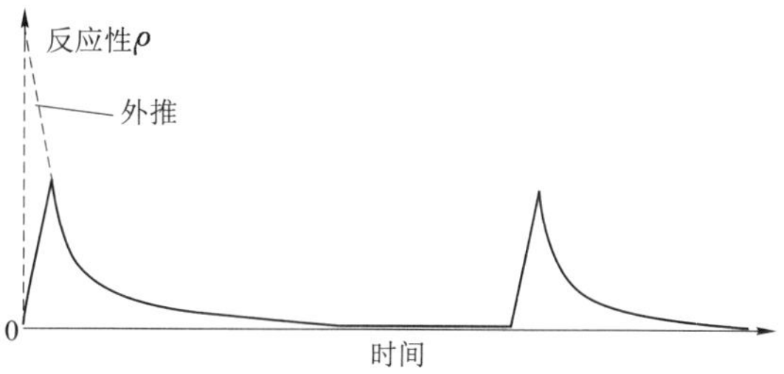

图 5-11 控制棒组咬量位置附近棒价值处理示意图

为使外推的结果较为合理,测量时需注意以下几点:走纸速度要与多普勒温度反馈效应相匹配,以得到合适的反应性轨迹;棒组移动速度要快,步子要小,以便尽可能得到近似阶跃的小反应性变化。一般每次移动一步或半步(即一个子组的一步);每次移动棒结束后应该等待一适当时间,让多普勒温度反馈效应完全结束并且让反应性再一次稳定后方可再次移棒,以使反馈的累积效应最小;反应性仪的时间常数或滤波系数要适中,以得到合适的反应性轨迹。

5.3.4 试验验收准则

通过堆芯稳态性能试验获得的在 150 MW·d/tU、HFP、Eq. Xe、ARO 状态下的,如核热点因子 F_q^N、核焓升因子 $F_{\Delta H}^{N}$、径向功率峰因子 F_{xy}、燃料组件相对功率、象限功率倾斜比(*QPTR*)、平均线功率密度(*ALPD*)和最大线功率密度(*MLPD*)等关键安全参数均须小于稳态设计限值;*DNBR* 须大于设计限值;主调节棒组 D 在咬量位置附近的微分价值与设计值偏差须小于±15%;临界硼浓度测量值与设计值偏差小于±50 ppm。

图 5-12 给出了 CNP650 型压水核动力堆 1 号机组的堆芯稳态性能试验结果和验收准则。*DNBR* 的试验结果和其设计预期值之间的裕度高达 25%,应该说是很充分的。从图 5-12 可知堆芯四个功率最大的燃料组件并不是均匀分布的,而是集中在堆芯左边,这造成功率分布有一些倾斜,但是在允诺范围以内。该三维立体功率分布图是利用专门的离线计算程序进行处理而得到的,图形比较直观,并且把归一化功率的值分 4 个等级作彩色显示,

并可作旋转，这对落棒、弹棒后的三维立体功率分布显示特别有用。

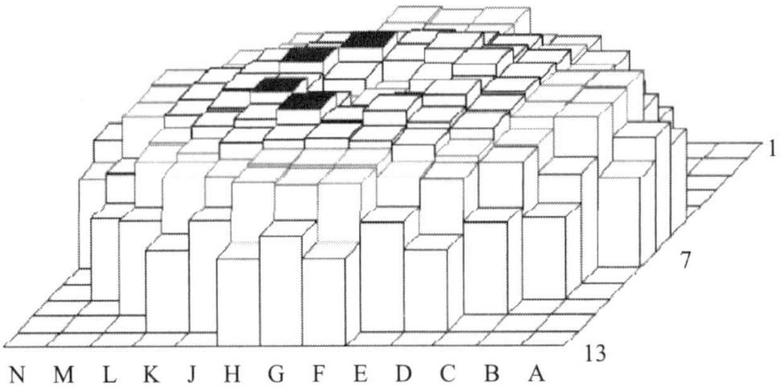

图 5-12　3D 立体堆芯功率分布测量结果示意图

注：试验状态为燃料循环寿期初、热态满功率、平衡氙、全提棒。

图中黑色为燃料组件相对功率最大的 n 组燃料组件位置。

第六章　瞬态物理试验

在启动物理试验中，它不仅仅只对堆芯核设计报告给出的稳定工况下的一些特征物理参数，如临界硼浓度、慢化剂温度系数和控制棒组价值等参数的正确性进行验证，同时还需要对用于反应性分析的关键安全参数的正确性，和用于安全分析的假设条件的保守性等进行验证。正如在工程设计上，除了考虑Ⅰ类正常运行工况和Ⅱ类预期运行事件的分析外，还必须对可能出现的Ⅲ类稀有事故和Ⅳ类极限事故进行分析。

因此，对一些用于验证反应性分析的关键安全参数和安全分析的假设条件的物理试验，通常是在反应堆运行功率水平的变化，或者是造成反应性出现波动的过程中进行的物理试验，以验证这些关键安全参数和假设条件的正确性和保守性是否能够满足安全限值的要求。同时，试验结果还可供设计改进和安全分析研究之用，为反应堆的安全、可靠和经济的运行提供决策依据。但是，这种用于验证反应性分析关键安全参数和安全分析假设条件保守性的物理试验所能提供的试验项目是有限的，一般对于压水核动力堆来说，主要实施如下几个该类型试验：

(1) 在寿期初(BOL)、热态零功率(HZP)状态下：

① “模拟”弹棒试验；

② 最小停堆硼浓度测量试验(即模拟“卡”棒试验)。

(2) 在有功率状态下：

① 功率系数与功率亏损测量；

② 反应性系数测定；

③ 一束控制棒组抽、插试验；

④ 氙振荡试验。

由于这类试验在实施过程中存在一定的风险，一般只在同一类设计机组的首批个别台机组的首次启动物理试验中实施，对于批量化建设的同类型机组，或换料堆芯均不再实施这些试验。

6.1　“模拟”弹棒试验

在压水核动力堆运行过程中，由于控制棒驱动机构耐压壳机械损坏，导致控制棒组件和驱动轴弹出堆芯的事故，简称为弹棒事故。这种机械损坏将导致正反应性的快速引入和堆芯不利的功率分布畸变。在安全分析报告中该事故被列为第Ⅳ类极限事故。它的计算分析是针对寿期初(BLX)和寿期末(EOL)，热态零功率(HZP)和热态满功率(HFP)进行的。

本试验的目的在于检查堆芯处于寿期初(BLX)、热态零功率(HZP)状态下，模拟当一束最大效率的控制棒束“弹出”堆芯而引起的堆芯核热点因子 F_q^N 、核焓升因子 $F_{\Delta H}^N$ 的变化，以及该棒束价值的测量，从而验证安全分析报告用于该事故分析假设条件的保守性。

6.1.1　试验方法和试验过程

反应堆在热态零功率物理试验范围内稳定临界，控制棒组以重叠棒组方式处于零功率插入限值棒位上。记录试验前的堆芯状态参数，然后进行全堆芯分布测量（试验方法详见第五章5.1节的介绍）。当全堆芯功率分布测量完毕后，通过C棒棒组将反应堆功率调整至零功率物理试验范围内。选定一束反应性当量最大的控制棒束（按秦山第二核电厂施工核设计报告所给出的数据，在热态零功率插棒极限状态下的反应性当量最大的一束控制棒束为D组中的L-07位置上的棒束（如图6-1所示），解除除此棒束以外的所有控制棒束的提升线圈的供电。堆芯在此稳定临界状态下，按照调硼方式逐段将该控制棒棒束提升接近至推顶（即225 step）的某一合适棒位上。硼化速率控制在大约3.5 t/h左右，调硼期间的反应性控制和弹棒棒束价值的测量，均使用反应性仪进行跟踪和测量。控制棒组价值的测量原理与测量方法详见第四章4.4节的介绍。

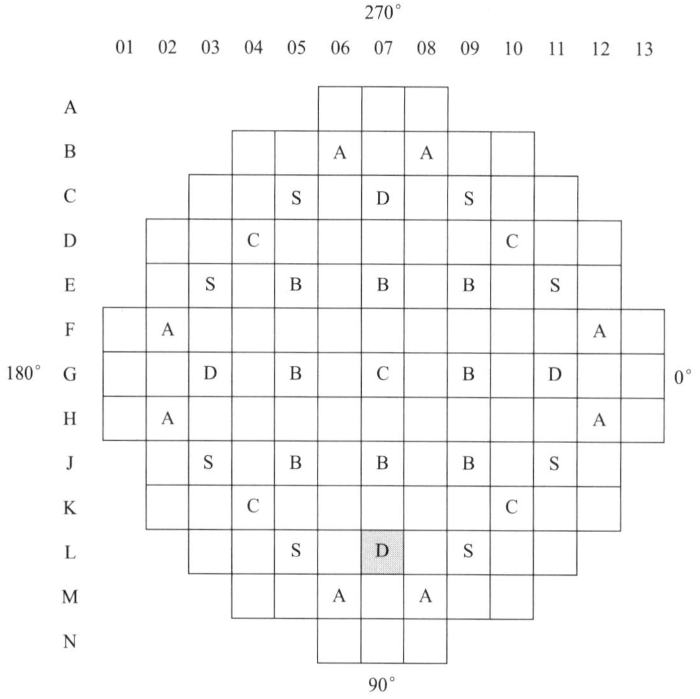

图6-1　堆芯控制棒束的布置（其中L-07为“模拟”弹棒棒束）

当该选定棒束达到全提位置之前的合适棒位（约尚有20～30 pcm）时，停止调硼操作，并充分搅拌以使冷却剂中的硼浓度达到均匀。在堆芯硼浓度均匀过程中，逐段地提升该选定棒束，以维持堆芯的临界状态。若堆芯硼浓度均匀后，该选定棒束刚好达到全提出位置，则用调节棒组C来维持堆芯的临界状态。若该选定棒束没有达到全提出棒位时，则使用调整调节棒组C的位置，来使该选定棒束达到全提出棒位。

如果此时调节棒C不在零功率插入极限位置上，则采用调硼方法使调节棒组C回到插入极限位置，并维持堆芯临界状态。当堆芯达到均匀稳定后，再进行一次该堆芯状态下的全堆芯功率分布测量和堆芯状态参数的采集与记录。

当全堆芯功率分布测量结束后，通过C棒组将反应堆功率调整至零功率物理试验范围内。采用调硼方式(稀释)，恢复试验前的堆芯状态，堆芯的临界状态使用调节棒组C来维持。

6.1.2　试验数据的处理

弹棒棒组价值的数据处理按照第四章4.4节介绍的控制棒组价值数据处理方法进行处理。堆芯功率分布的数据处理按照第五章5.1节介绍的堆芯功率分布测量的数据处理方法进行处理。

6.1.3　试验验收准则

1）弹棒棒组的积分价值测量值＝(1±10％)理论计算值(pcm)；

2）弹棒前后的热通道焓升因子的变化率，试验测量结果与理论预计值相差小于3％。

6.2　最小停堆临界硼浓度测量

在CNP650型压水核动力堆反应堆设计准则中都明确规定：反应堆在任一功率水平运行时，当反应性价值最大的一束控制棒卡在堆芯外时，仅用控制棒就能实现热停堆，并有足够的停堆深度(在寿期初和寿期末，分别为1 000和2 000 pcm)。

本试验是验证堆芯在寿期初BOL、热态零功率HZP状态下，当一束具有最大反应性效应的控制棒束(按秦山核电二期工程施工核设计报告所给出的数据，卡棒棒束为B棒组中的J-07位置上的棒束，详见图6-2)“卡”在堆外时，能够确保反应堆在热停堆状态时，具有$\Delta\rho=1\%$停堆深度所需的临界硼浓度，即最小停堆临界硼浓度测量。

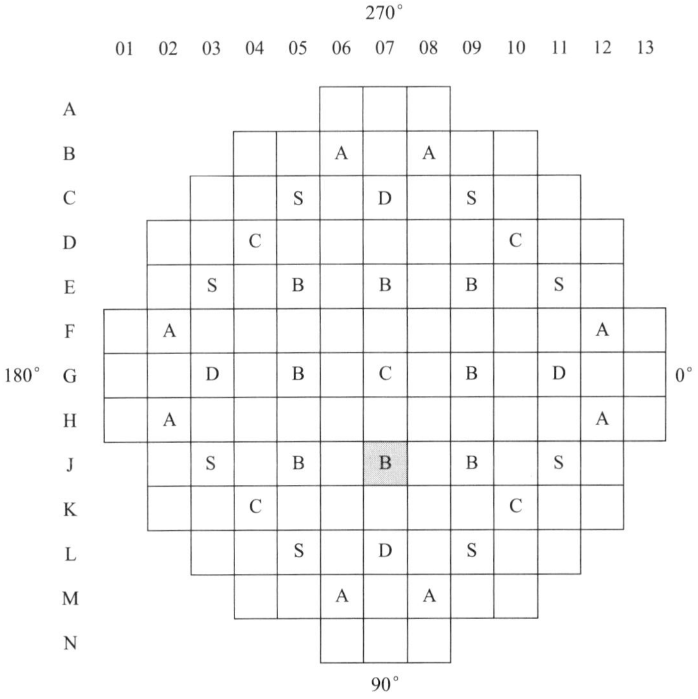

图6-2　堆芯控制棒束的布置(其中J-07为“卡棒”棒束)

6.2.1 试验方法和试验过程

反应堆在热态零功率物理试验范围内稳定临界，所有调节棒组均处于全插入状态（即D=C=B=A=5 step），停堆棒组S处于插入堆芯小于50 pcm的棒位状态，堆芯的临界状态由S棒组维持。首先，采用置换棒的方法将选定的"卡棒"棒束用S棒组置换至堆顶（即225 step），置换棒期间的反应性控制和棒束价值测量使用反应性仪进行跟踪和测量，控制棒组价值的测量原理与测量方法详见第四章4.4节的介绍。其次，采用调硼（稀释）方式将S棒组的棒位调整至全插入堆芯状态（即S=5 step）上，调硼期间的反应性控制和棒组价值测量使用反应性仪进行跟踪和测量，控制棒组价值的测量原理与测量方法详见第四章4.4节的介绍。最后，当反应堆堆芯在此状态下稳定临界时进行临界硼浓度的测量。当最小停堆临界硼浓度测量结束后，按照上述相反的操作步骤恢复试验前堆芯临界状态。

6.2.2 试验数据的处理

"卡棒"棒组价值的数据处理按照第四章4.4节介绍的控制棒组价值数据处理方法进行处理。堆芯最小停堆临界硼浓度的数据处理按照第四章4.2节介绍的临界硼浓度测量的数据处理方法进行处理。

6.2.3 试验验收准则

最小停堆临界硼浓度测量值与理论设计值偏差应在±100.0 ppm范围内。

6.3 功率系数与功率亏损测量

6.3.1 试验目的

功率系数测量试验是测量随着功率变化而产生的反应性变化量，从而求出功率系数与功率亏损，以验证堆芯核设计报告中给出的功率系数与功率亏损的准确性，并为反应堆的安全运行和反应性分析提供数据。

6.3.2 试验原理

随着反应堆功率的增加，燃料的有效温度和慢化剂的温度都随之而上升，由于燃料的多普勒温度系数和负的慢化剂温度系数的作用，在反应堆功率增加时，向堆芯添加了负的反应性。另外，堆芯内的泡核沸腾造成的空泡，也向堆芯添加了负的反应性。这些随反应堆功率变化，向堆芯添加的反应性，可以限制反应堆功率添加的速率，为反应堆系统增加了固有的安全性。

所有这些反应堆固有的反应性效应，都倾向于减小反应堆的功率，以防止不可控制的运行工况偏离。反应堆功率从热态零功率提升到100%FP满功率的过程中，这些效应都会产生。

功率系数表示为功率每变化百分之一时反应性的变化，它在整个堆芯寿期内都是负的，但在寿期末要比寿期初更负一些，这主要是由慢化剂温度系数增加引起的。燃料多普勒效应、慢化剂温度效应和空泡效应对功率系数的相对贡献见图 6-3 所示。由图可见，燃料的多普勒温度系数 α_T^f 和空泡系数 α_v^m 在寿期初(BOL)和寿期末(EOL)的变化不大，而慢化剂温度系数 α_T^m 在寿期初(BOL)和寿期末(EOL)的变化有着非常显著的变化。总的功率系数为多普勒功率系数、慢化剂功率系数和空泡功率系数之和。而添加的总反应性叫功率亏损，为总的功率系数与功率变化的乘积：

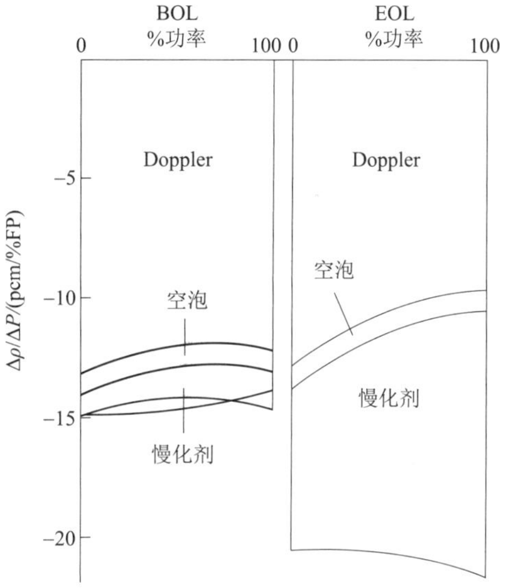

图 6-3 功率系数构成示意图

$$\alpha_p = \frac{d\rho}{dP} = \alpha_T^f \frac{dT_f}{dp} + \alpha_T^m \frac{dT_m}{dp} + \alpha_v^m \frac{dx}{dp} \tag{6-1}$$

$$\Delta\rho = \rho_P \times \Delta P \tag{6-2}$$

式中，$\Delta\rho$ 为总的功率亏损，单位为 pcm；α_P 为功率系数，单位为 pcm/%FP；ΔP 为功率变化量，单位为%FP。

由此可知“亏损”两字并非指功率的亏损，而是指当反应堆功率变化时向堆芯引入了的反应性，指反应性的“亏损”。因此，如果反应堆从某一功率水平升高至另一功率水平时，一定得需要向堆芯引入一定量的正反应性来补偿由于功率亏损引入的等量的负反应性，才能维持反应堆在新的功率水平下的稳定功率运行。至于引入正反应性的方式，可以是采用提升控制棒方式，也可以是采用稀释硼方式。反之，如果降功率则需向堆芯引入负反应性来平衡功率亏损引入的正反应性。

6.3.3 试验方法

测量功率系数与功率亏损是通过改变反应堆的堆芯功率来实现的。在反应堆功率变化的过程中，同时记录下反应性、控制棒棒位和反应堆冷却剂系统平均温度等参数的变化。由于在有功率阶段，反应堆的功率是在温度控制模式下进行控制的，所以反应堆功率的变化通常是采用汽轮发电机组的负荷控制器，按电负荷平均 $1\%P_e$/min 的速率变化进行改变的。在连续的负荷变化过程中，为了使反应堆功率能够及时地与电功率保持一致，试验过程中需要手动调整控制棒组的棒位，并通过控制反应堆冷却剂系统的平均温度与参考温度的偏差不超过±0.5 ℃，即 $T_{avg}=T_{ref}\pm 0.5$ ℃（不考虑仪表控制死区）之内实现的。机组负荷变化有单向连续负荷变化和双向小负荷变化的两种方式。

1）单向连续负荷变化方式

负荷变化如图 6-4 所示。初始反应堆功率水平为 P（%FP），试验是按电负荷 1%P_e/min 的变化速率降低功率水平，当电功率每降低约 5%P_e时，暂停负荷变化并保持堆芯稳定约 5 min，同时在此稳定期间，进行热平衡测量和堆芯状态参数的采集。在数据采集过程中，根据试验对 T_{avg}、T_{ref}及毒物的变化要求，可适当地进行控制棒组棒位的调节操作。当堆功率下降到目标功率水平时，停止负荷变化操作，并保持堆芯稳定约 15～20 min，同时在此稳定期间，进行热平衡和堆芯状态参数的采集，并尽可能地使堆芯轴向功率偏差 ΔI 维持在目标带范围内。试验结束后，主控室的运行操作人员按电厂运行技术规格书中对升功率限制条件的规定，将反应堆的功率水平和堆芯状态恢复至试验前的初始状态。本试验负荷变化的初始功率水平和负荷变化的目标功率水平要求如下：

① 初始功率水平为 30%FP 时，降低功率的目标功率水平为 15%FP；

② 初始功率水平为 50%FP 时，降低功率的目标功率水平为 25%FP；

③ 初始功率水平为 75%FP 时，降低功率的目标功率水平为 50%FP；

④ 初始功率水平为 100%FP 时，降低功率的目标功率水平为 75%FP。

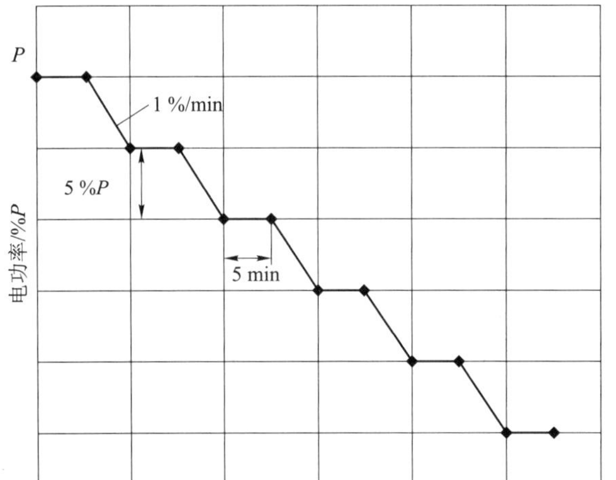

图 6-4　功率系数试验示意图(1)

2）双向小负荷变化方式

负荷变化如图 6-5 所示。初始反应堆功率水平为 P（%FP），试验采用升、降负荷方式，首先按电负荷 1%P/min 的变化速率提升功率水平，当电功率上升约 5%P_e（即（P+5)（%FP））时，暂停负荷变化并保持堆芯稳定约 5 min，同时在此稳定期间，进行热平衡测量和堆芯状态参数的采集。在数据采集过程中，根据试验对 T_{avg}、T_{ref}及毒物的变化要求，可适当地进行控制棒组棒位的调节操作。然后按同样的负荷变化速率降负荷，当电功率降低约 5%P

(即初始功率水平 P(%FP))时,暂停负荷变化并保持堆芯稳定约 5 min,同时在此稳定期间,进行热平衡测量和堆芯状态参数的采集。在数据采集过程中,根据试验对 T_{avg}、T_{ref}及毒物的变化要求,可适当地进行控制棒组棒位的调节操作。再按同样的负荷变化速率降负荷,当电功率降低约 5%P_e[即(P-5)(%FP)]时,暂停负荷变化并保持堆芯稳定约 5 min,同时在此稳定期间,进行热平衡测量和堆芯状态参数的采集。在数据采集过程中,根据试验对 T_{avg}、T_{ref}及毒物的变化要求,可适当地进行控制棒组棒位的调节操作。最后按同样的负荷变化速率升负荷,当电功率上升约 5%P(即初始功率水平 P(%FP))时,停止负荷变化并保持堆芯稳定约 5 min,同时在此稳定期间,进行热平衡测量和堆芯状态参数的采集。在数据采集过程中,根据试验对 T_{avg}、T_{ref}及毒物的变化要求,可适当地进行控制棒组棒位的调节操作。此时反应堆的功率水平和堆芯状态,基本上回到试验前的初始功率水平 P(%FP)和堆芯状态。最后,在整个试验要求的测量和参数记录完成后,宣布试验结束。

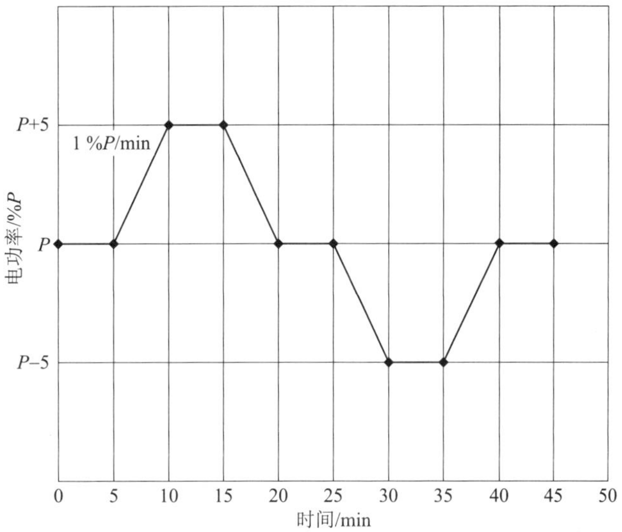

图 6-5　功率系数试验示意图(2)

在上述两种试验方法中,当停止负荷变化操作期间,控制棒组的棒位会根据 $T_{avg}=T_{ref}\pm0.5$ ℃的要求进行手动调整,这种操作主要是用来补偿由于氙毒所引起的反应性变化。

采用如图 6-4 所示的试验方法一,可以得到各功率水平下的功率系数与功率亏损的测量值。该试验方法一般在反应堆首次启动的调试物理试验期间使用。而采用如图 6-5 所示的试验方法二,仅能得到当前功率点 P 及其附近的功率系数测量值,而不能求得功率亏损值,但试验时间节省,一般建议使用在换料堆芯启动物理试验中的某一功率水平下的功率系数测量(如 75%FP)。

试验测量结束后,最后进行试验数据的处理,给出功率台阶上的功率系数与功率亏损。

6.3.4　试验数据处理

试验采集的数据通过记录介质的传输,进行离线处理,方法如下:

$$
\begin{aligned}
&\int_{P_0}^{P_i} \frac{\partial \rho}{\partial T_f} \times \frac{\mathrm{d}T_f}{\mathrm{d}P}\mathrm{d}P + \int_{P_0}^{P_i} \frac{\partial \rho}{\partial T_m} \times \frac{\mathrm{d}T_m}{\mathrm{d}P}\mathrm{d}P + \int_{P_0}^{P_i} \frac{\partial \rho}{\partial x} \times \frac{\mathrm{d}x}{\mathrm{d}P}\mathrm{d}P \\
&+ \int_{(T_{avg}-T_{ref})_0}^{(T_{avg}-T_{ref})_i} \frac{\partial \rho}{\partial (T_{avg} - T_{ref})}\mathrm{d}(T_{avg} - T_{ref}) + \int_{h_0}^{h_i} \frac{\partial \rho}{\partial h}\mathrm{d}h + \int_{X_0}^{X_i} \frac{\partial \rho}{\partial Xe}\mathrm{d}Xe = 0
\end{aligned}
\tag{6-3}
$$

式中，ρ 为反应性，单位为 pcm；P 为反应堆功率水平，单位为%FP；$\Delta T = T_{avg} - T_{ref}$，单位为℃；$Xe$ 为氙浓度；x 为空泡份额；T_f为燃料温度，单位为℃；T_m为慢化剂温度，单位为℃；h 为控制棒组棒位，单位为 step；C_B为反应堆冷却剂系统中的硼浓度，单位为 ppm。

式(6-3)中的前 3 项之和就是试验所要求的功率亏损量。其中空泡系数在整个堆芯寿期内几乎是个常数，所以空泡效应对总的功率亏损有较小的影响，在此可以忽略不计。则功率亏损为：

$$
\begin{aligned}
\Delta\rho &= \int_{P_o}^{P_i} \frac{\partial \rho}{\partial T_f} \times \frac{\mathrm{d}T_f}{\mathrm{d}P}\mathrm{d}P + \int_{P_o}^{P_i} \frac{\partial \rho}{\partial T_m} \times \frac{\mathrm{d}T_m}{\mathrm{d}P}\mathrm{d}P \\
&= -\left(\int_{h_0}^{h_i} \frac{\partial \rho}{\partial h}\mathrm{d}h + \int_{X_o}^{X_i} \frac{\partial \rho}{\partial Xe}\mathrm{d}Xe + \int_{(T_{avg}-T_{ref})_0}^{(T_{avg}-T_{ref})_i} \frac{\partial \rho}{\partial (T_{avg} - T_{ref})}\mathrm{d}(T_{avg} - T_{ref})\right)
\end{aligned}
\tag{6-4}
$$

由式(6-4)可知，功率亏损是通过求棒位移动所引起的反应性变化、Xe 毒变化所引起的反应性变化以及一回路冷却剂平均温度 T_{avg}与参考温度 T_{ref}的偏差所引起的温度反应性变化来得到的。试验时，如果 T_{avg}与 T_{ref}的偏差大于 0.5 ℃时，就需要考虑 T_{avg}偏移 T_{ref}所引起的反应性的变化，否则不做该项修正。控制棒移动带来的反应性变化，可由控制棒组的反应性价值测量得到，其处理方法如图 6-6 所示。氙毒引起的反应性变化 $\Delta\rho_{Xe}$，可根据试验时实际的功率变化情况进行计算或修正。

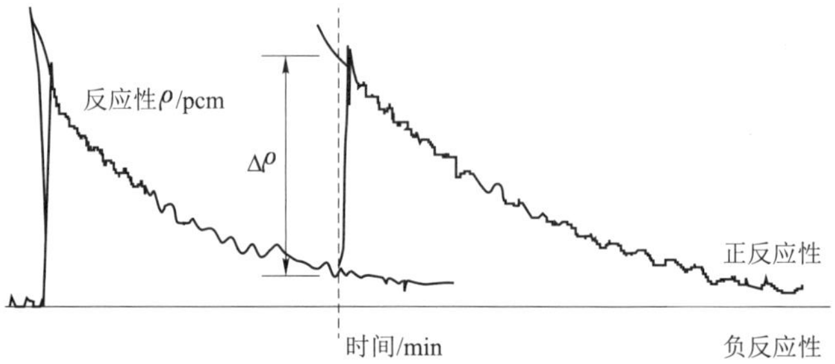

图 6-6　反应性仪记录曲线及其数据处理方法

最后，将该试验功率台阶上的各段功率系数和功率亏损测量值加起来，就是该试验功率台阶上的功率系数和功率亏损。即：

$$
\alpha_P = \frac{\Delta\rho}{\Delta P} = \frac{\sum_i \left(\frac{\Delta\rho}{\Delta P}\right)_i}{n} \tag{6-5}
$$

$$
\Delta\rho = \sum_i (\Delta\rho)_i \tag{6-6}
$$

在 0～100%FP 范围各功率台阶上的功率系数测量试验完成后，将各功率台阶上的功率亏损试验结果进行积分，便可得出整个功率区间的功率变化所引起的反应性变化的总量，这就是人们所说到的功率亏损。

根据设计院提供的《启动物理试验理论数据报告》进行硼浓度和功率水平变化范围为

100%FP～0%FP 的修正，最后得到当硼浓度为 900 ppm 时的功率亏损值为 1 179.88 pcm。图 6-7 给出了此状态下的功率亏损试验曲线和理论设计曲线对比。

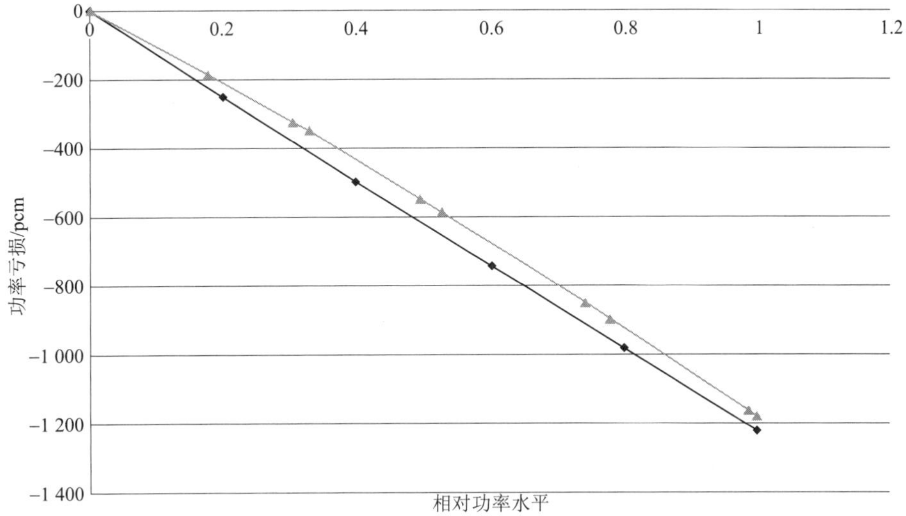

图 6-7　功率亏损试验结果曲线(BOL)

6.3.5　试验验收准则

由上述试验结果可知，功率系数测量试验得到的功率系数和功率亏损试验值与设计值符合的很好：当硼浓度为 900 ppm 时，功率从 100%FP 变化到 0%FP 范围内，功率亏损的试验值与设计值两者的偏差为－3.45%，在验收准则±15%范围内；功率系数均为负值，符合验收准则功率系数为负值的要求。因此整个试验结果符合验收准则。

6.4　反应性系数测定

6.4.1　试验目的

反应性系数反映了由于反应堆运行条件如功率水平、慢化剂平均温度、燃料温度、压力等变化所引起有效增殖系数的变化能力。反应堆的各种反应性系数能很好地反映出堆芯的中子物理动力学特性。堆芯中子物理动力学特性则决定了电厂在正常功率运行状态下以及非正常或事故过渡工况下的堆芯响应能力。对反应堆具有重要意义的反应性系数有：多普勒(Doppler)功率系数、燃料多普勒(Doppler)温度系数和慢化剂温度系数等。

多普勒功率系数 α_{Dp} 为功率每变化额定功率的 1%FP 时，由于多普勒效应和自屏效应(分为燃料自屏和能量自屏两种效应)引起的反应性变化，该现象是由于燃料温度变化而导致 ^{238}U 和 ^{240}Pu 等核素有效共振吸收截面变化所引起的反应性变化。多普勒功率系数 α_{Dp} 是反应堆带功率运行时的主要堆物理动态参数之一，对于掌握反应堆瞬变过程、制定和修改安全运行规程、校核理论计算、检查反应堆的自稳性等有着重要的意义。但该系数是无法进行直接测量的。本试验的目的是反应堆在带功率运行的状态下，通过引入一个反应堆功率的5%FP阶跃变化，并对反应堆功率阶跃变化前后的反应堆热功率、一回路冷却剂平均温度和参考温度等参数的测量，来测定反应性系数，即总温度系数 α_{TTC} 与多普勒功率系数 α_{Dp} 的比值，从而实现对 α_{Dp} 的间接测量。

6.4.2 试验原理

与功率系数测量试验相同，试验是在反应堆带功率状态下，反应堆的功率变化是通过采用汽轮发电机组的负荷变化来改变的。但与功率系数测量试验不同的是，功率的变化速率是一次性的快速阶跃变化，同时要求反应堆功率阶跃变化前后的控制棒棒位和冷却剂系统中的硼浓度不得变化。

当汽轮机负荷发生阶跃变化后的任一时刻，堆芯反应性平衡方程可用下式表达：

$$\rho(t)=\alpha_{Dp}\times(P(t)-P_0)+\alpha_{TTC}\times(T_{avg}(t)-T_0)+\Delta\rho_{Xe}(t) \tag{6-7}$$

式中，t 为在负荷变化后的 t 时刻，单位为 min；$P(t)$为 t 时刻的反应堆热功率，单位为%FP；P_0为 0 时刻的反应堆热功率，单位为%FP；$T_{avg}(t)$为 t 时刻的反应堆冷却剂平均温度，单位为 ℃；T_0为 0 时刻的反应堆冷却剂平均温度，单位为℃；$\Delta\rho_{Xe}(t)$为由于氙浓度的改变引起的反应性变化，单位为 pcm；α_{Dp}为多普勒功率系数，单位为 pcm/%FP；α_{TTC}为总温度系数，单位为 pcm/℃。

总温度系数定义为慢化剂温度变化 1 ℃引起的所有反应性变化(包含了由于冷却剂和燃料之间传热效应带来的反应性变化)。

在汽轮机负荷阶跃变化后的几十分钟时间内，氙的变化可以认为很好地近似为线形变化，可用下式表示：

$$\frac{d}{dt}[\Delta\rho_{Xe}(t)]=k\times[P(t)-P_0] \tag{6-8}$$

或者写成

$$\Delta\rho_{Xe}(t)=k\times\int_0^t[P(t)-P_0]dt \tag{6-9}$$

于是式(6-7)又可写成：

$$\rho(t)=\alpha_{Dp}\times(P(t)-P_0)+\alpha_{TTC}\times(T_{avg}(t)-T_0)+k\times\int_0^t[P(t)-P_0]dt \tag{6-10}$$

在汽轮机负荷变化后的几分钟内，反应堆热功率即在一个新的水平上(记作 $P(\infty)$)趋于稳定。而氙浓度变化引起的反应性则由慢化剂温度的线性变化(记作 D_∞)来补偿。对方程(6-10)求时间 t 的微商，得到下式：

$$\alpha_{TTC}\times D_\infty+k\times[P(\infty)-P_0]=0 \tag{6-11}$$

式中：

$$D_\infty=\left.\frac{d\Delta T_{avg}(t)}{dt}\right|_{t=\infty} \tag{6-12}$$

于是求得：

$$k=-\alpha_{TTC}\times\frac{D_\infty}{P(\infty)-P_0} \tag{6-13}$$

将式(6-13)代入方程(6-10)，经过一番整理后，得到：

$$\frac{\alpha_{\mathrm{TTC}}}{\alpha_p}=-\frac{P(t)-P_0}{[T_{\mathrm{avg}}(t)-T_0]-\frac{D_\infty}{[P(t)-P_0]}\times\int_0^t[P(t)-P_0]\mathrm{d}t}\times\left\{1-\frac{\rho(t)}{\alpha_p\times[P(t)-P_0]}\right\}\tag{6-14}$$

当功率趋于稳定时，$\rho(t)\approx 0$ ，上式变为：

$$\left(\frac{\alpha_{\mathrm{TTC}}}{\alpha_p}\right)_t=-\frac{P(t)-P_0}{[T_{\mathrm{avg}}(t)-T_0]-\frac{D_\infty}{[P(t)-P_0]}\times\int_0^t[P(t)-P_0]\mathrm{d}t}\tag{6-15}$$

其中：

$$\int_0^t[P(t)-P_0]\mathrm{d}t=\int_0^{t_1}[P(t)-P_0]\mathrm{d}t+\int_{t_1}^t[P(t)-P_0]\mathrm{d}t\tag{6-16}$$

在汽轮机负荷变化后几分钟，可作以下近似：

$$\begin{aligned}\int_0^t[P(t)-P_0]\mathrm{d}t&=\int_0^{t_1}P(t)\mathrm{d}t-P_0\times t_1+[P(\infty)-P_0]\times(t-t_1)\\&\approx\frac{P(\infty)+P_0}{2}\times t_1-P0\times t_1+[P(\infty)-P_0]\times(t-t_1)\\&=[P(\infty)-P_0]\times\left(t-\frac{t_1}{2}\right)\end{aligned}\tag{6-17}$$

这里，t_1是汽轮机负荷变化后，冷却剂平均温度达到峰值的时间，单位为 min。

将式(6-17)代入方程(6-15)，得到最后的数据处理公式：

$$\left(\frac{\alpha_{\mathrm{TTC}}}{\alpha_p}\right)_t=-\frac{\Delta P(t)-P_0}{[T_{\mathrm{avg}}(t)-T_0]-D_\infty\times\left(t-\frac{t_1}{2}\right)}\tag{6-18}$$

式中，D_∞的单位为℃/min。ΔT、D_∞、一回路冷却剂平均温度变化和时间 t 的测量是由多笔记录仪记录得到的。

为了确定 t 时刻反应堆的平均热功率 $P(t)$，必须在试验前通过热平衡试验测定反应堆初始状态下的平均热功率 P_0，并将此值作为计算过程各 t 时刻的平均热功率 $P(t)$的基准值。

如果用从反应堆数据实时记录系统（在 CNP650 型压水核动力堆就是 KIT 系统）记录下的热功率为 $P_{\mathrm{th,avg.}}(t=0)$，则其比例系数为：

$$CAL(t=0)=\frac{P_0}{P_{\mathrm{th,avg.}}(t=0)}\tag{6-19}$$

假定瞬变期间各时刻的比例系数均等于初态时的比例系数，即：

$$CAL(t=0)=CAL(t)\tag{6-20}$$

于是，t 时刻的堆芯真正平均热功率 $P(t)$便可以表示为：

$$P(t)=CAL(0)\times P_{\mathrm{th,avg.}}(t)\tag{6-21}$$

这样，可以根据所获得的数据情况，采用上述方法来计算比例系数，然后进一步计算堆芯平均热功率 $P(t)$。

6.4.3 试验方法

当反应堆处于稳定的平衡氙状态时，通过汽轮机引入约 5%P_e(对于 CNP650 型压水核动力堆来说是 30 MW)电功率的快速阶跃负荷变化，在快速负荷阶跃变化过程中，需保持控制棒棒位不动作，同时也要求冷却剂中的硼浓度不发生改变。负荷阶跃变化后的堆芯状态大约保持 30 min，目的是为了记录表征堆芯反应性系数特性的堆芯状态参数随时间的变化曲线，即一回路冷却剂系统的平均温度和参考温度的变化趋势。下面描述负荷快速下降之后的瞬态：

(1) 瞬态开始时，由于一、二回路的能量不平衡，从而引起反应堆冷却剂系统的温度升高(由二回路系统排出的热减少所致)，进而引入负反应性并使得堆芯功率趋于下降；

(2) 由于热惯性和环路冷却剂传递时间的延迟，因此当堆芯功率与排到二回路系统的热量相匹配时，才达到温度平衡(不是氙平衡)；

(3) 此后反应堆冷却剂系统与二回路系统之间保持功率平衡(由温度平衡建立起来的功率平衡)，接着由于氙浓度的增加，从而使得慢化剂温度缓慢下降。从慢化剂温度下降的速率来确定由氙瞬态引起的负反应性引入特性，以便估算慢化剂温度系数以及多普勒功率系数。

6.4.4 数据处理与验收准则

试验期间的平均温度、参考温度的变化趋势可参见图 6-8。CNP650 型压水核动力堆首燃料循环反应性系数测定试验的测量结果与理论预计值的相对偏差为 5.08%，满足实测值与理论值的相对偏差在 20%之内的验收准则的要求。

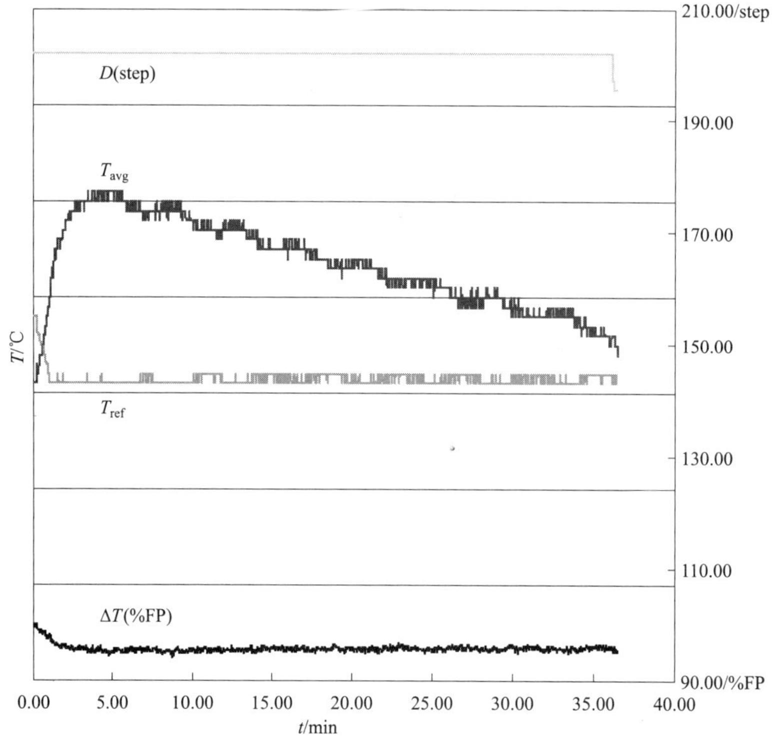

图 6-8 反应性系数测定试验曲线

6.5　一束控制棒组的抽、插试验

6.5.1　试验目的与原理

在反应堆功率运行期间，由于控制棒系统故障、反应堆调节系统故障或操纵人员误操作，引起控制棒组失控连续抽出或下插。该事故的发生将引起反应性的畸变，从而导致堆芯热流密度的畸变。在安全分析报告中该事故被列为第Ⅱ类中等频率事故。该瞬态的计算分析是针对100%、60%和10%额定功率三个功率水平进行的。

本试验是“模拟”在有功率状态下的弹棒和落棒试验。试验的目的在于检验由于单束控制棒组件的弹出或下落而引起堆芯热管因子（或径向功率峰因子）的改变，来验证用于这类事故安全分析假设条件的保守性。根据CNP650型压水核动力堆调试启动物理试验理论数据报告提供的数据，弹棒棒束为D棒组中的L-07位置上的棒束，落棒棒束为B棒组中的J-09位置上的棒束。棒束在堆芯的位置坐标详见图6-9。

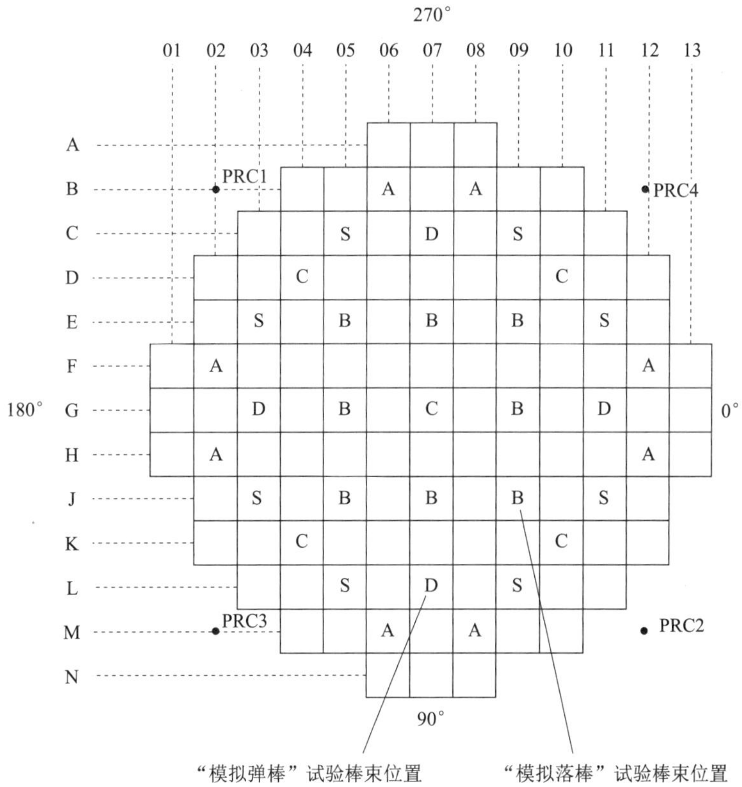

图6-9　模拟弹棒试验和模拟落棒试验选定棒束在堆芯的位置

6.5.2　试验方法

1）“模拟”弹棒试验

试验是选取在物理试验设计的既有功率平台上实施，并该功率平台接近于安全分析假设的功率水平。反应堆在50%FP稳定运行且达到氙平衡，控制棒组D棒组处于满功率插棒极限位置，其余控制棒组(A、B、C)均处于225步，进行堆芯功率分布测量和堆芯状态参数的记录。解除除所选定棒束以外的所有D棒组的提升线圈的供电，并将选定棒束置于手动位置。采用调硼方式(硼化)将选定棒束调整至堆顶。调硼引入的反应性变化速率大约控制在500 pcm/h。在调硼和提棒过程中，用反应性仪进行反应性跟踪与棒组价值的测量。当选定棒束至全提状态下堆芯稳定临界后，再进行一次全堆芯功率分布测量和堆芯状态参数记录。试验测量结束后，按上面相反的操作步骤恢复试验前的堆芯状态。

2)“模拟”落棒试验

试验是选取在物理试验设计的既有功率平台上实施，并该功率平台接近于安全分析假设的功率水平。反应堆在50%FP稳定运行且达到氙平衡，控制棒组D处于咬量位置下插12步±6步范围内，其余控制棒组(A、B、C)均处于225步，进行堆芯功率分布测量和堆芯状态参数的记录。解除除所选定棒束以外的所有B棒组的下插线圈的供电，并将选定棒束置于手动位置，堆芯的临界状态由D棒组来维持。采用调硼方式(稀释)将选定棒束插入堆底(即5步插入状态)，在调硼和插棒过程中，用反应性仪进行反应性跟踪与棒组价值的测量。当选定棒束在堆底状态下堆芯稳定临界后，再进行一次全堆芯功率分布测量和堆芯状态参数记录。试验测量结束后，按上面相反的操作步骤恢复试验前的堆芯状态。

6.5.3 数据处理与验收准则

“模拟弹棒”、“模拟落棒”的棒组价值的数据处理按照第四章4.4节介绍的控制棒组价值数据处理方法进行。堆芯功率分布的数据处理按照第五章5.1节介绍的堆芯功率分布测量的数据处理方法进行。从“模拟弹棒”和“模拟落棒”试验测量数据的处理结果表明，“弹棒”和“落棒”的棒组积分价值满足测量值×(1±10%)理论计算值(pcm)的验收准则要求，同时弹棒和落棒前后的热通道核焓升因子$F_{\Delta H}^{N}$的变化率，满足试验测量结果与理论预计值相差小于3%的验收准则要求。

6.6 氙振荡试验

6.6.1 试验目的与原理

大型压水核动力堆[中子注量率>10^{13} n/(cm^2·s)]在反应堆总功率不变的情况下，氙毒在堆内的分布是不均匀的，这种不均匀性在因其他运行参数一旦出现扰动时，甚至会发生在不同的区域间振荡。与此同时，反应堆内的功率密度也因此会在不同的区域间发生振荡，这种振荡对反应堆的安全稳定运行是不利的。根据CNP650型压水核动力堆工程设计和安全分析的要求，反应堆的轴向氙致振荡是收敛的，或可通过控制棒组进行抑制的。本试验的目的是通过手动移动主调节棒组D进行强制性诱发轴向氙致振荡，并测定其特性，以验证CNP650型压水核动力堆工程设计和安全分析要求的反应堆轴向氙致振荡是收敛的。

6.6.2 试验方法

反应堆在75%FP稳定运行且达到氙平衡，主调节棒组D处于咬量位置下插12步±6

步范围内，其余控制棒组(C、B、A)均处于225步，进行全堆芯功率分布测量和堆芯状态参数的记录。在保持反应堆功率水平不发生改变的前提下，用3 h左右的时间采用边调硼方式，硼稀释速率约为5 ppm/h，边将主调节棒组D从初始的193步棒位逐段下插直到目标的108步棒位上。这期间主调节棒组D每插入10步进行一次部分堆芯中子注量率分布图(Partial Map)测量。在轴向功率偏移变化缓慢处可进行全堆芯中子注量率分布图(Full Map)测量，和堆芯状态参数的采集，包括堆芯出口热电偶的温度分布测量和堆外核测仪表系统功率量程测量通道PRC1、PRC2、PRC3、PRC4的读数等。当主调节棒组D插到目标棒位后，停留约1～2 h进行堆芯均匀，之后在该状态下完成一次全堆芯中子注量率分布图(Full Map)测量，和堆芯状态参数的采集。然后，在保持反应堆功率不变的前提下，采用与上述相反的操作方式，用4 h左右的时间，将主调节棒组D恢复至试验初始的棒位，以诱发反应堆的轴向氙致振荡。这之后，在反应堆功率和主调节棒组的棒位保持不变的条件下，每间隔1～2 h左右的时间进行与一次全堆芯中子注量率分布图(Full Map)测量，和堆芯状态参数的采集，直到堆芯轴向偏移(AO)出现第二个峰值为止。试验结束后，将反应堆调整至电厂运行技术规格书要求的状态下安全稳定运行。

6.6.3 数据处理与验收准则

从堆芯中子注量率分布图(FM图或PM图)测量，经IN-CORE程序处理获得堆内轴向功率偏移(AO_{in})的结果。另外，由堆外核测仪表RPN系统的4个功率量程测量通道测量得到的I_k^H(堆芯上部电离室的电流)和I_k^B(堆芯下部电离室的电流)，利用：

$$(AO_{ex})_k = \frac{I_k^H - I_k^B}{I_k^H + I_k^B} \tag{6-22}$$

式中，$k=1、2、3、4$表示为4个功率量程测量通道PRC1、PRC2、PRC3、PRC4。

可分别求得由(PRC1、PRC2、PRC3、PRC4)测出的$(AO_{ex})_k$，此值在未经校核前是不能用来代表反应堆AO的，再用AO_{in}对$(AO_{ex})_k$做最小二乘法线性拟合，根据拟合结果便可获得4个功率量程测量通道分别给出的各自的反应堆轴向功率偏移AO_k，最后对4个结果求平均即得所要的反应堆轴向功率偏移AO：

$$AO = \frac{\sum_k AO_k}{4} \tag{6-23}$$

将AO随时间t的变化作图，轴向的$AO(t)$可由下式表示：

$$AO(t) = A \times e^{Bt} \times \cos\left(\frac{2\pi t}{T}\right) + C \tag{6-24}$$

由此式对AO随时间t的变化曲线拟合即可求得振荡周期(T)、振幅(A)、振荡中心(C)和稳定性指数(B)的各数值。氙振荡试验的验收准则是氙致功率振荡(即AO随时间的振荡)是收敛的，详见图6-10。

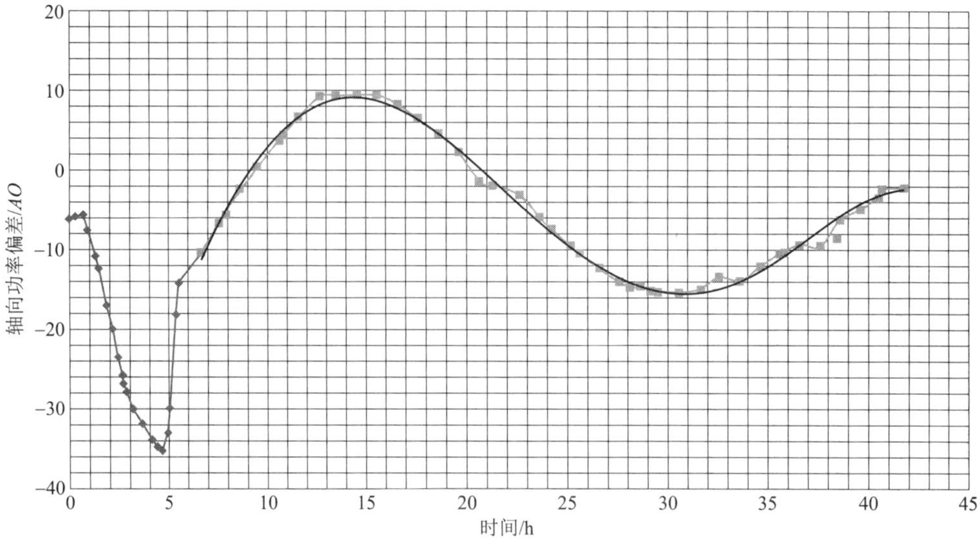

图 6-10 CNP650 型压水核动力堆 1 号机组氙振荡试验曲线

—◆— 堆外AO值 —■— 堆内AO值 —— 多项式（堆内AO值）

6.7 “落棒”试验

6.7.1 试验目的与原理

压水核动力堆的设计和运行，除考虑Ⅰ类正常运行工况外，还必须对可能出现的异常事件或事故给予考虑。如作为反应堆控制手段之一的控制棒组，因其机械故障或电气失控等原因导致控制棒束突然落入堆底，这将给处于高功率运行反应堆造成两类效应：一方面堆芯功率分布形成很大畸变，堆芯的核热点因子 F_q^N 急剧增加，可能将较大地超过安全限值。另一方面落棒后引入的负反应性将使功率水平很快下降，假如此时反应堆不及时停堆，即其余控制棒组不急速下插至反应堆停堆，由于功率水平的下降及反应堆冷却剂平均温度的降低所引入的正反应性，不仅可能抵消落棒引入的负反应性，而且还可能使反应堆功率重新上升，重返临界甚至功率上升趋于新的水平。如果反应堆在热管因子很大时继续处于高功率水平上运行，即不对反应堆堆芯采取保护，那么较高的功率水平和“落棒”所引起的径向功率分布畸变，在某些工况下可能导致发生偏离泡核沸腾(DNB)，极易造成燃料元件的烧毁。

因此，“落棒”试验的目的是验证落棒事故分析假设条件的保守性，和安全分析结果与实际情况的符合性。对于假设条件的保守性来说，包括：落棒棒束价值、落棒探测曲线和热通道核焓升因子 $F_{\Delta H}^N$ 随落棒反应性的变化等；对于安全分析结果与实际情况的符合性来说，包括：事故序列、落棒探测曲线、反应堆功率随时间变化、堆芯入口温度随时间变化、稳压器压力随时间的变化、蒸汽发生器压力随时间变化和蒸汽发生器给水随时间变化等。“落棒”试验所选择的落棒棒束的数量和落棒棒束所处的堆芯位置，通常是根据落棒事故分析的结果所确定的。同时，通过“落棒”试验来检验反应堆保护系统响应的准确性和可靠性。通常压水核动力堆的保护系统按照“四取二”保护逻辑的原则,触发“负中子注量率变化率高”信号引起反应堆自动停堆保护功能,将反应堆带入安全停堆状态。

在压水核动力堆的保护系统设计上,通常都设置有“负中子注量率变化率高”和“正中子注量率变化率高”的两种“中子注量率变化率高”的停堆保护信号。该信号是由堆外核测仪表系统功率量程测量通道的每一个测量通道提供的。为了防止单个测量通道可能产生的误信号,通常在保护逻辑的设置上采取了“四取二”的原则,即:4 个功率量程测量通道的保护继电器必须有 2 个或 2 个以上发出此信号时,反应堆保护系统才执行紧急停堆的功能和动作。

“落棒”试验的原理是在反应堆处于功率运行时,通过人为的引起一束或多束棒控制棒束失电落棒,堆外核测仪表系统的功率量程测量通道根据落棒引起的中子注量率水平信号的变化,自动将产生的“负中子注量率变化率高”信号,并将此信号送至反应堆保护系统,反应堆保护系统由“四取二”保护逻辑最终触发自动停堆的保护信号及产生停堆动作。

6.7.2 试验方法

鉴于安全考虑,“落棒”试验通常都选择在较低功率水平上实施,如秦山第二核电厂 4 台机组实施“落棒”试验的反应堆功率均处于 50%FP 时。试验选择的落棒棒束为堆芯位置为 C-07 和 L-07 的 D 棒组中的两束,详见图 6-11。同时,建立落棒棒束、停堆棒束以及 P4 停堆信号的记录准备,以及处于电气厂房的棒控棒位系统与主控室之间的可靠通信。在试验条件满足后,通过人为手动执行落棒操作,两束被选棒束落入堆芯,当功率量程测量通道的“负中子注量率变化率高”触发自动停堆信号,并成功地引起反应堆的停堆,试验结束。

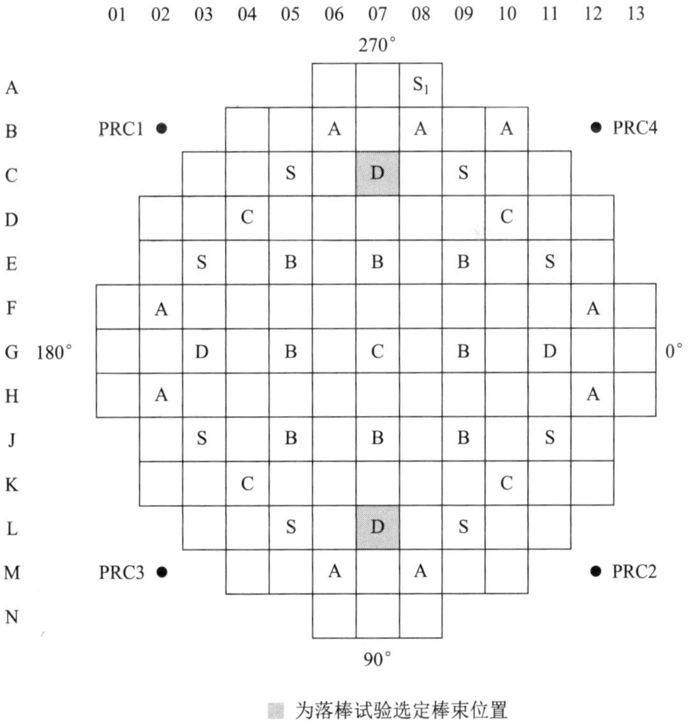

图 6-11 “落棒”棒束在堆芯的位置以及功率量程布置

6.7.3 数据处理与验收准则

从图 6-12 和图 6-13 可以看出：以试验被选棒束 C-07、L-07 失电下落作为时间起始点

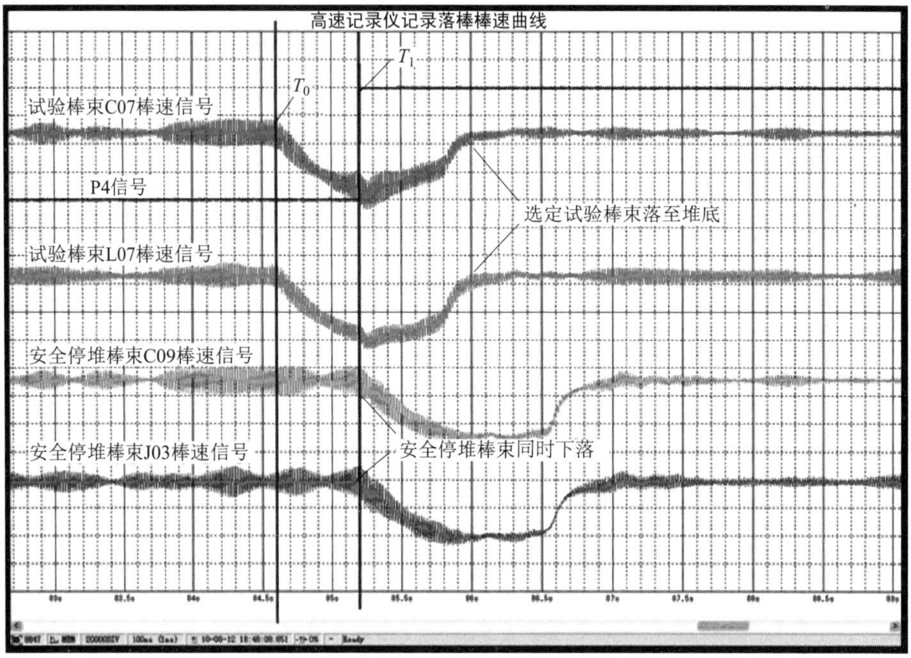

图 6-12 “落棒”棒速曲线

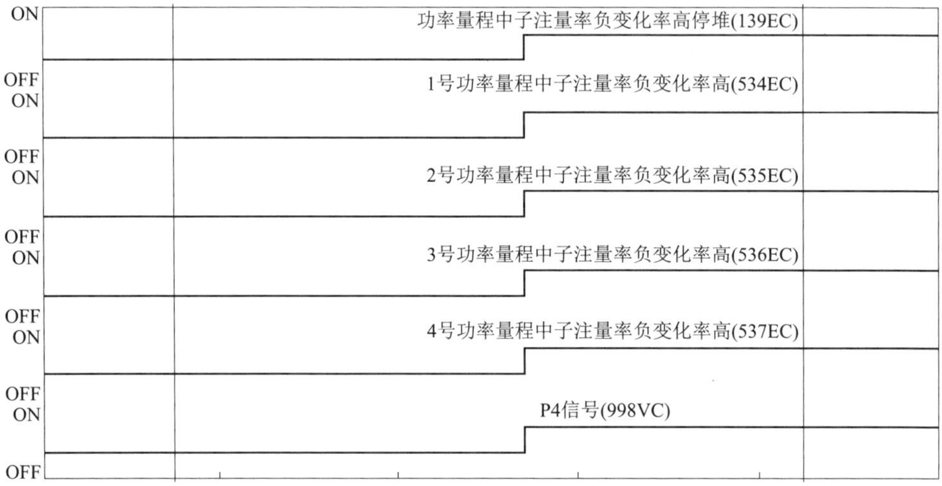

图 6-13 负中子注量率变化率记录曲线

(T_0=0.00 s)，在落棒后小于设计要求的 0.7 s(T_1)内，4 个功率量程通道负中子注量率变化量高保护信号同时触发，“四取二”保护逻辑产生，并产生了 P4 信号(停堆信号)，反应堆

执行“紧急停堆”动作，以 C-09、J-03 为代表的安全停堆棒组及其余控制棒组同时开始下落至堆底，反应堆达到停堆。

“落棒”试验被选的落棒棒束 C-07 和 L-07 与 4 个功率量程测量通道距离相同，因此，落棒后 4 个功率量程测量通道的响应时间相同，4 个功率量程测量通道的负中子注量率变化量高信号同时出现，并触发了 4 个功率量程测量通道的保护继电器动作。验证了落棒事故分析结论的正确性，同时也验证了 4 个功率量程测量通道触发“负中子注量率变化量高”信号，以及反应堆保护系统按照“四取二”保护逻辑的原则触发反应堆自动停堆保护功能的可靠性和准确性。

第七章　反应堆热工水力试验

7.1　反应堆热功率测量

反应堆热功率是堆内^{235}U裂变释放出来的核能转换得到的热量，这些热量是由反应堆冷却剂系统（即简称为一回路）的冷却剂带出堆外的。反应堆在功率逐步提升阶段或正常功率运行阶段所进行的大多数物理试验，都必须是在已知反应堆的功率水平基础上实施的。所以确定反应堆堆芯的热功率是物理试验中必不可少的前提条件与试验内容之一。另外，准确地测量出堆芯热功率不仅可以保证反应堆的安全运行，实现控制棒组的最佳化自动调节，而且还能够较好地计算出堆芯和燃料组件的燃耗，达到降低核电厂的发电成本。为此核电厂都设置有专门用于反应堆堆芯热功率测量手段或者配置了专门的试验仪表系统，用来实施热平衡测量试验，确定反应堆堆芯的热功率输出。

压水核动力堆核电厂的反应堆热功率测量方法通常有一回路冷却剂系统热平衡方法、二回路（也称为电厂热力系统）热平衡方法和堆芯功率分布测量三种方法。其中，堆芯功率分布测量方法已在第五章5.1节中做了介绍，这里就不再重复。

7.1.1　试验目的

确定反应堆在不同运行功率水平状态下堆芯输出的热功率。热平衡计算得到的堆芯热功率结果用来刻度反应堆热功率的指示值，刻度主蒸汽流量的指示值，验算反应堆冷却剂系统的冷却剂流量和堆内外核测仪表系统的相互校核，以及用于电厂热力性能试验和正常运行期间定期试验。

7.1.2　试验原理与方法

1）一回路热平衡测量法

反应堆冷却剂系统是由反应堆、反应堆冷却剂泵和蒸汽发生器及相应的管道组成的闭环系统。在正常功率运行期间，反应堆冷却剂泵使冷却剂强迫通过堆芯，带走燃料元件产生的热量。一回路热平衡测量方法就是通过安装在一回路系统冷却剂系统管道上的冷却剂流量、温度及压力仪表采集得到的一回路热工参数，然后通过小温差法计算求出反应堆的热功率。

$$Q_{th}=c_p\times G\times(T_{out}-T_{in}) \tag{7-1}$$

式中，c_p为一回路冷却剂的比热，单位为J/(kg·K)；G为一回路冷却剂的质量流量，单位为kg/h；T_{out}为反应堆冷却剂的出口温度，单位为℃；T_{in}为反应堆冷却剂的进口温度，单位为℃。

在反应堆稳定运行过程中，如果不计一回路管道的热量损失，则式(7-1)计算出的一回路冷却剂带走的堆芯热量等于反应堆产生的总热量。所以通过测量出反应堆压力容器的进出口温差即可确定出反应堆的功率。

由于目前电厂反应堆冷却剂的流量热工水力参数使用的体积流量单位，因此将式(7-1)改写为，对于每一冷却剂环路的热功率：

$$W_i = \frac{Q_i}{3\ 600} \times \frac{\Omega_i}{\Omega_0} \times \rho \times (H_h - H_c) \times 10^{-3} \tag{7-2}$$

式中，W_i为反应堆冷却剂热功率，单位为 MW；Q_i为每一条反应堆冷却剂环路流量，单位为m^3/h；Ω_i为反应堆冷却剂泵转速，单位为 s^{-1}；Ω_0为反应堆冷却剂泵理论转速，单位为 s^{-1}；ρ为源自反应堆冷却剂环路冷段温度的冷却剂密度，单位为 kg/m^3；H_h为源自反应堆冷却剂环路热段温度的热段焓，单位为 kJ/kg；H_c为源自反应堆冷却剂环路冷段温度的冷段焓，单位为 kJ/kg。冷却剂泵转速项用以消除电网频率的波动。

因此，总的堆芯热功率等于：

$$W = \sum_{i=1}^{n} W_i \tag{7-3}$$

式中，i 为反应堆冷却剂系统的环路数，单位为个，如两环路的反应堆，$n=2$。

由于一回路系统的测量环境条件较差(温度高、压力高、放射性强)，因此所使用的热工测量仪表精度有限，所以一回路系统热平衡方法所测量的反应堆热功率的精度不高。但由于反应堆热功率是核安全监督的重要安全参数之一，使用频率较高，其所涉及的测量参数不多，因此一回路系统热平衡测量是电厂实施在线监测的主要手段。为了确保和提高一回路系统热平衡测量方法的精度，还定期通过使用二回路热平衡测量方法对其进行校验。校验方法是在式(7-2)中乘一个修正系数 k，即：

$$Q_{th} = k \times \frac{Q_i}{3\ 600} \times \frac{\Omega_i}{\Omega_0} \times \rho \times (H_h - H_c) \times 10^{-3} \tag{7-4}$$

2) 二回路热平衡测量法

反应堆冷却剂系统将堆芯链式核裂变反应产生与释放出的热量带出反应堆，并在蒸汽发生器内将热量传递给二回路工质，产生蒸汽推动汽轮机做功。

二回路系统热平衡测量方法是以蒸汽发生器二次侧逼近焓平衡为基础，通过安装在二回路系统上的专用热工测量仪表，对蒸汽发生器的主给水、主蒸汽和排污水的流量、主给水和排污水的温度和压力，以及主蒸汽压力等热工参数进行测量，首先计算得到蒸汽发生器输出的热功率，然后再将燃料元件释热以外的热源，如反应堆冷却剂泵、稳压器电加热器带入的热量，冷却剂系统中的上充、下泄引起的热量变化，热屏引起热量的变化，以及冷却剂系统管道的散热等，对堆芯热功率计算产生的影响，从得到的蒸汽发生器的热功率中扣除后，即得到反应堆堆芯产生的热功率。由于二回路系统热平衡测量所使用的热工测量仪表均处于放射性剂量环境非常低的二回路系统，系统工作环境较好，而且所使用的一次仪表均为精度较高的专用热工测量仪表。因此，测量结果常常被认为是反应堆热堆芯功率测量正确与否的“判据”。二回路热平衡计算原理示意图如图 7-1 所示。二回路热平衡法计算原理如下：

$$W_R = \sum_{i=1}^{2} W_{SG_i} - W\Delta P_r \tag{7-5}$$

式中，W_R为反应堆堆芯的热功率，单位为 MW；W_{SG_i} 为每台蒸汽发生器提供的热功率，单位为 MW；$W\Delta P_r$为除堆芯外的热源向反应堆冷却剂系统输入的热功率，单位为 MW。

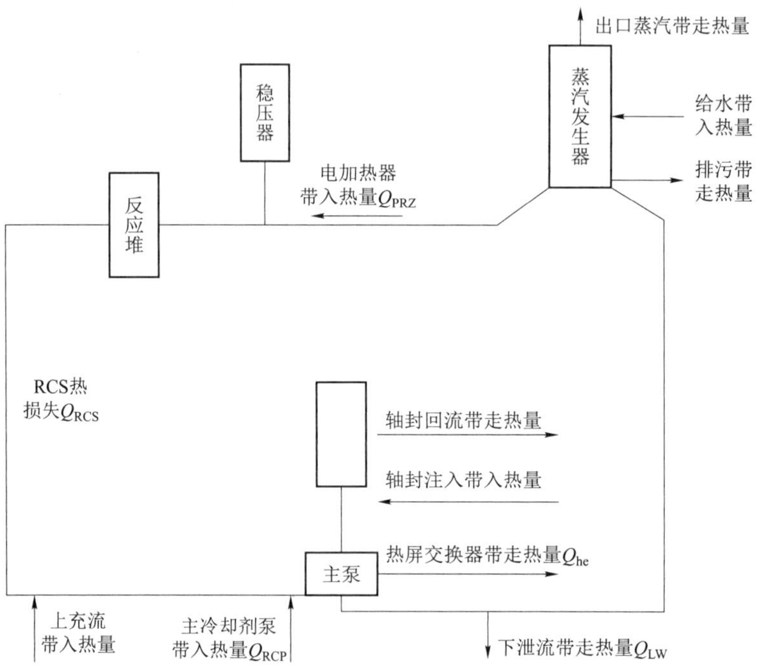

图 7-1　二回路热平衡方法示意图

3）蒸汽发生器热功率的计算

在正常功率运行情况下，进入蒸发器的热功率应该等于蒸发器输出的热功率。因此在计算蒸汽发生器的热功率时，蒸汽发生器的热功率是通过逼近焓平衡的方法计算得到的。即每台蒸汽发生器提供的热功率：

$$W_{SG_{in}} = W_{SG_{out}} \tag{7-6}$$

$$W_{SG_{in}} = W_R + W\Delta P_r + \sum_{i=1}^{2} H_{e_i} Q_{e_i} \tag{7-7}$$

$$W_{SG_{out}} = \sum_{i=1}^{2} [H_{v_i} Q_{v_i} + H_{p_i} Q_{p_i}] \tag{7-8}$$

$$Q_v = Q_e - Q_p \tag{7-9}$$

式中，Q_e为给水流量，单位为 kg/s；Q_p为排污流量，单位为 kg/s；Q_v为蒸汽流量，单位为 kg/s；H_e为给水焓，单位为 kJ/kg；H_p为排污水焓，单位为 kJ/kg；H_v为蒸汽发生器出口湿蒸汽焓，单位为 kJ/kg。

湿蒸汽焓可表示为：

$$H_v = x \times H_{vs} + (1 - x) \times H_{es} \tag{7-10}$$

式中，H_{es}为饱和水焓，单位为 kJ/kg；H_{vs}为饱和蒸汽焓，单位为 kJ/kg；x 为含汽量，无量纲；$(1-x)$为蒸汽中夹带的水量，无量纲。

对式(7-5)～式(7-8)进行整理得：

$$W_R = \sum_{i=1}^{2} [(H_{v_i} - H_{e_i}) \times Q_{e_i} - (H_{v_i} - H_{p_i}) \times Q_{p_i}] - W\Delta P_r \tag{7-11}$$

如果排污管线在试验期间隔离，则式(7-11)变为：

$$W_R = \sum_{i=1}^{2} [(H_{v_i} - H_{e_i}) \times Q_{e_i}] - W\Delta P_r \tag{7-12}$$

式中，Q_e为蒸汽发生器给水流量，单位为 kg/s；H_{vi} 为蒸汽发生器出口湿蒸汽焓，单位为 kJ/kg；H_{ei} 为蒸汽发生器给水焓，单位为 kJ/kg。

对于本章节上述各公式中涉及的热力学工质参数的计算方法详见附录 1。这些计算方法均出自国家标准 GB/T 2624—93，同时在计算中还使用了国际单位制的水和蒸汽物理性质(Ernst Schimidt 1982)。

4) 堆芯以外其他热源向冷却剂系统输入的热功率

堆芯(核燃料)释热以外的其他热源向反应堆冷却剂系统输入的热功率 $W\Delta P_r$是热输入和热输出之间的差值，$W\Delta P_r$项可在热态调试试验期间或近临界高温试验期间确定。该热源主要是由稳压器电加热器、上充流、下泄流、非再生热交换器、主泵转动、热屏蔽及其轴封水等系统设备带入到冷却剂中的热量，它们是由系统设备的功能特性所决定的。因此，可认为这些热源对于所有的功率水平都是保持常数的。堆芯以外其他热源向冷却剂系统输入热功率的试验原理与方法详见 7.3 节。对于反应堆冷却剂系统由 3 个环路构成的 M310 型压水核动力堆来说，$W\Delta P_r$＝11 MW 是一个典型的经验数值。对于反应堆冷却剂系统由两个环路构成的 CNP650 压水核动力堆来说，其设计值取为 11×(2/3)＝7.33 MW。但在 4 台机组调试期间，通过试验测量的结果均为 8.3 MW。因此，对于 CNP650 型压水核动力堆来说，其热平衡测量与计算中 $W\Delta P_r$取 8.3 MW。

CNP650 型压水核动力堆为此设计了一套专用的试验系统，即 KME 系统，专门用于二回路热平衡测量与计算所需的测量数据采集、计算与误差分析等工作。

7.1.3　试验验收准则

本试验由于是确定反应堆在不同功率水平运行状态下堆芯输出的热功率，因此无试验验收准则。但要求反应堆在额定功率水平下试验测量与计算得到的堆芯热功率不得超过设计值 1 930 MW。

7.1.4　不确定度分析

对于一回路热平衡测量值的误差仅需考虑系统误差(测量方法的精确度)。对于读数误差主要取决于电厂计算机模拟-数字转换精度来确定的。如果电厂计算机模拟-数字转换对“y”mV 做成“x”位，那么我们对于“y”mV 就有 2^x 个点。

如果“ES”是电子传感器的刻度，“PS”是物理传感器的刻度，我们可对每一参数 x 确定电厂计算机精度：

$$dx = \frac{PS}{ES} \times \frac{y}{2^x} \tag{7-13}$$

有了所有参数的精度，我们就能确定电厂计算机的随机误差 εkc，并取其中的最大者。

对于二回路热平衡测量值的真实误差是不可能绝对地计算出来。但是采用不同的可用来估计最大误差或带有相关百分比可信度的计算方法，可以使计算所得到的结果越趋近于真实测量值。

对参与热平衡计算的测量值来说，读数误差和系统误差是影响试验测量数据处理结果的两个关键因素。前一个误差是测量设备的目标显示误差，这种误差是偶然的，代表读数的离散性，可以采用对一次测量重复进行至少100次的取样，通过对累计误差的最大误差的分析与计算获得读数的误差。后一个系统误差代表了测量方法的精度

因此，在计算过程中也可以采用对每个参数取平方和后再开平方的两种误差分析方式，获得尽可能精确的计算结果。目前对于影响热平衡测量试验结果的主给水流量的不确定度估算的方法，基本上都是采用国家标准GB/T 2624—93推荐的估算方法。

假定误差是按照为正态分布的，在这种情况下，如果极限误差定义为两倍的估计标准偏差，那么真实的绝对误差不超过极限误差的可信度则是95%。具体方法详见附录1。附录2给出了一回路热平衡测量和二回路热平衡测量之间最大可接受偏差(Δ)的估算。

7.2 根据热平衡计算额定功率下的反应堆冷却剂流量

7.2.1 试验目的

CNP650型压水核动力堆的反应堆冷却剂系统（以下简称RCP系统）是由并联到反应堆压力容器的两条相同的传热环路组成，如图7-2所示。反应堆冷却剂流量是指流经一回路压力容器和/或各冷却剂环路的流量，一般用体积流量表示。反应堆冷却剂流量是压水核动力堆运行的一个重要参数，直接关系到堆芯热量的导出性能，并与反应堆安全密切相关的热工水力运行参数。因此，该参数直接参与反应堆的保护。在反应堆运行中，通常有在线冷却剂流量计来测量冷却剂流量，由于反应堆冷却剂环路的特殊要求，这种测量计一般都是使用弯管流量计或其他尽量不影响冷却剂流动的流量计，加上受高放射性工作环境影响等因素，其测量仪表的准确性一般都不会很高。但对带有二回路的压水核动力堆核电厂说，由于其二回路不受放射性工作环境的影响，所使用的热工仪表精度往往都比较高，因而就可以得到较高精度的反应堆热功率数据。这一内容已在7.1节中做了详细的介绍。

因此，本试验的目的就是根据二回路热平衡试验的测量结果，通过计算来获得比较真实和准确的反应堆一回路冷却剂的流量，以验证其结果是否能够满足安全或设计准则的要求。同时，也对反应堆冷却剂系统的在线流量计进行校核，必要时对其进行调整。

7.2.2 试验原理

在使用热平衡方法测量反应堆堆芯热功率时，反应堆一、二回路都处于热力平衡状态。试验时通过进行二回路系统的热平衡测量试验，得到每台蒸汽发生器的功率 W_{SG_i}（假设反应堆有 n 个环路，则 $i=1,2,\cdots,n$，下同)，其基本原理详见上一节的介绍。则每条反应堆冷却剂环路的功率近似为：

$$W_i \approx W_{SG_i} - \frac{1}{n} W_{RCP} \tag{7-14}$$

式中，W_{RCP} 为除堆芯以外的热源向反应堆冷却剂系统输入的热功率，单位为MW。

同时，根据一回路热平衡原理(可参见本章7.1节的介绍)，也可以计算并得到每条反应堆冷却剂环路的热功率 W_i：

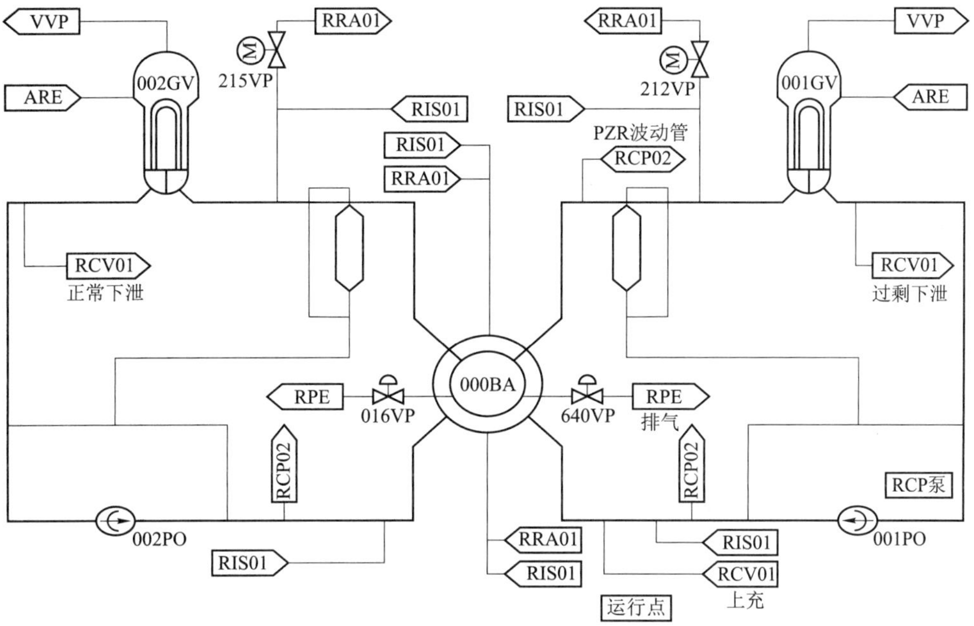

图 7-2　CNP650 型压水核动力堆反应堆冷却剂系统示意图

$$W_i = \frac{Q_i}{3\ 600} \times \rho \times (H_h - H_c) \tag{7-15}$$

式中，W_i 为每条反应堆冷却剂环路的热功率，单位为 MW；Q_i 为各环路流量，单位为 m^3/h；ρ 为环路冷段温度的冷却剂密度，单位为 kg/cm^3，因为不同环路段的温度不同，因此当需要计算其他点的冷却剂流量时，就需要使用与其相对应的密度；H_h 为环路热段的冷却剂焓，单位为 kJ/kg；H_c 为环路冷段的冷却剂焓，单位为 kJ/kg。

将式(7-14)代入式(7-15)，则有：

$$Q_i = 3\ 600 \times \frac{W_{SG_i} - \frac{1}{n} W_{RCP}}{\rho \times (H_h - H_c)} \tag{7-16}$$

令：反应堆冷却剂环路冷端的比容为 $\nu = 1/\rho$，并 $\Delta H = H_h - H_c$，则式(7-16)可写成：

$$Q_i = 3\ 600 \times \nu \times \frac{W_{SG_i} - \frac{1}{n} W_{RCP}}{\Delta H} \tag{7-17}$$

因此，根据二回路热平衡测量试验计算得到蒸汽发生器功率 W_{SG_i}，并通过测量反应堆冷却剂环路的压力及冷热端温度得到其比容和焓值以后，根据式(7-17)，即可求得反应堆冷却剂环路的流量。

反应堆压力容器流量为：

$$Q_V = \sum_{i=1}^{n} Q_i \tag{7-18}$$

既反应堆压力容器流量为各个环路流量的和。

7.2.3 试验方法

试验的实施首先必须具备相应的测量仪表或系统。其中最重要的是二回路的热平衡试验系统，该系统应具有高精度的热工测量仪表，特别是给水流量的测量仪表应使用市场上可以买到的精度最高的设备；其次反应堆冷却剂环路应具有相应的温度、压力和流量等热工测量仪表，并使用其中精度最高的仪表的测量数据。

当试验仪表具备以后，利用二回路热平衡系统测量得到各蒸汽发生器的功率，具体内容可参考本章第 7.1 节的内容。在实施二回路热平衡测量试验的同时，进行反应堆冷却剂系统的压力、各冷却剂环路的冷却剂流量、各冷却剂环路的冷段温度和各冷却剂环路的热段温度等热工水力参数的测量和采集。

7.2.4 数据处理

1）流量计算

根据式(7-16)和式(7-17)，将上述第 3 部分试验方法中介绍的计算和采集的数据代入，即可计算得到一回路各环路的流量和压力容器的流量。计算过程中使用的焓值和比容等数据，应根据最新出版的水和水蒸气性质表来查找。

2）误差分析

利用均方根的办法可得到部分不确定性(或误差)。对于关系式(7-16)可得：

$$\frac{\Delta Q_l}{Q_l}=\left[\left(\frac{\Delta v}{v}\right)^2+\left(\frac{W_{\mathrm{SG}_i}}{W_{\mathrm{SG}_i}-W_{\mathrm{RCP}}}\times\frac{\Delta W_{\mathrm{SG}_i}}{W_{\mathrm{SG}_i}}\right)^2+\left(\frac{W_{\mathrm{RCP}}}{W_{\mathrm{SG}_i}-W_{\mathrm{RCP}}}\times\frac{\Delta W_{\mathrm{RCP}}}{W_{\mathrm{RCP}}}\right)^2+\left(\frac{\Delta(\Delta H)}{\Delta H}\right)^2\right]^{\frac{1}{2}} \tag{7-19}$$

相对于其他项而言，可忽略 $\frac{W_{\mathrm{RCP}}}{W_{\mathrm{SG}_i}-W_{\mathrm{RCP}}}\times\frac{\Delta W_{\mathrm{RCP}}}{W_{\mathrm{RCP}}}$ 项，而 $\frac{W_{\mathrm{SG}_i}}{W_{\mathrm{SG}_i}-W_{\mathrm{RCP}}}$ 项可认为等于 1。因此，关系式(7-19)变为：

$$\frac{\Delta Q_l}{Q_l}=\left[\left(\frac{\Delta v}{v}\right)^2+\left(\frac{\Delta W_{\mathrm{SG}_i}}{W_{\mathrm{SG}_i}}\right)^2+\left(\frac{\Delta(\Delta H)}{\Delta H}\right)^2\right]^{\frac{1}{2}} \tag{7-20}$$

对于关系式(7-18)，以两环路反应堆为例，即 $n=2$，则反应堆压力容器流量的不确定性为：

$$\frac{\Delta Q_V}{Q_V}=\left[\left(\frac{Q_{l1}}{Q_v}\frac{\Delta Q_{l1}}{Q_{l1}}\right)^2+\left(\frac{\Delta Q_{l2}}{Q_V}\frac{\Delta Q_{l2}}{Q_{l2}}\right)^2\right]^{\frac{1}{2}} \tag{7-21}$$

CNP650 型压水核动力堆 1 号机组调试期间分别在 30%FP、50%FP、75%FP、87%FP、97%FP、100%FP 稳定功率水平上，实施了根据热平衡试验测量结果计算反应堆冷却剂流量试验。

7.2.5 试验结果的验收

在反应堆的热工水力设计中，对反应堆冷却剂的流量分别给出了热工水力设计流量和机械设计流量，因此我们计算得出的反应堆冷却剂环路流量，在考虑了不确定因素后，必须是介于热工水力设计流量和机械设计流量之间；而压力容器流量则必须介于两倍的热工水力设计流量和机械设计流量之间。如 CNP650 型压水核动力堆该试验的验收准则为：

(1) 在 100%FP 时，测量的环路流量必须在热工水力流量和机械流量之间，即 $23\,320 < Q < 25\,260\ m^3/h$；

(2) 在 100%FP 时，测量的压力容器流量必须在 2 倍的热工水力流量和 2 倍的机械流量之间，即 $46\,640 < Q < 50\,520\ m^3/h$。

当计算得到的一回路流量需要校核在线流量计时，则应根据具体使用的在线流量计精度等情况，以决定是否对其进行校准。

7.3　核蒸汽供应系统热损失测量

核裂变反应所产生与释放出的大量热量，是通过在密闭流通管道中被强迫驱使的反应堆冷却剂系统将其带出反应堆堆芯的，并在蒸汽发生器内将热量传递给二回路工质，产生蒸汽推动汽轮机做功。为了最大限度地减少载热的冷却剂在被强迫驱流动的输热过程中的热量损失，通常在设计上都采取对反应堆冷却剂系统实施保温和隔热措施。这些措施和手段虽然都确保了热输出，但是为了更为精确地获得堆芯相对真实的热功率，在新建成机组的调试启动阶段，必须对载热的冷却剂在核蒸汽供应系统（也称反应堆冷却剂系统）输热过程中的热损失进行测量。

7.3.1　试验目的

通过测量反应堆处于热停堆状态下的冷却剂压力、温度和流量等热工参数，获得核蒸汽供应系统的热损失值。该数据的获得不仅可以通过对系统散热损失正常与否的评估，来检验核蒸汽供应系统的安装质量，而且该数据还将参与计算堆芯热功率的二次侧热平衡试验。压水核动力堆蒸汽供应流程简图如图 7-3 所示。

7.3.2　试验原理

热损失测量试验是在热停堆状态下，且反应堆一、二回路均处于热力平衡状态下，通过升、降冷却剂平均温度的方法，采用逼近焓平衡的方法进行测量与计算得到的。

在热停堆状态下，根据图 7-1 所示热平衡，可用下式表示反应堆一、二回路处于热力平衡状态：

$$
\begin{aligned}
Q_{主泵} + Q_{电加热器} + Q_{上充} + Q_{轴注} + Q_{主给水} = Q_{热损失} \\
+ Q_{主蒸汽} + Q_{排污} + Q_{下泄} + Q_{轴回} + Q_{热屏} + \Delta H
\end{aligned}
\tag{7-22}
$$

式中，ΔH 为两个状态之间系统的焓差，单位为 kJ/kg。其中热输入项包括有，$Q_{主泵}$ 为主泵热功率向一回路冷却剂系统输入的功率，单位为 kW；$Q_{电加热器}$ 为稳压器电加热器向一回路冷却剂系统输入的功率，单位为 kW；$Q_{上充}$ 为上充流向一回路冷却剂系统输入的功率，单位为 kW；$Q_{轴注}$ 为主泵轴封注水向一回路冷却剂系统输入的功率，单位为 kW；$Q_{主给水}$ 为蒸汽发生器给水输入的功率，单位为 kW。热输出项包括有，$Q_{热损失}$ 为一回路热损失，单位为 kW；$Q_{下泄}$ 为下泄流带走的一回路冷却剂系统的功率，单位为 kW；$Q_{轴回}$ 为主泵轴封回流带走的一回路冷却剂系统的功率，单位为 kW；$Q_{热屏}$ 为主泵热屏设备冷却水带走的一回路冷却剂系统的功率，单位为 kW；$Q_{主蒸汽}$ 为蒸汽发生器主蒸汽带走的功率，单位为 kW；$Q_{排污}$ 为蒸汽发生器排污带走的功率,单位为kW。

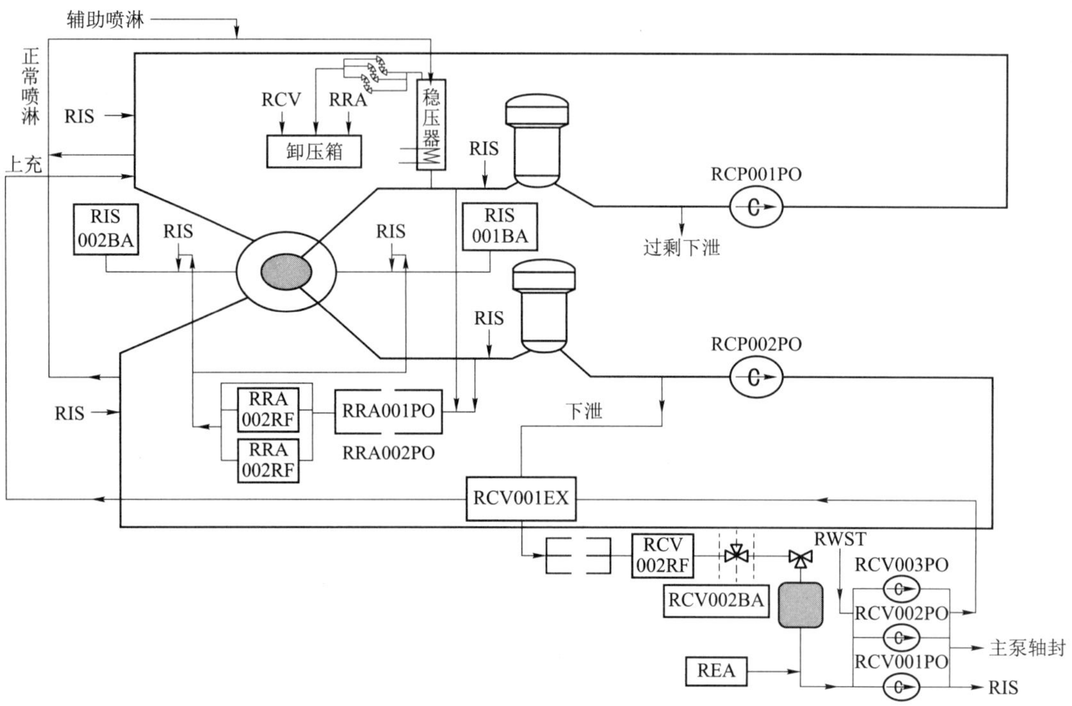

图 7-3 压水核动力堆核蒸汽供应系统示意图

在试验过程中,若隔离蒸汽发生器的给水和主蒸汽,并且关闭蒸汽发生器的排污,则$Q_{主给水}$、$Q_{主蒸汽}$、$Q_{排污}$项为0,式(7-22)变为:

$$Q_{主泵}+Q_{电加热器}+Q_{上充}+Q_{轴注}=Q_{热损失}+Q_{下泄}+Q_{轴回}+Q_{热屏}+\Delta H \tag{7-23}$$

则有:

$$Q_{热损失}=Q_{主泵}+Q_{电加热器}+Q_{上充}+Q_{轴注}-Q_{下泄}-Q_{轴回}-Q_{热屏}-\Delta H \tag{7-24}$$

因此,只要计算出式(7-24)右边的各项,则可以得到$Q_{热损失}$。

试验是通过控制主泵来达到使反应堆冷却剂系统的温度,按照290.8 ℃→295.8 ℃→285.8 ℃→290.8 ℃的过程进行变化。具体的计算过程如下所述。

(1) 第一次加热过程中温度T_{avg}:290.8 ℃→295.8 ℃,能量变化时间从$t_0 \to t_1$

$$H_{t_1}-H_{t_0}=\int_{t_0}^{t_1}(Q_{主泵}+Q_{电加热器}+Q_{上充}+Q_{轴注}-Q_{下泄}-Q_{轴回}-Q_{热屏})\mathrm{d}t-Q_{热损失}(t_1-t_0) \tag{7-25}$$

(2) 自然冷却时温度T_{avg}:295.8 ℃→285.8 ℃,能量变化时间从$t_1 \to t_2$

$$H_{t_2}-H_{t_1}=\int_{t_1}^{t_2}(Q_{主泵}+Q_{电加热器}+Q_{上充}+Q_{轴注}-Q_{下泄}-Q_{轴回}-Q_{热屏})\mathrm{d}t-Q_{热损失}(t_2-t_1) \tag{7-26}$$

(3) 第二次加热过程中温度T_{avg}:285.8 ℃→290.8 ℃,能量变化时间从$t_2 \to t_3$

$$H_{t_3}-H_{t_2}=\int_{t_2}^{t_3}(Q_{主泵}+Q_{电加热器}+Q_{上充}+Q_{轴注}-Q_{下泄}-Q_{轴回}-Q_{热屏})\mathrm{d}t-Q_{热损失}(t_3-t_2) \tag{7-27}$$

将上述三式联立并化简，可得：

$$H_{t_3} - H_{t_0} = \int_{t_0}^{t_3} (Q_{主泵} + Q_{电加热器} + Q_{上充} + Q_{轴注} - Q_{下泄} - Q_{轴回} - Q_{热屏}) \mathrm{d}t - Q_{热损失}(t_3 - t_0) \tag{7-28}$$

由此，得到一回路热损失为：

$$Q_{热损失} = \frac{1}{t_3 - t_0} \left[\int_{t_0}^{t_3} (Q_{主泵} + Q_{电加热器} + Q_{上充} + Q_{轴注} - Q_{下泄} - Q_{轴回} - Q_{热屏}) \mathrm{d}t - (H_{t_3} - H_{t_0}) \right] \tag{7-29}$$

式中，$Q_{热损失}$为反应堆冷却剂系统，即一回路的热损失，单位为 kW；$Q_{主泵}$为主泵热功率向一回路冷却剂系统输入的能量，单位为 kW；$Q_{电加热器}$为稳压器电加热器向一回路冷却剂系统输入的能量，单位为 kW；$Q_{上充}$为上充流向一回路冷却剂系统输入的能量，单位为 kW；$Q_{轴注}$为主泵轴封注水向一回路冷却剂系统输入的能量，单位为 kW；$Q_{下泄}$为下泄流带走的一回路冷却剂系统的能量，单位为 kW；$Q_{轴回}$为主泵轴封回流带走的一回路冷却剂系统的能量，单位为 kW；$Q_{热屏}$为主泵热屏设备冷却水带走的一回路冷却剂系统的能量，单位为 kW；$H_{t_3} - H_{t_0}$为 t_3 和 t_0 时刻时试验系统的能量修正项，主要考虑以下几个因素的修正：

$$H_{t_3} - H_{t_0} = (H_{t_3} - H_{t_0})_{\mathrm{RCP}} + (H_{t_3} - H_{t_0})_{SG} + (H_{t_3} - H_{t_0})_{PZR} \tag{7-30}$$

式中，$(H_{t_3} - H_{t_0})_{\mathrm{RCP}}$为对反应堆冷却剂系统能量（$T_{\mathrm{avg}}$，$P$）的修正。在 t_0 和 t_3 时，若冷却剂系统前后的 T_{avg} 和 P 相同的话，则不需做修正。若不相同时，则需要对此进行修正；$(H_{t_3} - H_{t_0})_{SG}$为对蒸汽发生器二次侧能量（水位，压力）的修正。在 t_0 和 t_3 时，若蒸汽发生器前后的水位和蒸汽压力是相同的话，则不需做修正；若不相同时，则需要对此进行修正；$(H_{t_3} - H_{t_0})_{PZR}$为对稳压器能量（水位，压力）的修正。在 t_0 和 t_3 时，若稳压器前后的水位和压力是相同的话，则不需做修正；若不相同时，则需要对此进行修正。

由于在 t_0 和 t_3 时刻主泵，即反应堆冷却剂泵都在运行，则反应堆冷却剂系统的动能不需进行修正。式(7-29)和式(7-30)中各项能量的计算如下：

（1）主泵向一回路冷却剂系统输入的能量 $\int_{t_0}^{t_3} Q_{主泵} \mathrm{d}t$：

$$\begin{aligned} \int_{t_0}^{t_3} Q_{主泵} \mathrm{d}t &= \int_{t_0}^{t_1} Q_{主泵} \mathrm{d}t + \int_{t_2}^{t_3} Q_{主泵} \mathrm{d}t = Q_{主泵} \times (t_1 - t_0 + t_3 - t_2) \\ &= Q'_{主泵} \times \eta_{电机} \times (t_1 - t_0 + t_3 - t_2) \end{aligned} \tag{7-31}$$

式中，$Q'_{主泵}$为主泵电功率，单位为 kW；$\eta_{电机}$为主泵电机效率。

（2）稳压器电加热器向一回路冷却剂系统输入的能量 $\int_{t_0}^{t_3} Q_{电加热器} \mathrm{d}t$：

$$\int_{t_0}^{t_3} Q_{电加热器} \mathrm{d}t = Q_{电加热器} \times t \tag{7-32}$$

式中，$Q_{电加热器}$ 为稳压器通断式电加热器的电功率，单位为 kW；t 为从 t_0 到 t_3 时间内通断式电加热器总投运时间，单位为 s。

（3）上充流量向一回路冷却剂系统输入的能量 $\int_{t_0}^{t_3} Q_{上充} \mathrm{d}t$：

$$\int_{t_0}^{t_3} Q_{上充} \mathrm{d}t = \int_{t_0}^{t_3} (F_{上充}(t) \times h) \mathrm{d}t = h \times \int_{t_0}^{t_3} F_{上充}(t) \mathrm{d}t \tag{7-33}$$

式中，h 为再生热交换器入口的上充流的比焓，单位为 kJ/kg。由上充温度和压力求出，试验过程中近似为不变；$F_{上充}(t)$ 为试验过程中的上充流量，单位为 kg/h，$\int_{t_0}^{t_3} F_{上充}(t)\mathrm{d}t$ 为上充流量随时间的变化曲线，求积分后可求出上充向一回路注入的总流量，单位为 kg/h。

(4) 主泵轴封注入水向一回路冷却剂系统输入的能量输入 $\int_{t_0}^{t_3} Q_{轴注}\mathrm{d}t$ ：

$$\int_{t_0}^{t_3} Q_{轴注}\mathrm{d}t = \int_{t_0}^{t_3}(F_{轴注}(t) \times h)\mathrm{d}t = h \times \int_{t_0}^{t_3} F_{轴注}(t)\mathrm{d}t \tag{7-34}$$

式中，h 为轴封注入水比焓，单位为 kJ/kg。由轴封注水温度和压力求出，试验中可近似的不变；$\int_{t_0}^{t_3} F_{轴注}(t)\mathrm{d}t$ 为试验过程中轴封向一回路注入的总流量，单位为 kg/h。

(5) 下泄流带走的一回路冷却剂系统的能量 $\int_{t_0}^{t_3} Q_{下泄}\mathrm{d}t$ ：

$$\int_{t_0}^{t_3} Q_{下泄}\mathrm{d}t = \int_{t_0}^{t_3}(F_{下泄}(t) \times h)\mathrm{d}t = h \times \int_{t_0}^{t_3} F_{下泄}(t)\mathrm{d}t \tag{7-35}$$

$$\int_{t_0}^{t_3} Q_{下泄}\mathrm{d}t = \int_{t_0}^{t_3}(F_{下泄} \times h(t))\mathrm{d}t = F_{下泄} \times \int_{t_0}^{t_3} h(t)\mathrm{d}t \tag{7-36}$$

该计算有两种方式，式(7-35)认为再生式热交换器下游下泄流的比焓 $h(t)$ 为试验过程中是近似不变，单位为 kJ/kg，$\int_{t_0}^{t_3} F_{下泄}(t)\mathrm{d}t$ 为随试验过程的积分下泄总量，单位为 kg/h。另外一种计算方式是式(7-36)认为下泄流量 $F_{下泄}$ 在试验过程中近似不变的，单位为 kg/h；而 $\int_{t_0}^{t_3} h(t)\mathrm{d}t$ 为随试验过程的变化量，单位为 kJ/kg。

(6) 主泵轴封回流带走的一回路冷却剂系统的能量 $\int_{t_0}^{t_3} Q_{轴回}\mathrm{d}t$ ：

$$\int_{t_0}^{t_3} Q_{轴回}\mathrm{d}t = \int_{t_0}^{t_3}(F_{轴回}(t) \times h)\mathrm{d}t = h \times \int_{t_0}^{t_3} F_{轴回}(t)\mathrm{d}t \tag{7-37}$$

式中，h 为轴封回水的比焓，单位为 kJ/kg，试验过程中近似不变；$\int_{t_0}^{t_3} F_{轴回}(t)\mathrm{d}t$ 为试验过程中轴封回水的总量，单位为 kg/h。

(7) 主泵热屏带走的一回路冷却剂系统的能量 $\int_{t_0}^{t_3} Q_{热屏}\mathrm{d}t$ ：

$$\int_{t_0}^{t_3} Q_{热屏}\mathrm{d}t = \int_{t_0}^{t_3}[F_{RRI} \times (h_{out} - h_{in})]\mathrm{d}t = F_{RRI} \times (h_{out} - h_{in}) \times (t_3 - t_0) \tag{7-38}$$

式中，F_{RRI} 为主泵热屏冷却水流量，单位为 kg/h；h_{out} 为主泵热屏出口冷却水比焓，单位为 kJ/kg；h_{in} 为主泵热屏入口冷却水比焓，单位为 kJ/kg。

(8) 考虑了一回路冷却剂初始状态能量差异的修正后的能量修正 $(H_{t_3} - H_{t_0})_{RCP}$ ：

$$(H_{t_3} - H_{t_0})_{RCP} = 168 \times (h_{t_3} - h_{t_0}) \tag{7-39}$$

式中，h_{t_0} 为 t_0 时一回路冷却剂的比焓，单位为 kJ/kg；h_{t_3} 为 t_3 时一回路冷却剂的比焓，单位为 kJ/kg。

(9) 考虑了两台蒸汽发生器修正后的能量修正 $(H_{t_3} - H_{t_0})_{SG}$ ：

$$(H_{t_3} - H_{t_0})_{SG} = (L_{t_0} - L_{t_3}) \times \Delta z \times \rho \times h \tag{7-40}$$

式中，$(L_{t_0} - L_{t_3})$ 为 t_0 到 t_3 时内蒸汽发生器液位变化，单位为 cm；Δz 为蒸汽发生器截面积，单位为 cm^2；ρ 为 t_3 时刻温度下饱和水密度，单位为 kg/cm^3；h 为 t_3 时刻温度下饱和水的汽化潜热,单位为 kJ/kg。

(10) 考虑了稳压器的修正后的能量修正 $(H_{t_3}-H_{t_0})_{PZR}$:

$$(H_{t_3}-H_{t_0})_{PRZ}=(L_{t_0}-L_{t_3})\times\Delta z\times(\rho_g\times h_g-\rho_w\times h_w) \qquad (7\text{-}41)$$

式中,$(L_{t_0}-L_{t_3})$ 为 t_0 到 t_3 时内稳压器液位变化,单位为 cm;Δz 为稳压器截面积,单位为 cm^2;ρ_g 为 t_3 时刻温度下饱和气体密度,单位为 kg/cm^3;h_g 为 t_3 时刻温度下饱和气体的比焓,单位为 kJ/kg;ρ_w 为 t_3 时刻温度下饱和水密度,单位为 kg/cm^3;H_w 为 t_3 时刻温度下饱和水的比焓,单位为 kJ/kg。

7.3.3 试验方法

热损失测量试验采用的是升、降冷却剂平均温度的方法。图 7-4 给出了本试验方法的示意图。考虑到反应堆冷却剂系统在冷却剂温度变化过程中的热惯性,保持试验开始与结束前反应堆冷却剂平均温度变化的一致性。因此本试验在正式测量开始前,首先进行降温操作,将热停堆状态规定的反应堆冷却剂平均温度由 290.8 ℃降低至 288～285 ℃之间,降温操作是通过调节大气释放阀来实现的。

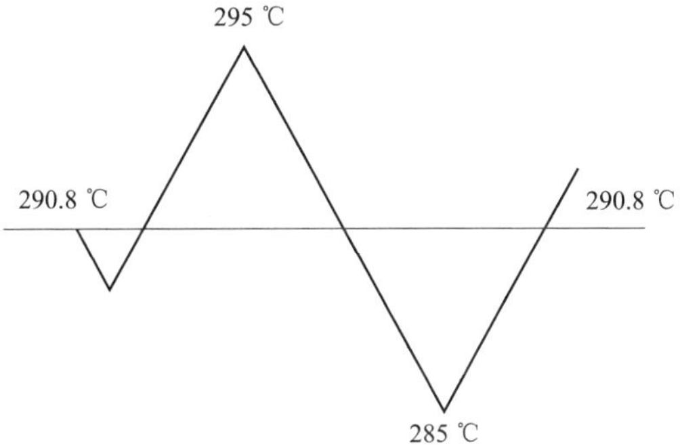

图 7-4 热损失测量试验反应堆冷却剂平均温度变化示意图

反应堆冷却剂的第一次升温操作,目标温度为 295.8 ℃。在冷却剂升温过程中,切除比例式电加热器,并使通断式电加热器处于"自动"控制状态;关闭蒸汽发生器给水,如果是 ARE 供水,关闭主给水隔离阀;关闭大气释放,并将大气释放阀放置于"手动"位置;按照试验要求的时间间隔记录试验数据处理需要的测量数据(如冷却剂平均温度、主泵功率和主泵热屏回水温度等),这个记录过程应一直持续到整个试验完成;当一回路冷却剂温度 T_{avg} 上升至 290.8 ℃时,记录下达到该冷却剂平均温度的时间 t_0;继续冷却剂系统的升温,当一回路冷却剂温度 T_{avg} 上升至 295.8 ℃时,停运两台主泵,记录下达到该冷却剂平均温度的时间 t_1。

反应堆冷却剂的第一次降温,目标温度为 285.8 ℃。此过程停运两台主泵,反应堆冷却剂系统处于自然冷却阶段,冷却剂平均温度开始逐步下降,在冷却剂平均温度从 295.8 ℃下降至 285.8 ℃期间,按要求记录相关参数,同时注意上充流量的调节以维持稳压器水位的恒定,使用通断式电加热器来控制一回路压力维持 $15.5^{+0.0}_{-0.2}$ MPa 的要求;当一回路冷却剂平均温度 T_{avg} 降至 285.8 ℃时,停止冷却剂系统的降温,并记录时间 t_2。

反应堆冷却剂的第二次升温,目标温度为 290.8 ℃。依次启动两台主泵,反应堆冷却剂系统开始升温；在温度上升过程中，注意控制冷却剂系统压力和稳压器水位稳定；当反应堆冷却剂平均温度达到 290.8 ℃时，停止冷却剂系统的升温；记录下停止升温的时间 t_3，此 t_3 时刻的温度应尽可能地保持与 t_0 时刻的反应堆冷却剂平均温度一致。

在试验数据采集完成后，开始恢复机组状态：利用大气释放阀控制 T_{avg}，并恢复蒸汽发生器给水和排污；投运比例式电加热器，通断式电加热器和喷淋阀恢复至正常运行状态；压力控制投入正常状态，至此试验完成。

7.3.4　试验数据处理与验收准则

根据试验记录和电站计算机系统采集的数据，按照 7.3.2 节介绍的方法进行试验结果的计算。该试验无验收准则。

7.3.5　误差分析

本试验测量值误差仅考虑系统误差（测量方法的精确度）。对于读数误差主要取决于电站计算机模拟-数字转换精度来确定的。因此，本试验测量值的误差分析所采用的方法，与 7.1.4 节中对一回路热平衡测量误差分析所采用的方法相同。具体请参见 7.1.4 节的内容。

7.4　蒸汽发生器额定热功率输出(RTO)测量试验

7.4.1　试验目的

本试验的目的是机组在满负荷稳定运行状态下，测量由核蒸汽供应系统产生的额定热输出(RTO)，即测量蒸汽发生器在图 7-5 所示的主给水和主蒸汽之间按热平衡方法确定的热输出。这个热输出的测量是根据本章第一节介绍的采用二次侧热平衡测量试验得到的，然后由测量结果计算确定的。

本试验仅在新建成机组的调试启动阶段的 100 h 考核验收试验期间内实施。

7.4.2　试验原理

以两个环路堆芯的 CNP650 型压水核动力堆机组为例，反应堆在满负荷稳定运行状态下，由核蒸汽供应系统产生的热量等于各个蒸汽发生器的热输出和，即：

$$RTO = W_{SG1} + W_{SG2} \tag{7-42}$$

式中，RTO 的单位为 MW；W_{SGi} 为第 i 台蒸汽发生器的热功率，单位为 kW。W_{SGi} 的计算可用下式表示：

$$W_{SGi} = H_{vi} \times (Q_{ei} - Q_{pi}) + H_{pi} \times Q_{pi} - H_{ei} \times Q_{ei} \tag{7-43}$$

$$H_{vi} = \chi_i \times H_{vsi} + (1 - \chi_i) \times H_{esi} \tag{7-44}$$

式中，H_{vi} 为第 i 台蒸汽发生器出口的湿蒸汽焓，单位为kJ/kg；

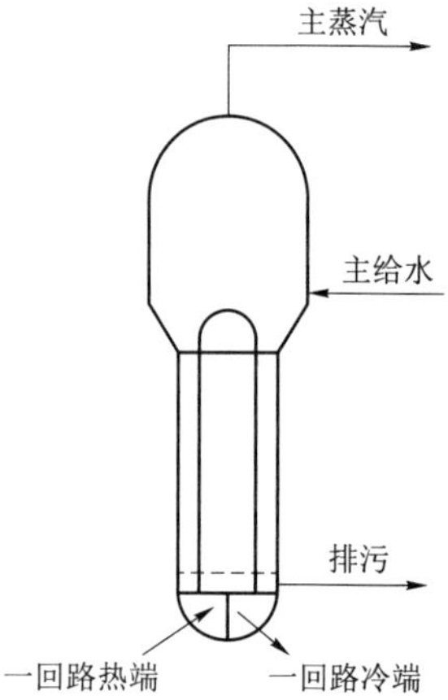

图 7-5　蒸汽发生器二次侧示意图

H_{esi}为第i台蒸汽发生器出口压力为P_{vi}的饱和水焓，单位为kJ/kg；H_{vsi}为第i台蒸汽发生器出口压力为P_{vi}的饱和蒸气焓，kJ/kg；χ_i为蒸汽的湿度，无量纲；H_{ei}为第i台蒸汽发生器温度为T_{ei}、压力为P_{ei}的给水焓，单位为kJ/kg；H_{pi}为第i台蒸汽发生器压力为P_{vi}的排污水焓，单位为kJ/kg；Q_{ei}为第i台蒸汽发生器的给水流量，单位为kg/s；Q_{pi}为第i台蒸汽发生器的排污流量，单位为kg/s。

当蒸汽发生器水位稳定时，蒸汽流量、给水流量和排污流量之间有关系$Q_v=Q_e-Q_p$，因此，式(7-43)可变为：

$$W_{SGi}=(H_{vi}-H_{ei})\times Q_{ei}-(H_{vi}-H_{pi})\times Q_{pi} \tag{7-45}$$

则，RTO有：

$$RTO=W_{SG1}+W_{SG2}=\sum_{i=1}^{2}[(H_{vi}-H_{ei})\times Q_{ei}-(H_{vi}-H_{pi})\times Q_{pi}] \tag{7-46}$$

如果排污管线在试验期间隔离，则上式变为：

$$RTO=W_{SG1}+W_{SG2}=\sum_{i=1}^{2}[(H_{vi}-H_{ei})\times Q_{ei}] \tag{7-47}$$

可以看出，RTO测量的原理与电厂目前的试验仪表系统（也即KME热平衡试验系统）相同。

7.4.3　试验方法

由于目前核电厂KME系统的测点与本试验要求相同，而且采用了精度很高的二次测量仪表，以及严谨的计算程序和误差分析等，完全能够满足RTO的测量要求，因此RTO的测量试验可以使用KME系统来进行。

机组在满功率状态下至少已经稳定运行2 h以上。为了便于在试验过程中能够全程隔离排污，在试验前的稳定运行过程中应全流量运行APG排污，使得蒸汽发生器的水质处于足够好的状态。同时，蒸汽发生器主蒸汽含湿量测量试验已经完成，蒸汽发生器出口蒸汽品质已确定。如CNP650型压水核动力堆3号机组1号蒸汽发生器的主蒸汽湿度为0.006 1%，2号蒸汽发生器的主蒸汽湿度为0.005 9%，均满足0.1%的设计要求。另外，还需要确认蒸汽压力变送器、给水压力变送器、给水温度铂电阻温度计和流量测量孔板等试验中需要用到的仪表都合格可用，并已经过校准并达到精度要求。KME系统已在机组升功率过程中经过验证是合格的，且系统处于可用状态，其测量与计算的结果误差满足1%的设计要求。

为了确认当前反应堆堆芯功率水平和相关试验参数满足要求，因此在试验正式测量前需要进行预一次预试验。在达到试验条件要求的状态下，反应堆需要至少稳定运行2 h以上，然后才能进行正式的RTO测量。因此，整个试验过程可能需要5～6 h。

当试验条件满足后，利用KME系统进行测量，KME系统每一次的正式试验测量结果作为一次RTO测量。KME系统是取每20分钟的测量数据的平均值进行1次测量，2 h的试验时间共计进行6次热平衡测量。表7.3给出了CNP650型压水核动力堆3号机组蒸汽发生器额定热功率输出RTO的最终结果，该结果是取6次KME热平衡测量的平均值。

7.4.4　试验验收准则

在额定功率工况下，计算的RTO期望值是1 936 MW，并要求蒸汽发生器出口主蒸汽品质含湿量小于0.10%，压力不低于6.71 MPa，同时考虑仪表与读数误差等造成的±1%性能偏差，但是考虑到测量设备不可避免地存在误差。因此，验收准则要求：

(1) $P_{SG出口} \geqslant 6.71$ MPa(绝对)

(2) $1\,917 \leqslant RTO \leqslant 1\,955$(MW)

通过试验，测得的试验结果为：

(1) $P_{SG出口} = 6.885$ MPa(绝对)

(2) $RTO = 1\,920.52$ MW

7.4.5 误差分析

由于本试验采用KME系统的测量，因此其误差与KME热平衡试验相同。

7.5 蒸汽发生器设计裕度试验

7.5.1 试验目的与原理

压水核动力堆核电厂使用的蒸汽发生器大都是采用U形传热管直立式，并按自然循环原理设计运行的蒸汽发生器。由于蒸汽发生器是将一次侧反应堆冷却剂带入的由堆芯核裂变反应产生热量传递给二次侧的工质水，并使二回路的工质水汽化产生蒸汽。而U形传热管正是承担着一、二回路间热量交换的关键设备。因此，蒸汽发生器作为反应堆冷却剂系统部件之一，与反应堆冷却剂系统共同构成防止放射性物质释放的第二道屏障，是压水核动力堆核电厂重要的关键设备之一。

蒸汽发生器在设计上对其传热能力，也可以说是传热面积都留有一定的裕度，以保证核电厂在功率运行过程中，当蒸汽发生器的U形传热管发生一定数量的堵管后，机组仍然具有足够的设计热输出能力。即通常将此设计能力称为蒸汽发生器的设计裕度。

压水核动力堆蒸汽发生器设计裕度试验是建立在热平衡测量的基础上进行的。在蒸汽发生器U形传热管发生堵管时，由于传热能力下降，从而导致U形传热管两端温差增大，即在一次侧冷却剂的温度不变的情况下，二次侧的工质温度和压力(为饱和参数)发生了下降，机组二回路的运行参数随之降低。在试验中，通过人为地降低一回路冷却剂的温度，来模拟蒸汽发生器U形传热管发生堵管时二回路工质参数降低的工况，即反应堆在额定功率运行时，保持堆芯热功率不变，通过采取降低一回路冷却剂温度的方法，进而降低二回路主蒸汽的压力，达到验证蒸汽发生器设计裕度的试验目的。在试验和模拟计算过程中，一般假设蒸汽发生器大约有10%的U形传热管发生堵管，并且污垢因子不变(即取无堵管时的因子，即0.000 013 4 $m^2 \cdot ℃/W$)。此时蒸汽发生器的传热面积减少，而引起蒸汽发生器出口的蒸汽压力也跟着下降。根据试验得到的蒸汽发生器出口蒸汽压力和有关热工参数与设计预计值进行比较，来验证并确定蒸汽发生器的设计裕度，并提供蒸汽发生器在堵管条件下的热输出能力。

蒸汽发生器设计裕度试验通常是作为新建成的压水核动力堆机组，在其首次达到额定功率稳定运行时，对其设计裕度(或者说堵管能力)进行的必要验证。这种验证不仅检验了蒸汽发生器的设计，更重要的是可由此试验获得该蒸汽发生器在保证其设计的热输出能力下的真实堵管能力，为反应堆机组在后续的功率运行过程中确保其热输出能力奠定了基础。

7.5.2　试验方法

试验时，反应堆机组已在100%FP功率水平上稳定运行至少48 h，汽轮机高压缸入口压力处于压力控制模式，蒸汽发生器水位控制投入自动，蒸汽发生器的排污切除，反应堆冷却剂系统的稳压器压力和水位投入自动控制，所有的电加热器已投入运行，而且旁路管线已被隔离。

试验期间须通过电厂数据采集计算机系统或外接多笔数字式记录仪的方式，对试验相关的反应堆一、二回路间的热工参数和运行参数进行数据采集和监视，如反应堆冷却剂系统平均温度 T_{avg}、参考温度 T_{ref}、反应堆冷却剂系统压力、反应堆冷热段温度差 ΔT、堆外核测仪表系统的信号、主蒸汽压力、主给水流量和温度，以及排污流量等，以便控制试验的进程。于是就要求电厂计算机系统(KIT)、蒸汽发生器热功率测量系统(KME)、蒸汽压力传感器、给水压力传感器、给水流量传感器及一回路的平均温度和流量测量仪器正常。

改变反应堆冷却剂平均温度的方法有两种：一个是调硼法，另一个是调棒法。CNP650型反应堆机组采用的是调棒法。试验前就必须将禁止提升控制棒信号C22和甩负荷信号C21给予闭锁，然后将D棒组的选择开关由“自动”挡改变为“手动”挡；同时检查稳压器水位和压力变化，如需要同样可将稳压器的压力控制模式由“自动”改为“手动”控制模式。在所有试验条件满足后，手动将D棒组插入堆芯。在插棒过程中应密切注意反应堆冷却剂系统平均温度 T_{avg} 的变化。当蒸汽发生器的母管压力由试验初始压力降到6.46 MPa时，停止插棒操作。检验蒸汽压力和电站的功率变化，并按试验规程的要求记录下所有试验参数。机组稳定10 min后，进行一次热平衡测量试验。

试验结束，手动将D棒组恢复至试验初始的棒位，当反应堆机组的功率稳定后，将D棒组的控制模式由“手动”改至为“自动”控制模式。

7.5.3　数据处理与验收准则

在进行蒸汽发生器设计裕度试验前需要完成一些计算，如蒸汽发生器的功率、蒸汽发生器出口主蒸汽压力和反应堆冷却剂需要降低的温度等，其中蒸汽发生器的功率应通过二回路热平衡试验系统来进行，其计算原理和测量方法已在第七章7.1节中做了详细的介绍，这里就不再重复。本节将重点介绍试验中反应堆冷却剂需要降低的温度的计算。

1) 蒸汽发生器喷嘴出口主蒸汽压力和二次侧热平衡计算点压力的估算

蒸汽发生器喷嘴出口主蒸汽的压力 p_{vap} 是从蒸汽管道压力传感器测得的压力 p_{vvp}，通过动态压力 p_d、蒸汽发生器出口和传感器之间的压力损失以及蒸汽压力传感器和管道中心线的偏差 δz 修正得到，即：

$$p_{vap}=p_{vvp}+p_d+p_z+\Delta p \tag{7-48}$$

其中，

$$p_d=\frac{1}{2}\rho V^2=\frac{1}{2}\left[\frac{4}{\pi D^2}\right]^2\frac{Q^2}{\rho} \tag{7-49}$$

$$p_z=\rho' g\delta z \tag{7-50}$$

$$\Delta P=\lambda\frac{8LQ^2}{\rho\pi^2 D^5} \tag{7-51}$$

式中，p_{vap}为蒸汽发生器出口喷嘴的蒸汽压力，单位为 MPa；p_{vvp}为蒸汽管道压力传感器测得的压力，单位为 MPa；Q 为蒸汽质量流量，单位为 kg/s；ρ 为蒸汽密度，单位为 kg/cm^3；D 为蒸汽管道直径，单位为 cm；ρ'为引压管内水密度，单位为 kg/cm^3；λ 为摩阻系数；L 为蒸汽发生器出口至压力变送器接口处的长度，单位为 m。

这样式(7-50)整理后，蒸汽发生器出口压力 p 为：

$$p_{vap}=p_{vvp}+\frac{1}{2}\left[\frac{4}{\pi D^2}\right]^2\frac{Q^2}{\rho}+\rho' g\delta z+\lambda\frac{8LQ^2}{\rho\pi^2 D^5} \tag{7-52}$$

蒸汽发生器二次侧热平衡计算点的压力是利用蒸汽发生器出口压力减去出口与计算点的压力损失 $\Delta p'$得到，压力损失 $\Delta p'$可以通过蒸汽发生器设计数据得到，这样蒸汽发生器二次侧热平衡计算点的饱和蒸汽压力 p_{sat}为：

$$p_{sat}=p_{vap}+\Delta p' \tag{7-53}$$

试验前必须知道电厂在 100%FP 运行时，p_{vvp}的压力值，同时也应清楚 p_d、p_z 和 Δp 这 3 个修正的值，这样才能估算一回路平均温度的变化量 ΔT_{avg}。

2) 一回路平均温度降低值的估算

试验时是需要保持反应堆的功率不变，通过降低一回路平均温度来模拟蒸汽发生器发生堵管后，蒸汽发生器出口蒸汽压力的降低。计算一回路平均温度降低值时，必须假设蒸汽发生器堵管率为 10%，污垢因子不变确定为设计的最佳估算值(0.000 013 4 m^2 · ℃/W)。在蒸汽发生器没有发生堵管的初始状态时，有如下关系式：

$$UA=\frac{W}{L_{mtd}} \tag{7-54}$$

$$L_{mtd}=\frac{T_{hot}-T_{cold}}{\ln\dfrac{T_{hot}-T_{sat}}{T_{cold}-T_{sat}}} \tag{7-55}$$

式中，A 为蒸汽发生器的传热面积，单位为 m^2；U 为蒸汽发生器传热系数，单位为 W/(m^2 · ℃)；W 为蒸汽发生器功率，单位为 MW；L_{mtd}为对数平均温度偏差，单位为℃；T_{sat}为蒸汽发生器 U 形弯头上的蒸汽饱和温度，单位为℃；A 为 U 形传热管的传热面积，单位为 cm^2；U 为传热系数，单位为 W/(m^2 · ℃)；T_{hot}为反应堆冷却剂系统的热段温度，单位为℃；T_{cold}为反应堆冷却剂系统的冷段温度，单位为℃。

当蒸汽发生器发生了 10%U 形传热管堵管时，由于流通面积发生变化，反应堆冷却剂系统的体积流量会发生变化，根据蒸汽发生器设计数据，可以得到堵管后反应堆冷却剂系统的体积流量 Q_{vol}^{RCP}，得到如下关系式：

$$Q_m^{RCP}=Q_{vol}^{RCP}\times\rho(T'_{cold}) \tag{7-56}$$

$$W=Q_m^{RCP}[h(T'_{hot})-h(T'_{cold})]+\Delta W \tag{7-57}$$

$$T'_{hot}+T'_{cold}=T_{hot}+T_{cold} \tag{7-58}$$

式中，ΔW 为反应堆冷却剂系统除堆芯外其他方式引入的功率，单位为 MW；h 为反应的冷却剂的焓，单位为 kJ/kg；Q_M^{RCP} 为反应堆冷却剂系统的质量流量，单位为 kg/s；Q_V^{RCP} 为反应堆冷却剂系统的体积流量，单位为 cm^3/s。根据式(7-56)～式(7-58)可以计算得到堵管后的一回路冷热段温度 T'_{hot}和 T'_{cold}。

在发生蒸汽发生器堵管 10%后，一次侧和二次侧的传热面积发生了变化，即 U 形传热

管的传热面积 A' 变化为 0.9 A，堵管后传热面积的变化会导致传热系数改变。根据传热系数的计算，可以得到堵管后的传热系数变化为 U'，计算过程随后描述。

因此，若蒸汽发生器堵管 10%后，有如下关系式：

$$W=0.9U'L'_{\mathrm{mtd}}A \tag{7-59}$$

$$L'_{\mathrm{mtd}}=\frac{T'_{\mathrm{hot}}-T'_{\mathrm{cold}}}{\ln\dfrac{T'_{\mathrm{hot}}-T'_{\mathrm{sat}}}{T'_{\mathrm{cold}}-T'_{\mathrm{sat}}}} \tag{7-60}$$

根据式(7-59)和式(7-60)可以得到蒸汽发生器堵管 10%后，二次侧热平衡计算点的饱和温度 T'_{sat}。

而在实际的模拟蒸汽发生器堵管试验中，蒸汽发生器的实际传热面积 A 并没有发生改变，一回路冷却剂系统的体积流量 $Q_{\mathrm{vol}}^{\mathrm{RCP}}$ 也没有变化，但是蒸汽发生器一、二次侧的温差却发生了变化，根据传热系数的计算可以得到该种情况下的传热系数 U''，则有如下关系式：

$$W=U''L''_{\mathrm{mtd}}A \tag{7-61}$$

$$L''_{\mathrm{mtd}}=\frac{T''_{\mathrm{hot}}-T''_{\mathrm{cold}}}{\ln\dfrac{T''_{\mathrm{hot}}-T'_{\mathrm{sat}}}{T''_{\mathrm{cold}}-T'_{\mathrm{sat}}}} \tag{7-62}$$

$$(Q_{\mathrm{m}}^{\mathrm{RCP}})''=Q_{\mathrm{vol}}^{\mathrm{RCP}}\times\rho(T''_{\mathrm{cold}}) \tag{7-63}$$

$$W=(Q_{\mathrm{m}}^{\mathrm{RCP}})''[h(T''_{\mathrm{hot}})-h(T''_{\mathrm{cold}})]+\Delta W \tag{7-64}$$

根据式(7-61)～式(7-64)，可以求得 T''_{hot} 和 T''_{cold}。

则模拟蒸汽发生器堵管 10%，并假设污垢因子为 0.000 134 $\mathrm{m^2\cdot ℃/W}$ 时，需要降低的一回路反应堆冷却剂的平均温度变化量 ΔT_{avg} 为：

$$\Delta T_{\mathrm{avg}}=T_{\mathrm{avg}}-T''_{\mathrm{avg}}=\frac{T_{\mathrm{hot}}+T_{\mathrm{cold}}}{2}+\frac{T''_{\mathrm{hot}}+T''_{\mathrm{cold}}}{2} \tag{7-65}$$

3) 蒸汽发生器传热系数的计算

蒸汽发生器一次侧到二次侧总的传热系数 U 可表示为：

$$U=\frac{1}{\dfrac{1}{h_1}\times\dfrac{d_2}{d_1}+\dfrac{d_2}{2\lambda_{\mathrm{m}}}\ln\dfrac{d_2}{d_1}+\dfrac{1}{h_2}+R_f} \tag{7-66}$$

式中，h_1 为一次侧对管壁的传热系数，单位为 $\mathrm{W/(m^2\cdot ℃)}$，可按 Dittus-Boelter 公式来计算；d_1 为 U 形传热管的内径，单位为 cm；d_2 为 U 形传热管的外径，单位为 cm；λ_{m} 为 U 形传热管管材的导热系数，单位为 $\mathrm{W/(m^2\cdot ℃)}$；h_2 为 U 形传热管管壁对二次侧的传热系数，单位为 $\mathrm{W/(m^2\cdot ℃)}$，可以利用 Jens-Lottes 公式进行计算；R_{f} 为污垢热阻，单位为 $\mathrm{m^2\cdot ℃/W}$，根据蒸汽发生器的设计数据给出。

4) 硼化量的计算

如果采用调硼法改变反应的冷却剂的平均温度时，就必须根据反应的冷却剂平均温度变化量来估算硼浓度的变化量 ΔC_{B}，计算方法如下：

$$\Delta C_{\mathrm{B}}=\frac{\alpha_{\mathrm{m}}\times\Delta T_{\mathrm{avg}}}{\alpha_{\mathrm{B}}} \tag{7-67}$$

式中，ΔC_{B} 为需要调整的硼浓度变化量，单位为 ppm；α_{m} 为反应堆冷却剂系统的慢化剂温度系数，单位为 pcm/℃；α_{B} 为硼的微分价值，单位为 pcm/ppm；ΔT_{avg} 为要求的反应堆冷却

剂平均温度的变化量，单位为℃。

因此，需要调整的硼浓度进行硼化操作，硼化量的计算如下：

$$V=V_0\ln\frac{C_{B_{REA}}-C_B}{C_{B_{REA}}-(C_B+\Delta C_B)} \tag{7-68}$$

式中，V 为需要调整的硼化量，单位为 cm^3；V_0 为一回路的水容积，单位为 cm^3；$C_{B_{REA}}$ 为硼补给系统中硼酸箱中的硼浓度，单位为 ppm；C_B 为硼化操作前反应堆冷却剂系统中的硼浓度，单位为 ppm。

对于 CNP650 型压水核动力堆核电机组来说，只要蒸汽发生器设计裕度试验的试验结果满足核蒸汽供应 NSSS 系统提供的热功率大于等于 968×2(MW)、蒸汽发生器出口蒸汽压力大于或等于 6.71 MPa(绝对压力)的运行准则，试验就是合格的。本试验无安全准则。

第八章　物理试验仪器与信号

反应堆启动物理试验大都是围绕着堆芯反应性变化所开展的测量试验。通常反应性的测量都是由测量中子注量率水平的变化，经解倒时方程而获得的。为保证启动物理试验的测量结果能够得到较为准确的计算，通常都需配置一些高精度的试验仪器，来收集、记录试验过程中的重要的测量数据。同时，物理试验仪器的正确使用和妥善维护，也是物理试验成功的重要前提。本章节从物理试验的特点和对测量数据的要求，重点对启动物理试验所需使用的重要的试验仪器设备的种类，试验仪器具备的功能、使用操作，试验仪器设备的维护和保养，以及启动物理试验所需的测量信号和连接等几个方面进行简要的介绍。

8.1　物理试验仪器种类

由前述章节可知，反应堆启动物理试验大都是通过人为地引起堆内可控的中子注量率水平的变化，而间接地对看不见、摸不着的反应性开展测量的试验。因此，在反应堆启动物理试验期间，除了对用于物理试验结果处理的参数进行有效的测量外，同时还需要对是否满足试验前提条件要求的反应堆运行状态进行监测。因此，反应堆启动物理试验通常需要使用的试验仪器设备可以分为两部分，一类是电厂设计既有的系统设备，例如电厂过程计算机及安全盘系统（KIT）、试验数据采集和处理系统（KDO）、试验仪表系统（KME）和硼表等，这些系统不仅可以为物理试验提供一些重要的试验所需的测量数据，而且也为试验提供了监测反应堆机组安全稳定运行的功能；另一类物理试验仪器就是专门为物理试验配置的高精密度的试验仪器。由于这类试验仪器是属于物理试验专用的临时仪器，而且均属于实验室级的高精密度的仪器设备。因此，这些物理试验仪器都是由物理试验人员负责管理、维护和使用的。目前为物理试验配备的重要的试验专用仪器设备主要有首次堆芯装料用的临时中子计数装置和铂电阻温度计，数字式反应性仪和高速多通道记录仪。另外，还需要一些如数字式万用表和秒表等用于调试物理试验仪器设备的工器具。

8.2　试验仪器的维护与保养

压水核动力堆启动物理试验的专用仪器设备，大都是在反应堆机组调试启动或者机组商运后的换料大修启动期间，实施的启动物理试验时投入使用的。这些物理试验专用的仪器设备能否在启动物理试验过程中正常运行和性能可靠，是压水核动力堆启动物理试验顺利实施和成功的重要保障。因此，为保证这些物理试验的专用仪器设备在启动物理试验过程中的正常运行和性能可靠，尤其是这些仪器设备均属于实验室级的高精密度的仪器设备，通常都需要对这些试验仪器设备在其使用寿期内进行定期的维护和保养。维护和保养工作一般包括仪器设备的日常维护、定期检定、实验室调试、试验前与试验用信号连接的现场调试等几个部分。

8.2.1 仪器设备的日常维护

物理试验的专用仪器大都是在新建机组的调试启动阶段，或者在换料大修的反应堆启动过程中使用，通常使用的时间都较为集中。在反应堆机组正常功率运行期间，物理试验的专用仪器往往都是处于停运的闲置状态。因此，在这段时间就需要对物理试验仪器进行日常的维护、保养和管理。经验表明，物理试验的专用仪器设备在长时间闲置后，更容易出现一些不易觉察的故障。所以物理试验仪器在长期处于备用状态时，应当定期地进行检查、测试、维护和保养，以确保其随时投入使用时都能够正常运行和性能可靠。

高性能、高精度的物理试验仪器还对存放环境有较高的要求，如实验室的温度、湿度、电磁场和清洁度等等。由于每台仪器设备都有一定的使用寿命，因此存放环境的好坏对其使用的寿命有直接的影响。强的电磁干扰也会影响仪器设备的正常工作和性能，所以这些问题在维护和保养时一定要特别注意，平时也应加强在这方面的管理。

因此，结合具体工作的实际情况，在每一燃料循环运行的寿期内，通常规定每半个月对物理试验的专用仪器设备进行一次检查、测试、维护和保养工作，也就是对这些仪器设备进行通电考验检查，并使用信号源对这些仪器设备进行性能测试。同时，对实验室的通风、温度、湿度和清洁度等进行整理和清洁。每次定期维护完毕后，须将这些物理试验仪器设备密封存放或覆盖丝绸布保管。实践经验表明，按照这样的措施进行定期维护，可以确保物理试验的专用仪器设备始终处于一个可正常运行和性能可靠的备用状态上。

8.2.2 试验仪器的定期检定

由于反应堆物理试验的特殊性，即物理试验的专用仪器设备在投入物理试验前大都是处于长期备用状态的，以及试验测量精度对物理试验结果都是非常至关重要的等，因此，为保证物理试验结果的准确性和精度，都要求对试验仪器设备进行定期检定。

通常物理试验的专用仪器设备也被分为两类，一类是常规的试验仪器设备，包括临时中子计数装置的二次仪表(即计数器)、高速多通道记录仪、铂电阻温度计、数字式万用表和秒表等仪器设备和计量器具；另一类是在低中子注量率水平下直接对中子脉冲信号进行测量的专用仪器设备，如临时中子计数装置的中子计数管，即中子计数装置的一次仪表，和在高中子注量率水平下利用堆外核测仪表系统功率量程测量通道电离室提供的电流，间接地实现对堆内中子注量率水平变化测量的专用仪器设备，如数字式反应性仪。由于这类物理试验的专用仪器设备使用的信号源，均与反应堆裂变核反应产生的中子有关，因此它们的标定只能在电厂现场进行，并利用核设施自身拥有的中子源和/或反应堆的信号进行标定。

对于常规的试验仪器设备的标定，根据国家和核电厂对计量管理的规定，计量器具需要由有资格的单位进行定期检定；同时，要求确保试验时所使用的所有试验仪器设备均须在检定周期内。针对高速多通道记录仪、数字式万用表和秒表等常规的试验仪器和工器具的标定与管理，通常是按照压水核动力堆电厂编制的计量管理程序的规定执行的。以 CNP650 型压水核动力电厂的规定为例，一般高速多通道记录仪的检定周期定为 1 年，各系列的万用表的检定周期为 2 年，秒表的检定周期为 3 年。这些工器具，对于数字式反应性仪的检定，通常只能在反应堆启动过程中，包括调试启动阶段和每次换料大修后的反应堆启动过程中，并在反应性测量之前进行检定。由于该试验仪器设备检定的特殊性，因此在目前的压水核动力电厂的设计上，都将数字式反应性仪的检定工作，作为反应堆启动物理试验中的一项常规试验项目进行实施的。该试验已在第四章的4.7节做了详细的介绍，这里就不再重复。

对于仅在新建成反应堆首次堆芯装料使用的临时中子计数装置的一次仪表，即中子计数管的检定，通常必须由该仪器设备制造厂商在仪器设备出厂前，在实验反应堆上，或者使用标准中子源对其进行标定和检查。对临时中子计数装置的检定，必须是将其一次仪表和二次仪表连接成完整的一套设备进行的。该设备在其投入使用前还需在电厂，依据该设备出厂检定报告，利用标准中子源对其再次进行标定和检查，来最终确定该设备在投入使用前的性能完好和可运行性。

对于上述物理试验仪器的检定，不论是定期的检定，还是有特殊需求下的单独检定，都必须满足国家和核电厂对计量器具检定相关管理规定的要求。

8.2.3 实验室调试

物理试验的专用仪器设备的使用，主要集中在压水核动力堆的调试启动阶段，和商运后的每次换料大修后的反应堆启动阶段，所以物理试验专用仪器设备的调试也安排在启动物理试验的前夕。在启动物理试验之前，须对所有需要使用的物理试验专用仪器设备进行一次全面的调试、检查和维护，以确保这些物理试验专用仪器设备的工作状态和性能可靠。

这些调试、检查和维护均是在物理实验室进行的，通常是使用万用表提供的标准信号源和检查功能对高速多通道记录仪进行调试和检查。对调试和检查合格的物理试验专用仪器设备完成一次维护和保养工作。在实验室调试、检查和维护过程中，也是对参与物理试验的人员熟悉和掌握物理试验专用仪器设备的性能和操作的一次非常有效的培训。

8.2.4 现场调试

物理试验专用仪器设备的现场调试是利用电厂过程计算机及安全盘系统(KIT)、试验数据采集和处理系统(KDO)提供的试验采集信号，对试验仪器设备进行连接、检查和调试。这是物理试验实施前对物理试验准备工作检查的最后也是最重要的一步。一方面是对物理试验专用仪器设备在真正实际投入使用前的最终检查和调试，另一方面也是对电厂系统设备检修后恢复是否正确的一次检查。目的是确保物理试验能够安全顺利地实施，其试验结果能够一次性的合格。

8.3 试验信号及其连接

物理试验信号是物理试验与测量的基础和保障。以CNP650型压水核动力堆为例，在机组工程设计上就应该考虑了启动物理试验所需的测量信号，并将这些物理试验信号汇集至主控室操作盘机柜内的物理试验信号接线端子排上。在满足物理试验对测量信号的要求，同时也为确保在信号的接线、试验的测量过程中，对反应堆机组的安全稳定运行带来影响，物理试验端子排上的信号均是以电压的形式提供。

在每项物理试验实施前，需根据各项物理试验对测量参数的具体需求进行试验信号线的连接。这些试验信号包括了堆外核测仪表系统各量程测量通道提供的中子注量率水平、控制棒棒位、反应的冷却剂温度、稳压器压力、反应堆功率水平和轴向功率偏差等。图8-1

给出了反应堆初始临界和零功率堆芯性能试验的典型的物理试验仪器与试验信号接线示意图。这里需要特别提醒的是，在零功率物理试验期间，提供给数字式反应性仪的中子注量率水平信号是直接取自堆外核测仪表系统功率量程测量通道的六节电离室之和的电流信号，不是来自于物理试验端子排的电压信号。通常作为常规反应性测量，不建议将堆外核测仪表系统的源量程测量通道或中间量程测量通道的中子注量率水平信号提供给数字式反应性仪使用，因为堆外核测仪表系统中的源量程测量通道或中间量程测量通道都承担有反应堆保护功能，而且它们各自分别有两个测量通道，其保护逻辑的设置是二取一。如果将其中有任意一个测量通道提供给数字式反应性仪占用，该测量通道将不在承担反应堆保护的作用，那么保护逻辑的设置就必须相应地更改为一取一，也就是说承担反应堆保护功能的测量通道在被数字式反应性仪占用期间必须性能良好，不能出现异常或波动，一旦有异常或波动且触发了报警，那么该测量通道就能够直接引起反应堆停堆的保护动作。这样非常不利于反应堆的安全稳定运行。而功率量程测量通道有四个测量通道，它们也都承担有反应堆保护功能，其保护逻辑的设置是四取二。如果将其一个测量通道提供给数字式反应性仪占用，该测量通道将不在承担反应堆保护的作用，这时其保护逻辑的设置相应地更改为三取二，也就是说在三个承担反应堆保护功能的测量通道中，如果有两个测量通道出现异常或波动且触发了报警时，反应堆才会被引起停堆的保护动作。这样，虽然有一个承担反应堆保护功能的测量通道被数字式反应性仪占用，但是反应堆安全保护功能并没有降低，反而是得到了加强。另外，由于源量程测量通道和中间量程测量通道主要用于比较低中子注量率水平的监测，不在零功率物理试验要求的中子注量率水平范围内，而零功率物理试验要求的中子注量率水平范围都处于功率量程测量通道主要监测的中子注量率水平上。因此，在零功率物理试验期间，提供给数字式反应性仪的中子注量率水平信号都是堆外核测仪表系统功率量程测量通道的电流信号。

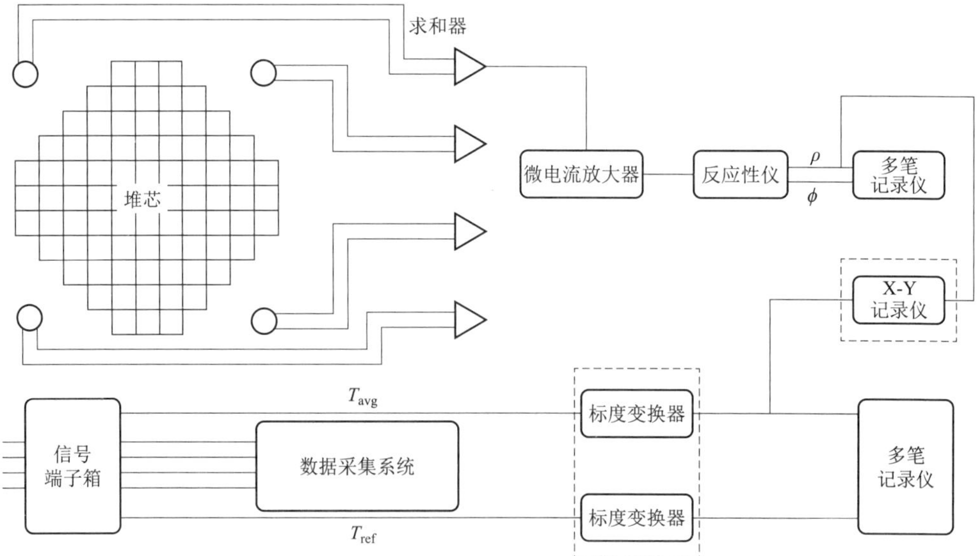

图 8-1 低功率状态下物理试验仪器与试验信号连接示意图

注：虚框内为可选设备

另外，在试验信号与物理试验仪器进行接线前，首先需要对试验信号端子排提供的测量信号是否运行正常进行检查与确认；其次在接线过程中，特别需要注意中与试验信号端子排上的信号进行连接时不要发生短路；第三是在完成与试验信号端子排上的信号进行接线后，必须使用万用表的检查功能对信号的接线进行检查与测试，以确认接线是正确的，试验信号端子排上提供信号的电压量程和物理量程是正确的。

最后，在每一项物理试验所需测量信号的接线完成后，再一次对整个该项物理试验所需的试验仪器设备的工作状态进行检查与确认。

图 8-2 给出了有功率状态下典型的物理试验仪器与试验信号接线示意图。这里需要特别提醒的是，在有功率状态下的物理试验期间，提供给数字式反应性仪的中子注量率水平信号，是来自于物理试验端子排提供的堆外核测仪表 RPN 系统 4 个功率量程测量通道的电压信号之和。

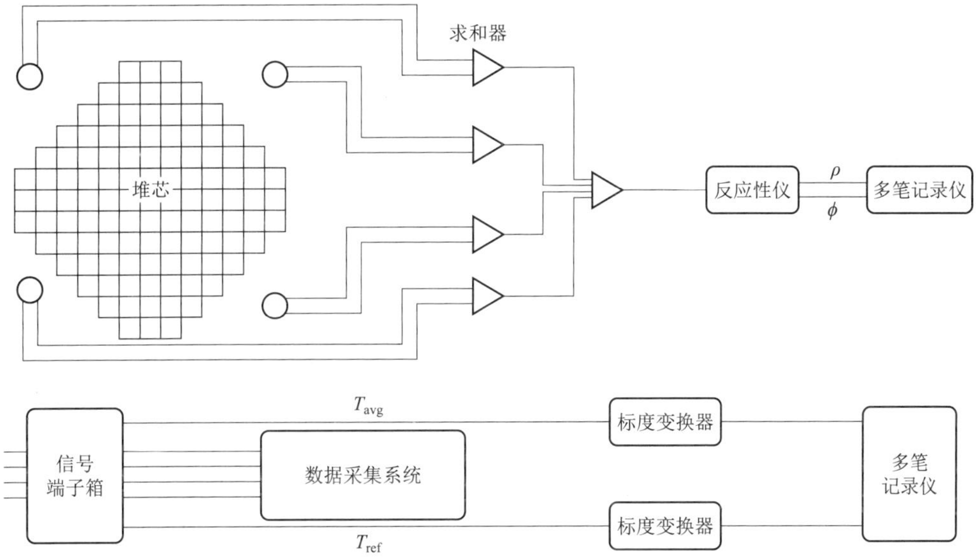

图 8-2　有功率状态下物理试验仪器与试验信号连接示意图

在有功率状态下，不能再像零功率物理试验期间那样，直接将堆外核测仪表系统功率量程测量通道的 6 节电离室之和的电流信号提供给数字式反应性仪使用，因为此时占用一个功率量程测量通道的操作存在引起反应堆停堆的风险。另外，物理试验端子排已经能够为数字式反应性仪提供质量非常好的电压信号，能够非常好地满足数字式反应性仪进行反应性测量的需要。因此，在有功率状态下的物理试验期间，提供给数字式反应性仪的中子注量率水平信号，是来自于物理试验端子排提供的堆外核测仪表系统 4 个功率量程测量通道的电压信号之和，也可以是 4 个功率量程测量通道之一的电压信号。

8.4　试验仪器的使用

正如 8.1 节所述，数字式反应性仪与高速多通道记录仪是启动物理试验中最为重要的两种临时试验仪器。这两种试验仪器的正确使用是获取准确的试验数据，确保试验成功的前提。由于目前各在役压水核动力堆电厂物理试验所使用的仪器型号、种类，以及这些设备的厂商并非相同，因此，这些试验仪器在使用方法和注意事项等方面也会存在一定的差异。本书将以CNP650型压水核动力电厂使用的DRM-11型数字式反应性仪与LR4102型四笔记录仪为例，介绍这两类仪器在启动物理试验中的基本使用方法。

8.4.1 数字式反应性仪的使用

反应性是反应堆物理分析中的一个重要参数，也是物理试验中需测量的关键参数。反应性仪是用于反应性测量的唯一专用设备。在反应堆启动物理试验期间，反应性仪可对如控制棒棒位、硼浓度和冷却剂平均温度等因素引起堆内的中子注量率水平的变化，进行堆芯反应性的测量。

数字式反应性仪通过堆外核测仪表系统，对用于表征反应堆功率或中子注量率水平的信号（如电流信号或电压信号）进行实时采集，并利用反应性仪内部的数值逆动态中子动力学方程的运算处理，计算得到并输出堆芯反应性的实时变化。也就是说，通过数字式反应性仪就能实时跟踪和监督堆芯反应性的变化和堆芯中子注量率水平的变化趋势，以控制反应堆堆芯的中子注量率水平（功率水平）的变化，提供并保存物理试验所必要的试验测量数据，同时还可提供对试验测量数据进行离线处理的功能。另外，试验测量数据及其运算结果可以以电子文档的形式存储在反应性仪内，同时也可以输出到高速多通道记录仪上，以图形的方式记录在记录纸上，这样可以以纸质文件的形式进行长期保存。

1）反应性仪功能

DRM-11型数字式反应性仪的功能主要用于在线反应性测量，对保存的试验测量数据进行离线处理，并设置了反应性仪的自检功能，以及提供了临界安全监督的功能。

反应性仪对用于反应性测量的两种基本的被测参数信号进行自动的采集，一种是随堆芯中子注量率水平（或堆功率水平）变化的中子信号（P1），它可以由反应性仪内部的小电流放大器提供，也可以由仪器外部的核测仪表系统提供，对其的测量、修正，并最终计算和处理出所需要的反应性。另一种信号是可选的与反应性测量密切相关的参数，简称P2参数，如反应堆冷却剂平均温度、控制棒组棒位等。

另外，根据不同的使用工况，DRM-11型数字式反应性仪还具备进行相关试验的参数设置、相对堆芯中子注量率水平（或堆功率水平）的测量、连续反应性和周期的测量、P2参数的采集、信号的输出、仪器的自检、数据的存储、离线的数据处理和临界安全监督等功能。

2）反应性仪的组成与连接

DRM-11型数字式反应性仪是由1台信号调理器和1台数据处理器构成，它们之间是通过USB接口电缆以串口方式进行通讯。

其中，信号调理器是由信号调理器机箱、小电流放大单元、信号调理单元和低压电源等构成。信号调理器前面板有3个指示灯和1个USB接口。指示灯分别指示电源、通信和自检的状态；USB接口可通过USB线连接数据处理器。后面板有电源插座，8个P2参数输入接口、2个P1输入接口、电源输入接口、1个反应性输入接口、1个功率输出接口和一个接地柱。图8-3和图8-4分别给出了信号调理器的前、后面板布置示意。图8-5给出了数据处理器外观示意图，它是一台笔记本电脑（T530）。

图 8-3　信号调理器的前面板布置示意图

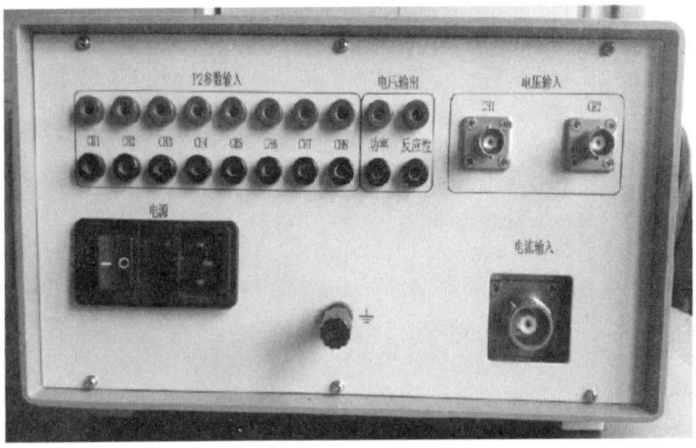

图 8-4　信号调理器的后面板布置示意图

图 8-5　数据处理器外观示意图

数据处理器的所有接口信号可通过笔记本电脑上的 USB 接口与信号调理器的相互连接得以实现。

3）使用与操作

首先是进行硬件的连接。在进行测量前通过使用屏蔽的 USB 电缆线，连接好数字式反应性仪的信号调理器与数据处理器之间的信号电缆线，将待测的电流信号或者电压信号的电缆线，通过信号调理器后面板上的“I_{in}”插座接入待测电流信号，或者“V_{1i}”或(和)“V_{2i}”插座接入待测电压信号。当在信号调理器后面板上接入待测电流信号时，需将“输出调节”旋钮顺时针旋到头，并将“工作选择”开关置于“I”的相应量程挡。当在信号调理器后面板上接入待测电压信号时，需将“工作选择”开关置于“V”挡。其余的信号电缆线也根据需要完成连接。

其次，是在连接好电源线后，打开后面板的电源开关，信号调理器即进入工作状态，正常测量前应预热 15 min。然后，启动数据处理器桌面上的相应软件。如进行反应性测量，就启动“在线测量”程序，反应性仪进入反应性连续测量的正常使用状态。如果是进行离线数据处理，那么就点击数据处理器桌面上的“离线数据处理”程序。如果是进行临界安全监督，那么就启动“临界安全监督”程序，反应性仪进入临界安全监督的使用状态。

在反应性仪开始进行试验测量之前，即反应性仪相应软件启动前，需要进行必要的工作参数的设置。这些工作参数包括中子物理参数和测量参数等。其中，在中子物理参数设置中包括有 6 组缓发中子份额、衰变常量、中子寿命和源项等；在测量参数设置中包括有测量通道选择、电压测量通道的输入范围选择、采样时间间隔设置、中子注量率水平输入和反应性输出的滤波系数设置、小电流量程切换模式选择、小电流量程档选择、8 个 P2 信号的输入方式选择、8 个 P2 信号的电压输入范围选择和 8 个 P2 信号的信号类别选择等。

在进行测量通道参数设置的选择界面中，如果试验是进行零功率物理试验，将接入有待测电流信号的对应通道选择作为测量通道，同时将信号调理器的小电流量程档切换至程控/自动模式，然后选择“在线测量”菜单栏，进入电流输入反应性测量界面。如果试验是进行有功率状态下的物理试验，将接入有待测电压信号的信号调理器后面板的 CH1 或 CH2 通道，在参数设置界面中选择“通道 2”或“通道 3”作为测量通道，同时将小电流量程档切换至关闭模式，然后选择“在线测量”菜单栏，进入电压输入反应性测量界面。对于 P2 参数信号的设置，可通过信号调理器后面板的 8 个 P2 参数输入端口接入 P2 参数信号，在数据处理器测量程序或临界安全监督程序中完成 P2 参数信号的设置测量。

在完成参数设置后，反应性仪可根据仪器设置的 e 倍周期或倍周期值，产生指数信号，对包括信号调理器在内的设备进行自动检查，以判定其工作正常与否。周期自检的方法如下：启动数据处理器“在线测量”程序，选择参数设置界面，设定“通道 2”作为自检测量通道，仅该通道对应自检信号输入；启动数据处理器自检程序即可完成反应性仪的周期自检。

在完成反应性仪自检，确认反应性仪的工作状态和性能后，反应性仪可投入正常的测量。DRM-11 型反应性仪的应用软件由在线反应性测量、离线数据处理和临界安全监督三大功能应用软件包组成。

反应性在线测量包括在线测量、自检、参数设置和退出 4 个功能模块。其中，在使用反应性仪的在线测量功能模块时，它可以完成设备最核心的连续反应性测量的功能，即在各种物理试验期间对反应堆功率（即中子注量率水平）和反应性的实时测量，并完成测量数据的存储和报警输出。该功能是通过点击“在线测量”菜单的下拉项“启动测量”进入实时中子注量率水平和反应性测量的操作界面的。

中子注量率水平和反应性的实时测量画面显示在屏幕的中央区域，并占据了显示屏的绝大部分面积，以便于操作者的观察。该区域内还包含了一个用于曲线显示的 graph 型图形显示控件，可提供包括中子注量率水平、反应性和 P2 参数共计 14 条测量曲线的显示选择。

反应性仪的自检是确保设备在不连接任何外部输入信号，打开信号调理器后面板的电源开关，对信号调理器所有的内容硬件进行自检。如果检测正常，那么位于信号调理器前面板的“自检”指示灯会点亮，反之指示灯会熄灭。同时，由信号调理器自身产生指数自检信号发送到数据处理器。

反应性仪的离线数据处理主要是完成存盘历史数据的重现、反应性仪精度检查、反应性价值计算，如控制棒价值和温度系数等。另外，操作者也可以使用第三方软件对存盘历史数据进行其他方式的离线处理，如使用办公软件进行数据处理等。

临界安全监督是可实现反应堆堆芯在次临界状态下，通过对 P2（源量程测量通道的中子计数）参数的采集与计算，来进行临界安全的监督和外推临界点的判断。

经反应性仪中的倒时方程换算得到的反应性，其输出信号是通过信号调理器后面板的电压输出端口输出的。另外，用于反应性仪进行反应性计算的中子注量率水平信号或堆功率信号，以及 P2 信号的输出也是通过信号调理器后面板的电压输出端口输出的。这些输出信号均是以 0～10 V 的电压信号进行输出的。其中，零反应性的信号输出的电压对应于 5 V。反应性仪的输出信号可通过信号电缆送至高速多通道记录仪等外部设备，也可作为其他系统的输入。

8.4.2　高速多通道记录仪的使用

高速多通道记录仪是试验数据的最终输出端，为试验后的数据处理提供直接的原始记录信息，同时记录仪记录的数据还是需要长期保存备案的原始资料。

压水核动力堆物理试验常用的高速多通道记录仪大都采用笔式平板记录仪，如图 8-6 所示，这主要是考虑在物理试验期间方便试验人员在记录纸上记录下试验过程中的信息，为试验数据的处理和历史数据的追溯提供方便。笔式平板记录仪属于实验室级高精密度的记录仪器，其测量精度较高，最为重要的是其记录纸可以永久保存。另外，采用该仪器设备测量的试验数据除可记录在记录纸上以外，还可以数值的方式记录在其自身配置的 SD 磁卡中或记录到与其连接的笔记本电脑的硬盘中，这同样为试验数据的处理、历史数据的追溯和试验数据的永久保存提供了方便。目前物理试验使用的高速多通道记录仪主要有四笔记录仪、八笔记录仪和 *X*-*Y* 记录仪。

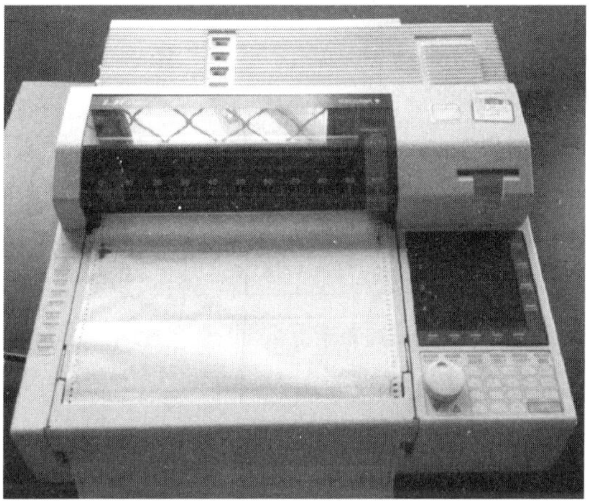

图 8-6　LR4210E 型四笔记录仪外观示意图

下面以最常用的 LR4210E 型四笔记录仪为例，简要介绍下记录仪的使用。

1) 记录仪功能

LR4210E 型四笔记录仪是数字式高速多通道记录仪。LR4210E 型四笔记录仪通过采集电压模拟量信号，经记录仪处理后可输出两类输出信号，一类输出信号仍然是电压模拟量信号(图形信号)，可用于记录笔在记录纸上绘制随时间变化的记录曲线；另一类输出信号为转换后的数字式输出信号，该输出信号一方面可输出至记录仪自带的 SD 磁卡中实现数据采集和存储功能，另一方面可通过信号电缆线与笔记本电脑的 RS-232 端口相连，利用笔记本电脑上的与记录仪配套的应用软件实现数据采集和存储功能。由于这两类输出信号在实际使用过程中是可以同时存在的，因此在试验过程中大都采用即在记录纸上记录测量曲线，同时也在笔记本电脑中存储数值信号。记录仪的信号来源可以是来自数字式反应性仪的输出的反应性和中子注量率水平信号，也可以是来自物理试验端子排的模拟信号，或电站数据采集系统 DCS 提供的数字信号。

由于 LR4210E 型四笔记录仪是数字式高速多通道记录仪，因此它可通过 GP-IB 口或 RS-232 口与笔记本电脑进行连接，利用记录仪自带的配套应用软件，可通过笔记本电脑实现对记录仪的参数设置、运行控制、数据采集和数据处理等远程操作的功能。LR4210E 型四笔记录议功能非常强大，由于可与笔记本电脑的连接，大大提高了记录仪操作的灵活性，使用非常方便。同时在一次测量试验结束后，可直接在笔记本电脑上进行试验数据的处理试验结果，提高了物理试验的进度，优化了物理试验的操作。

LR4210E 型四笔记录仪在启动物理试验中，可同时连接 4 个信号，比如可同时记录中子注量率水平、反应性、冷却剂平均温度、控制棒棒位等反应性测量相关的物理试验数据，以及有较大影响反应性测量相关的物理监督数据。

LR4210E 型四笔记录仪可连接 3 类试验测量信号：直流电压(DC)，热电偶(TC)，电阻温度计(RTD)。

2) 使用与操作

LR4210E 型四笔记录仪的操作包括 3 个步骤。① 电源线和信号线的硬件连接；② 记录仪工作参数的设置；③ 在完成上述两个步骤后，开始启动记录仪进行试验测量数据的曲线记录和数值记录。

在上述 3 个操作步骤中，最为重要的是第二步。LR4210E 型四笔记录仪的参数设置可以通过两个途径进行，第一个途径是通过记录仪前面板上的按键进行操作；第二个途径可通过数据电缆线与笔记本电脑连接，利用安装在笔记本电脑上的记录仪自带的配套应用软件实现对记录仪的参数设置、运行控制、数据采集和数据处理等远程操作的功能。两种方法能够实现的功能是相同的，重要的是看使用者对那种操作方式更为熟悉和操作起来更为便捷。LR4210E 型四笔记录仪更为详细的使用操作可参见 LR4210E 型四笔记录仪的使用手册。

第九章 物理试验期间的保护参数设置

当反应堆的运行参数偏离设计要求值时，为了防止反应堆的运行明显地接近安全限值，就必须给反应堆的运行偏离设置一个具有安全裕度的保护限值，以确保反应堆的运行偏离不危及反应堆的安全以及安全分析的结果。这个具有“安全裕度”的保护限值通常被称作为保护参数。保护参数的设置通常是依据反应堆安全分析在预期最为恶劣与严重的异常工况下，能够触发反应堆自动停堆动作，以防止反应堆堆芯超过安全限值的分析结果。同时，还必须充分考虑影响安全性的各种不利因素，运行参数的瞬态超调量，计算分析和测量的不精确等不确定性因素综合分析确定保护参数的值。压水核动力堆的保护参数主要涉及堆芯中子注量率变化、DNB、冷却剂系统、蒸汽发生器、稳压器、汽轮机和其他等几个重要方面。

《核电厂运行技术规范》作为压水核动力电厂《最终安全分析报告》中的重要组成部分，不仅对反应堆运行的保护参数做了详细的规定，而且对反应堆机组的正常运行进行了分类。通常不同类型的反应堆机组，由于最终安全分析对反应性控制的要求不同，其反应堆机组的运行工况分类也是不完全相同的。比如 CNP650 型和 M310 型压水核动力反应堆机组，根据其安全分析对反应性控制的要求，《核电厂运行技术规范》就将其正常运行分为 9 种标准运行工况，并且对这 9 种标准运行工况的保护参数设置都做了明确而详细的规定。

压水核动力反应堆机组的物理试验是一种特殊的反应堆机组运行工况。之所以说物理试验是一种特殊的运行状态，是因为一方面，物理试验综合了《电厂运行技术规范》中规定的几种反应堆机组标准运行工况，如堆芯装卸料物理试验属于《电厂运行技术规范》中规定的换料冷停堆标准运行工况，反应堆达临界和零功率物理试验则属于《电厂运行技术规范》中规定的热备用标准运行工况，而升功率物理试验则属于《电厂运行技术规范》中规定的功率运行标准运行工况。另一方面是，为了满足物理试验中的反应性测量需要，通常都是采用人为的、有计划的对正常运行中的反应堆进行频繁地改变堆芯中子注量率水平的操作实现的。这是压水核动力反应堆机组在正常的反应堆运行过程中，有目的人为改变堆芯反应性的唯一操作。因此，为了加强压水核动力反应堆机组物理试验期间反应堆安全运行的管理，就必须加强物理试验期间保护参数的要求和控制。因此，物理试验期间的保护参数设置的要求，与《电厂运行技术规范》中对各反应堆标准运行工况下的保护参数设置的规定就有所不同。

正因为如此，物理试验期间的保护参数的设置是压水核动力堆物理试验的重要组成内容之一。一方面是，在每一阶段物理试验实施前，必须对该阶段物理试验要求的保护参数进行设置与确认，并在物理试验期间还需要进行定期的核查，以防在物理试验期间被篡改而危及反应堆堆芯的安全；另一方面是，需要通过物理试验的测量结果对已设置的保护参数的有效性、正确性进行检查与核实，必要时还需要使用物理试验测量数据的处理结果对保护参数的设置数值进行重新计算，并重新进行设置。

下面就压水核动力反应堆物理试验的几个不同阶段，对物理试验期间的保护参数的设置进行介绍。

9.1　堆外核测仪表系统

由于压水核动力反应堆机组的物理试验，大都是围绕着堆芯中子注量率变化而进行的反应性变化的测量，因此物理试验期间的保护参数也几乎都是围绕着监测和保护堆芯中子注量率变化进行设置的。而堆外核测仪表系统是一个被设计在反应堆的整个运行寿期内，用于实时堆芯中子注量率水平变化监测，以及负责在接近或达到反应堆设计或者设备安全事故限值时产生报警与保护的重要手段之一。

通常，压水核动力反应堆从堆芯装料开始，到反应堆启动，再到满功率运行，其堆芯中子注量率水平的动态变化范围达到了 10 个数量级以上，即从 $10^{-1}\sim5\times10^{10}$ n/(cm^2·s)，相当于 $10^{-9}\sim200\%$FP，就目前在役应用的堆外核测仪表的测量技术，仅采用一种测量技术的中子探测器及其电子学测量处理通道，要完成如此大范围的测量与监视无疑是很困难的。因此，目前国际上对压水核动力反应堆通常都是采用 3 种不同测量技术的中子探测器及其电子学测量处理通道，即源量程测量通道、中间量程测量通道和功率量测测量通道，对反应堆堆芯中子注量率水平的变化进行不间断地实时监测。图 5-8 给出了堆外核测仪表系统在反应堆的布置。

堆外核测仪表系统的源量程测量通道是由 2 个完全相同且彼此独立的测量程通道组成的。源量程测量通道主要是用于堆芯装卸料期间、堆芯满装载后，以及反应堆启动过程等堆芯处于低中子注量率水平时的中子计数率监测。同时，该测量通道还向反应堆保护系统提供堆芯中子注量率高报警、中子注量率高停堆和中子注量率变化周期的信号。源量程测量通道的探测器是一个涂硼正比计数管，它对中子探测具有较高的灵敏度，对 γ 射线的探测有较低的灵敏度。如 CNP650 型压水动力堆使用的是 BF_3 正比计数管(CPNB44)，在图 5-8 中为 P.C 所表示，其中子探测的灵敏度约为 8 cps/nv，工作电压为 850 V，典型的中子注量率水平的监测范围约为 $10^{-1}\sim2\times10^5$ n/(cm^2·s)，相当于相对功率的变化范围约为 $11^{-9}\sim10^{-3}\%$FP。

堆外核测仪表系统的中间量程测量通道也是由 2 个完全相同且彼此独立的测量程通道组成。中间量程测量通道主要是用于反应堆启动过程中的中子注量率水平和反应堆周期的监测。中间量程测量通道通常是以测量得到的电流值来反映出堆芯中子注量率水平的变化。同时，中间量程测量通道也向反应堆保护系统提供中子注量率高停堆和反应堆周期的信号。由于中间量程测量通道的测量范围比较宽，通常是采用对数功率的指示。中间量程测量通道的探测器是一个 γ 补偿电离室，如 CNP650 型压水动力堆使用的硼衬基 γ 补偿电离室(CC80)，在图 5-8 中为 C.I.C 所表示，其中子探测的灵敏度为 8×10^{-14} A/[n/(cm^2·s)]，γ 射线探测的灵敏度(未补偿)是 5.5×10^{-9} A/(Gy/h)，最大电流为 1 mA，工作电压为 600 V。典型的中子注量率水平的监测范围约为 $2\times10^2\sim3.9\times10^9$ n/(cm^2·s)，相当于相对功率的

变化范围约为 10^{-6}～200%FP。中间量程测量通道适用于反应堆达到临界至 10%P_n区段内的使用。

堆外核测仪表系统的功率量程测量通道一般是由 4 个完全相同且彼此独立的测量通道组成的。功率量程测量通道通常是用于反应堆处于功率运行阶段的中子注量率水平的监测，并向反应堆保护系统和功率调节系统输送信号。每个功率量程测量通道是由一个具有 6 节分布在堆芯轴向高度上，且为中子敏感区域的非补偿电离室组成，在堆外每 90°方向安装一个功率量程测量通道。如 CNP650 型压水动力堆使用的功率量程测量通道为硼衬基多节非补偿电离室(CBL26)，在图 5-8 中为 U. I. C 所表示。每一个功率量程测量通道的电离室的灵敏长度为 6×100 mm，其每节电离室的中子探测灵敏度大约为 2.3×10^{-14} A/[n/(cm^2 • s)]，高压供电电源对于 6 个部分是相同的，在最大电流为 0.35 mA，工作电压为 600 V，γ 射线探测的灵敏度(未补偿)约为 5.5×10^{-9} A/(Gy/h)。功率量程测量通道的每一节电离室是通过测量从堆芯泄漏出来的快中子，产生一个正比于堆芯中子注量率水平的电流信号。功率量程测量通道的中子注量率水平的监测范围约为 5×10^{2}～3.9×10^{9} n/(cm^2 • s)，相当于相对功率的变化范围约为 10^{-6}～200%FP。

每一个功率量程测量通道都将 6 节电离室分成上下两个部分：上面 3 节电离室的信号合并为一个输出信号，该信号测得的电流值正比于堆芯上半部的功率，作为监测堆芯上部中子注量率水平变化的上部信号；下面 3 节电离室的信号合并为一个输出信号，该信号所测得的电流值正比于堆芯下半部产生的功率，作为监测堆芯下部中子注量率水平变化的下部信号。每一组电离室(即上面 3 节电离室或下面 3 节电离室)负责监测反应堆体积的 1/8。功率量程测量通道的上部和下部的电离室测量得到的电流信号之和给出了堆芯的总功率，如式(9-1)所示。4 个功率量程测量通道测量得到的堆芯功率之平均给出了反应堆堆芯的平均功率，如式(9-2)所示。

$$P_{\mathrm{RPN}} = K \times [(K_{\mathrm{H}} \times I_{\mathrm{H}} + K_{\mathrm{B}} \times I_{\mathrm{B}})] \tag{9-1}$$

$$P_{\mathrm{avg}} = \frac{\sum_{i=1}^{4} P_i}{4} \tag{9-2}$$

式中，I_{H}、I_{B}分别为堆外核测仪表系统的上部电离室的电流之和与下部电离室测量得到的电流之和，K_{H}、K_{B}为相应的转换系数，K 为功率调整因子，P_i 为堆外核测仪表系统中的一个功率量程测量通道测量得到的堆芯功率。

功率量程测量通道不仅可以用于堆芯中子注量率水平及其分布的监测，具有控制反应堆运行的功能，还由于被要求与保护系统相联结，而具备能够向保护系统发出报警信号，产生停闭反应堆功率运行的保护功能。

因此，堆外核测仪表系统不仅为压水核动力反应堆在《电厂运行技术规范》规定的各种标准运行工况下提供有效的、连续不间断地测量和监视手段，同时它也为反应堆保护系统提供最为原始的中子注量率水平变化和反应堆功率的测量信息，承担着一定的保护功能。即该系统具有连续功率运行监测和安全保护的两种功能。因此，堆外核测仪表系统必须具备每个测量区段之间都至少要有 2 个数量级的重叠衔接区域，以保证在其 3 个测量通道所负责的中子注量率水平之间的保护和控制的连续性。同时，3 个测量通道的输出还应与反应堆的核功率水平呈线性关系，以满足堆外核测仪表系统所承担的覆盖反应堆整个功率变化范围的监测和保护的功能要求，如图 9-1 所示。因此，在反应堆堆芯达到初始临界状态后，首先必须对堆外核测仪表系统的源量程测量通道、中间量程测量通道和功率量程量通道之间的重叠和线性进行校验，以确保堆外核测仪表系统的 3 个测量通道性能状态完好。

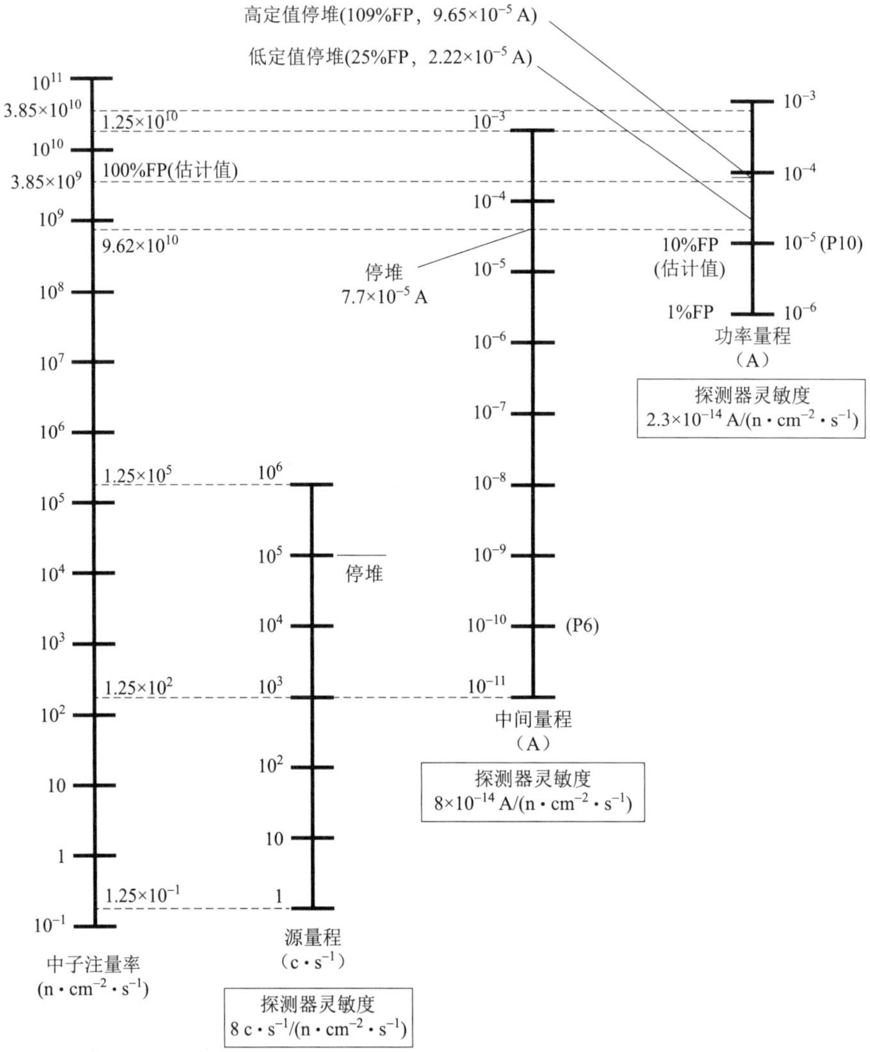

图 9-1 堆外核测仪表系统各测量通道量程示意图

堆外核测仪表系统 3 个量程测量通道的重叠与线性校验试验方法是，通过提升控制棒向堆芯引入一个大约 80 s 倍增周期的正反应性。在中子注量率水平增长的过程中，可通过电站数据采集系统或人工方式记录下源量程测量通道、中间量程测量通道和功率量程测量通道的对应读数，然后分别在双对数坐标纸上做出源量程测量通道和中间量程测量通道，中间量程测量通道和功率量程测量通道的线性与重叠关系曲线，如图 9-2 和图 9-3 所示。

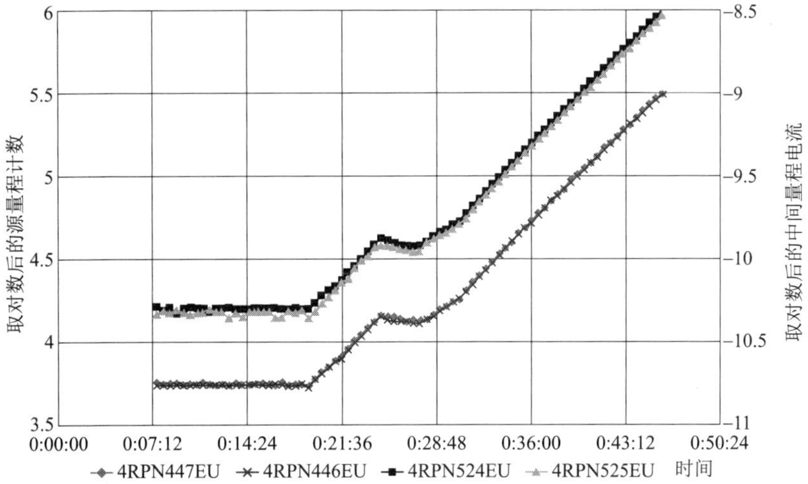

图 9-2　源量程和中间量程线性与重叠测量结果示意图

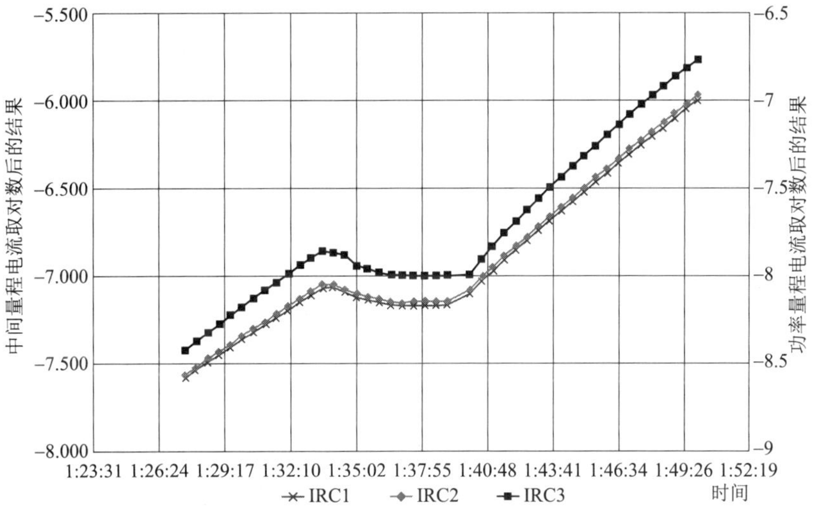

图 9-3　中间量程和功率量程线性与重叠测量结果示意图

9.2　堆芯装、卸料期间

堆芯装、卸料操作在 CNP650 型和 M310 型压水核动力反应堆机组的《核电厂运行技术规范》规定的 9 种标准运行工况中，是属于其中第一种标准运行工况，即反应堆换料冷停堆运行工况。在这个标准运行工况下，反应堆压力容器是敞开的，其换料水池的压力与其所处的是环境压力是相同的，换料水池的温度被控制在 10～50℃范围内。堆芯装、卸料操作仅仅是向反应堆堆芯添加或卸出燃料组件，也就是说随着燃料组件向堆芯添加，堆芯装料操作是逐步向反应堆堆芯添加正反应性的。反之，随着燃料组件从堆芯卸出，堆芯卸料操作是逐步减小堆芯的反应性的。因此，在堆芯装、卸料操作期间仅需对中子注量率水平的变化情况进行有效的监测和保护。也就是说在堆芯装、卸料操作过程中，由于此时的堆芯中子注量率水平很低，因此仅需要对堆外核测仪表系统中的源量程测量通道进行中子注量率高报警整定值和中子注量率高紧急停堆整定值的设置。

另外，根据第二章内容的介绍可知，压水核动力反应堆的堆芯装、卸料操作是在换料水池充满大于《核电厂运行技术规范》对换料冷停运行工况下规定的含硼水下进行的，如CNP650型压水核动力反应堆在年换料制下的规定为2 100 ppm，对于长燃料循环堆芯燃料管理策略下的规定为2 300 ppm。因此，为了有效地监督堆芯在装、卸料期间的中子注量率水平的变化，以及防硼误稀释的需要，《核电厂运行技术规范》对在换料冷停运行工况下的中子注量率水平监测和保护有两点规定，一个是源量程测量通道中子注量率高报警值的规定为基准中子计数率测量值的3倍，即3*SRC*；第二个是源量程测量通道中子注量率高停堆保护值为10^5 cps。由于堆外核测仪表RPN系统中的源量程测量通道有2个测量通道，因此在停堆保护动作的逻辑符合设计上规定为二取一。

由于堆芯装料操作是燃料组件不断地向反应堆堆芯添加的过程，堆芯的中子注量率水平也在随燃料组件不断地添加而增高；堆芯卸料操作是燃料组件不断地从反应堆堆芯中卸出的过程，堆芯中的中子注量率水平也在随燃料组件不断地减少而降低。因此，用于监测和保护堆芯装、卸料操作的源量程测量通道中子注量率高报警值，必须是随着反应堆堆芯装、卸料操作的进程而不断地调整的。

对于堆芯装料操作，首先是要进行堆芯装料初始的高报警值设置。初始的高报警值通常设置为3倍的基准中子注量率水平，即3SRC，这个报警值的是设置有两种，第一种是针对带外加中子源组件的堆芯装料，由于燃料组件包括辐照燃料组件的中子计数率都远低于带外加中子源组件贡献的中子计数率。因此，这种堆芯装料的第一步和第二步均是将两组带外加中子源的燃料组件分别放置在靠近两个源量程测量通道的附近，当这两组带外加中子源燃料组件安全就位后，如图9-4所示，分别获取两个源量程测量通道的平均中子计数率，并将其作为带外加中子源组件堆芯装料的基准计数率，然后在该基准计数率的基础上乘以3作为此堆芯装料初始的高报警设置值。基准中子计数率的获取与计算详见2.1节。第二种是针对无外加中子源组件的堆芯装料，由于影响源量程测量通道对中子注量率水平监督的，是由靠近源量程测量通道附近的堆芯最外层两排燃料组件贡献的中子计数，如图9-5所示。也就是说在此区域内每向堆芯添加一组燃料组件，都会对源量程测量通道的中子计数率有较大的影响。因此，为了避免频繁地进行设定值的调整，并且由安全分析可知，在换料冷停堆运行工况的堆芯装料状态下，分别在靠近两个源量程测量通道附近的堆芯最外围两排装入不多于8组燃料组件，此时的堆芯是不会达到反应堆临界状态的。因此，针对无外加中子源组件的堆芯装料，可首先分别将靠近源量程测量通道附近的堆芯最外围两排燃料组件完成安全就位，如图9-5所示，然后按照2.1节介绍的基准中子计数率获取与计算的方法，分别获取两个源量程测量通道的平均中子计数率，再在该基准计数率的基础上乘以3作为无外加中子源组件堆芯装料初始的高报警设置值。

在上述两种堆芯装料方式的实施过程中，源量程测量通道中子注量率高报警值的调整依据是，堆芯中子注量率水平随着向堆芯装料操作的进程而发生较大的变化，已不能很好地满足3*SRC*的监督要求。具体地说，对于带外加中子源组件的堆芯装料过程，当带外加中子源组件的堆内位置发生变化时，如图9-6所示，也就是说此时的堆芯中子注量率水平有较大的变化，这时就需要对源量程测量通道中子注量率高报警值进行调整。对于无外加中子源

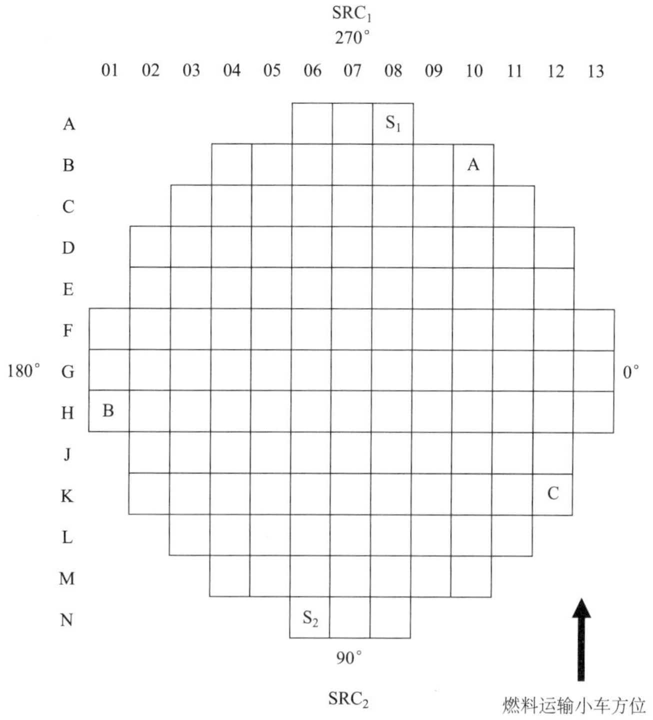

注：S_1为第一组带一次中子源的燃料组件
S_2为第二组带一次中子源的燃料组件

图 9-4　带外加中子源的堆芯装载前两步示意图

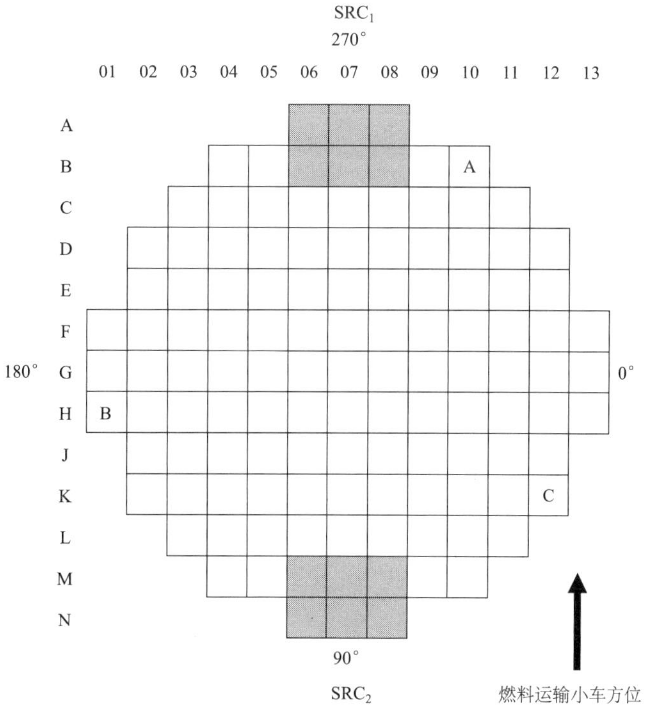

图 9-5　无外加中子源的堆芯装载前两步示意图

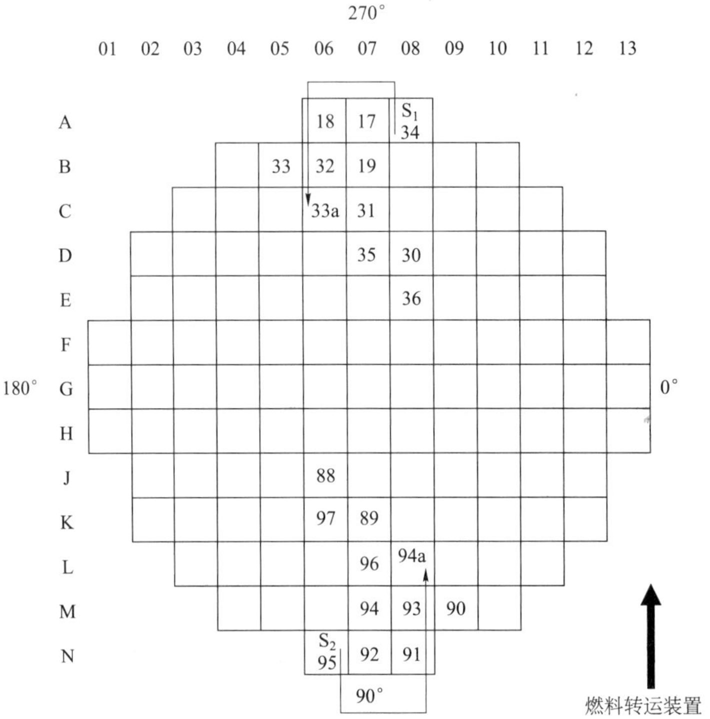

图 9-6　堆芯装料期间外加中子源组件堆芯位置变化示意图

组件的堆芯装料过程，如果堆芯随着燃料组件的不断添加，堆芯中子计数率的变化已有接近高报警设定值上限的趋势时，也就是原高报警设置值已不能很好地起到对堆芯中子注量率水平变化的监督和保护作用，因此需要对源量程测量通道的中子注量率高报警设置值进行调整。源量程测量通道的中子注量率高报警设置值调整方法是，重新按照 2.1 节介绍的基准中子计数率获取与计算的方法，分别获取堆芯装料在该状态下的两个源量程测量通道的平均中子计数率，再在该基准计数率的基础上乘以 3 作为堆芯装料在该状态下的高报警设置值。

当堆芯满装载后，不论是带外加中子源组件的堆芯，还是无外加中子源组件的堆芯，都需要对两个源量程测量通道已经设置的中子注量率高报警设置值进行检查和确认，如果需要进行调整，可按照 2.1 节介绍的基准中子计数率获取与计算的方法，分别获取堆芯在满装载状态下的两个源量程测量通道的平均中子计数率，再在该基准计数率的基础上乘以 3 作为堆芯满装载后的源量程测量通道的中子注量率高报警设置值。

对于堆芯卸料操作，首先是需要对两个源量程测量通道已经设置的中子注量率高报警设置值进行检查和确认，如果需要进行调整，可按照 2.1 节介绍的基准中子计数率获取与计算的方法，分别获取卸料前堆芯处于满装载状态下的两个源量程测量通道的平均中子计数率，再在该基准计数率的基础上乘以 3 作为堆芯卸料前初始的源量程测量通道的中子注量率高报警设置值。

在堆芯卸料实施过程中，源量程测量通道中子注量率高报警值的调整依据是，堆芯中子注量率水平随着向堆芯卸料操作的进程而发生较大的变化，已不能很好地满足 3 *SRC* 的监督要求。具体地说，对于带外加中子源组件堆芯的堆芯卸料过程，当带外加中子源组件发生堆内位置变化时，如图 9-7 所示，也就是说此时的堆芯中子注量率水平有较大的变化，这时就需要对源量程测量通道中子注量率高报警值进行调整。对于无外加中子源组件堆芯的堆芯卸料过程，如果堆芯随着燃料组件的不断减少，堆芯中子计数率变化已有接近高报警设定值下限的趋势时，也就是说原高报警设置值已不能很好地起到对堆芯中子注量率水平变化的监督和保护作用，因此需要对源量程测量通道中子注量率高报警设置值进行调整。源量程测量通道的中子注量率高报警设置值的调整方法是，重新按照 2.1 节介绍的基准中子计数率获取与计算的方法，分别获取堆芯卸料在该状态下的两个源量程测量通道的平均中子计数率，再在该基准计数率的基础上乘以 3 作为堆芯卸料在该状态下的高报警设置值。

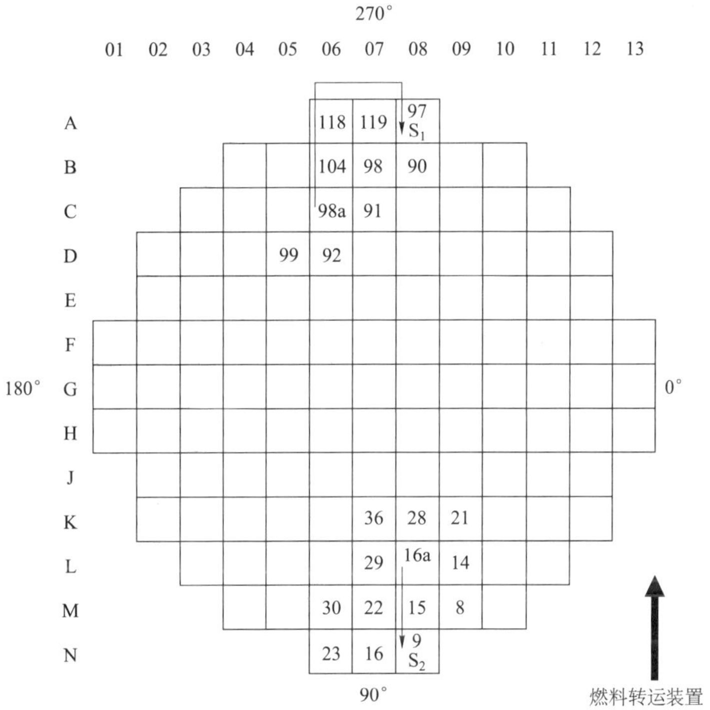

图 9-7　堆芯卸料期间外加中子源组件堆芯位置变化示意图

这里需要特别提醒的是，在堆芯装、卸料实施过程中，由于源量程测量通道的中子注量率高报警设置值的调整，都是依据堆芯中子注量率水平的变化，因此在任何情况下的堆芯中子注量率水平的变化都必须是可知的，否则就必须按照 2.6 节的规定和要求，停止堆芯装、卸料的一切操作，并对堆芯装、卸料的操作步骤，堆外核测仪表系统的源量程测量通道、反应堆状态及其系统设备的运行情况进行检查与确认，以确保故障原因被纠正，并在确认不危及反应堆堆芯及堆芯装、卸料操作的安全前提下，反应堆堆芯的装、卸料操作才能恢复。

对于源量程测量通道中子注量率高紧急停堆保护整定值，不论堆芯装、卸料是否是带有外加中子源组件，该保护整定值都设置为相同的 10^5 cps，并且是在堆芯装、卸料操作开始前就必须完成设置，一直保持到堆芯装、卸料结束。

为了满足反应堆保护系统设计的单一故障准则、冗余度、多样性和独立性等原则的要求，当满装载的堆芯在其装载的控制棒相关组件与其驱动机构保持完成链接的情况下，除了上述对源量程测量通道保护参数的设置要求外，还必须对堆外核测仪表系统的中间量程测量通道的C1和中子注量率高停堆整定值进行设置，即反应堆在该状态下，中间量程测量通道的禁止控制棒组提升的闭锁信号C1和中子注量率高紧急停堆整定值分别设置为 10^{-9} A和 10^{-8} A，以确保安全分析中的弹棒事故分析的有效性。

9.3 零功率物理试验期间

零功率物理试验阶段包括了反应堆达临界试验，该阶段在《核电厂运行技术规范》规定中属于热备用标准运行工况。

首先，由于在反应堆从堆芯满装载至反应堆达到临界状态过程中，堆芯中子注量率水平比较低，因此承担此过程堆芯中子注量率水平变化的监测手段，是堆外核测仪表系统的源量程测量通道和中间量程测量通道。因此，反应堆从堆芯满装载的换料停堆标准运行状态，至热停堆标准运行状态下的达临界试验开始前，反应堆的保护参数的设置原则仍应维持源量程测量通道的中子注量率高报警设置值3*SRC*（即3倍的基准中子计数率），和紧急停堆保护整定值 10^5 cps的设置。由于从换料停堆标准运行状态切换至热停堆标准运行状态下，堆芯中子注量率水平和反应性都将随着反应堆冷却剂系统的压力和温度逐步升高而增大，因此源量程测量通道的中子注量率高报警设置值3*SRC*也应随着堆芯中子注量率水平增大而进行适应性地调整。调整方法与堆芯装、卸料实施过程中的调整方法一致。

在反应堆达临界试验过程中，由于控制棒组的提升和反应堆冷却剂系统中的硼浓度的稀释缘故，堆芯中子注量率水平的变化是非常大的，而这种堆芯中子注量率水平的较大变化是在可信的理论计算结果和临界外推的指导下产生的。因此，在反应堆正式开始进行临界试验前，源量程测量通道中子注量率高报警设置值应调整为1 500 cps，而源量程测量通道的紧急停堆保护整定值仍维持 10^5 cps的设置。当在达临界实施过程中，源量程测量通道的中子计数率测量值达到1 500 cps时，可闭锁该报警设置值，但源量程测量通道的紧急停堆保护整定值仍维持 10^5 cps有效。源量程测量通道的紧急停堆保护整定值 10^5 cps的设置主要考虑了两个方面的因素，首先必须确保快速增长的堆芯中子注量率水平能够得到有效的监测，并保护反应堆堆芯的安全不遭受威胁；其次必须确保源量程测量通道的紧急停堆保护整定值，到探测器的中子计数测量上限（或饱和值）具有一定的缓冲裕度，以确保源量程测量通道的中子计数管探测器的有效测量，保护探测器不被遭受破坏。因此，源量程测量通道的计数管探测器的设计限值为 10^7 cps。

在这里需要指出的是，为了满足堆外核测仪表系统三个量程测量通道的源量程测量通道与中间量程测量通道，中间量程测量通道与功率量程测量通道之间的线性与重叠校验试验验收准则的要求，通常要求满足不少于2个量级的线性与重叠范围。而在反应堆达临界过程中，仅使用源量程测量通道来监督快速增长的堆芯中子注量率水平是不够的，通常还需要中间量程测量通道的监督。从源量程测量通道与中间量程测量通道开始衔接到源量程测量通道的紧急停堆保护整定值 10^5 cps，源量程测量通道与中间量程测量通道线性与重叠范围刚好是两个数量级，这样就会因线性与重叠的验证试验而引起反应堆的停堆事件产生。

因此，在反应堆达临界试验前的保护参数设置时，就需要将源量程测量通道的紧急停堆保护整定值由原 10^5 cps 调整至 10^6 cps。当中子注量率水平达到源量程测量通道达到饱和值，或者中子注量率水平达到紧急停堆定值的 1/2 数最级范围内，停止中子注量率水平的增长。正因如此，可以说物理试验是压水核动力反应堆机组的一种特殊运行工况。

为了满足反应堆保护系统设计的单一故障准则、冗余度、多样性和独立性等原则的要求，在达临界试验前，还必须对中间量程测量通道的保护参数进行设置。中间量程测量通道的保护参数有，禁止控制棒组提升的闭锁信号整定值 C1、紧急停堆整定值 RT 和允许信号 P_6。其中，禁止控制棒组提升的闭锁信号整定值 C1 设置值为产生多普勒效应的理论计算电流值的 20 倍，如 CNP650 型的多普勒效应理论计算结果为 10^{-6} A，那么 C1 整定值设置为 2×10^{-5} A。紧急停堆整定值 RT 为产生多普勒效应的理论计算电流值的 25 倍，如 CNP650 型的多普勒效应理论计算结果为 10^{-6} A，即紧急停堆整定值 RT 设置为 2.5×10^{-5} A。以及中间量程测量通道的允许信号 P_6 值设置为 10^{-10} A。

中间量程测量通道的允许信号 P_6 值为堆外核测仪表 RPN 系统对源量程测量通道的保护设置值，当堆芯的中子注量率水平达到 10^{-10} A 时，堆外核测仪表系统将闭锁源量程测量通道，以起到对源量程测量通道的保护作用；当堆芯的中子注量率水平下降至 10^{-10} A 以下时，堆外核测仪表 RPN 系统将重新启动源量程测量通道，以确保源量程测量通道能够正常的投入其监测和保护作用。

其次，在反应堆临界和零功率物理试验期间，堆芯的中子注量率水平相对于堆芯满装载和达临界期间的已经比较高了，此时承担该阶段堆芯中子注量率水平变化的监测手段，是堆外核测仪表系统的中间量程测量通道和功率量程测量通道。当反应堆达到临界，并完成 4.6 节中介绍的多普勒发热点的确定后，必须对中间量程测量通道的禁止控制棒组提升的闭锁信号整定值 C1 设置值和紧急停堆整定值 RT 进行检查和确认，必要时还需要对这两个保护参数进行调整。由于堆外核测仪表系统中的中间量程测量通道的有两个测量通道，因此在停堆保护动作的逻辑符合设计上规定为二取一。

如果在 4.6 节中获得核加热时的中间量程测量通道的读数 IRC_0 小于产生多普勒效应的理论计算电流值时，如测量值 IRC_0 小于理论计算结果 10^{-6} A 时，那么中间量程测量通道的禁止控制棒组提升的闭锁信号整定值 C1 设置值和紧急停堆整定值 RT 都可继续维持原设置值不进行调整。如果获得核加热时的中间量程测量通道的读数 IRC_0 大于产生多普勒效应的理论计算电流值时，如测量值 IRC_0 大于理论计算结果 10^{-6} A 时，那么中间量程测量通道的禁止控制棒组提升的闭锁信号整定值 C1 的设置值就必须按照：

$$\mathrm{C1} = 20 \times IRC_0 \tag{9-3}$$

计算结果进行调整，中间量程测量通道的紧急停堆整定值 RT 的设置值就必须按照：

$$RT_{IRC} = 25 \times IRC_0 \tag{9-4}$$

计算结果进行调整。其中，

$$IRC_0 = \frac{IRC_1 + IRC_2}{2} \tag{9-5}$$

式中：IRC_1、IRC_2 分别为两个中间量程测量通道在多普勒发热点处的测量值。IRC_0 为两个中间量程测量通道多普勒发热点 IRC_1 和 IRC_2 的平均值。

另外，为了满足反应堆保护系统设计的单一故障准则、冗余度、多样性和独立性等原则的要求，在零功率物理试验期间还需要对功率量程测量通道的保护参数进行设置。功率量程测量通道的紧急停堆低整定值设置为 25%FP；功率量程测量通道的停止提升控制棒整定值设置为 20%FP；功率量程测量通道的紧急停堆高整定值设置为 25%FP。这 3 个功率量程测量通道的保护参数都是功率量测测量通道系统设计的最低要求。除此之外，为确保功率量测测量通道的上述保护参数的有效，在零功率物理试验期间，还需要对功率量程测量通道的电离室刻度系数 K_H、K_B和 α 进行设置。

对于新建成的反应堆启动前，功率量程测量通道电离室的刻度系数 K_H、K_B和 α 的初始设置值有三种设置方式。第一种设置方式是将功率量程测量通道电离室的刻度系数 K_H、K_B和 α 的初始值设置为 1。该方法不论是原型的反应堆机组，还是系列建设的反应堆机组，只要是新建成的反应堆机组的第一次设置都适用。但是在反应堆机组后续升功率运行过程中，由该套刻度系数换算得到的反应堆功率和堆芯轴向功率偏差的测量结果，与实际运行过程中通过热平衡测量得到的反应堆功率，和堆芯核测仪表系统测量得到的堆芯轴向功率偏差参数相差较大，不利于反应堆运行的监测和保护。第二种设置方式是采用参考机组经验值。这种经验值是在两个机组的反应堆具有相同的堆芯装载方式前提下，并且电离室的刻度系数是通过实际试验得到的测量结果。该方法不仅适用于批量建设的系列新反应堆机组的第一次设置，如秦山第二核电厂 2 号机组首次启动时的刻度系数 K_H、K_B和 α 的设置值，就是采用了 1 号机组首个燃料循环在 50%FP 下的实际试验测量结果，而且也适用于换料堆芯启动时的设置。采用这种方式设置的反应堆基本上是处于平衡燃料循环，而且反应堆换料前后的堆芯装载方式基本相同。第三种设置方式就依赖于非常可信的理论计算给出的刻度系数 K_H、K_B和 α 进行设置。

对于换料堆芯的反应堆启动前，功率量程测量通道电离室的初始刻度系数 K_H、K_B和 α 的初始设置值也有三种设置方式。第一种设置方式与上面介绍的第二种方式相同。第二种设置方式就是仍然保持反应堆换料前的燃料循环在寿期末停堆前的最后一次刻度试验获得的测量结果不变。但是由于堆芯换料前后的堆芯装载方式存在有一定的差异，这将有可能导致反应堆机组在后续升功率运行过程中，由该套刻度系数换算得到的反应堆功率和堆芯轴向功率偏差的测量结果，与实际运行过程中通过热平衡测量得到的反应堆功率，和堆芯核测仪表系统测量得到的堆芯轴向功率偏差参数相差较大，不利于反应堆运行的监测和保护。第三种设置方式就是根据堆芯换料前后两个堆芯装载的差异，通过对于堆芯换料前的燃料循环在启动过程中，在相同的功率水平下第一次采用刻度试验获得的 K_H、K_B和 α 刻度系数进行差值计算，以获取换料堆芯功率量程测量通道电离室的初始刻度系数 K_H、K_B和 α 的设置值。该方法比较好的在试验测量结果基础上，考虑了换料堆芯装载方式的不同给刻度系数带来的差异。这套刻度系数能够比较好地起到反应堆运行的监测和保护作用。

9.4 升功率物理试验期间

在完成全部的零功率物理试验，并确认反应堆后续即将进行升功率操作后，物理试验人员的一项重要工作就是及时对保护参数进行调整，以确保反应堆具备升功率的条件和升功率期间反应堆的安全运行。升功率物理试验是反应堆处于《核电厂运行技术规范》规定的功率运行标准工况。因此，该阶段承担反应堆监测和保护的堆外核测仪表系统是中间量程测量通道和功率量程测量通道。其中，中间量程测量通道仅负责对反应堆功率水平低于10%FP的监测和保护，功率量测量通道则是对从零功率到满功率的全量程范围的监测和保护。

在反应堆提升功率前，中间量程测量通道的保护参数仍然维持零功率物理试验期间调整后的保护参数设置，即中间量程测量通道的禁止控制棒组提升的闭锁信号C1按照式(9-3)的设置值进行检查与确认，中间量程测量通道的紧急停堆整定值RT按照式(9-4)的设置值进行检查与确认。

在升功率阶段，中间量程测量通道将作为反应堆功率的一个函数被设定，即由曲线

$$I=F(P) \tag{9-6}$$

确定。此处 I 为中间量程测量通道测量获得的电流值，P 是反应堆功率。反应堆功率 P 值是作为反应堆冷却剂系统的热段和冷段之间的焓差 ΔH 的一个函数被确定，即小温差计算堆芯热功率方法，或者通过热平衡计算堆芯热功率的方式被确定。由于在低功率水平下热平衡测量系统无法正常运行，因此也就无法使用热平衡的方式对式(9-6)进行比较好的校核。而由于用于反应堆冷却剂系统压力、温度、流量的测量仪表都安装在高温、高压、高放射性等环境条件较差的一回路上，仪表精度相对较差，测量的误差较大，尤其是反应堆冷却剂流量是小温差法计算堆芯热功率的主要误差来源。因此，为了减小受测量参数的不确定性对中间量程测量通道保护参数的影响，就必须采用选取几个不同的功率水平、多次的对中间量程测量通道的三个保护参数设置值，即禁止控制棒组提升的闭锁信号C1设置值、紧急停堆整定值RT和ATWT（又称ATWS，意为未能紧急停堆的预期瞬态（Anticipated Transient Without Trip/Scram）。该信号是两个信号的组合，一个是两台蒸汽发生器给水流量低信号，另一个是中间量程测得的堆功率>30% P_n 信号。）相对应的电流值进行校核，以确保这三个保护参数的有效性和准确性，避免有可能会导致的保护系统动作。如CNP650型压水核动力堆采用式(9-3)和式(9-4)对C1为2%FP和RT为2.5%FP的设置值相对应的电流值进行校核。另外，依据式(9-6)的要求，选取反应堆运行功率水平为5%FP及其相对应的电流测量值，对C1为6%FP和RT为8%FP的设置值相对应的电流值进行校核。具体的校准方法如下：

$$C_1=\left(\frac{I_{\mathrm{IRC}}}{P}\right)\times 6\%\mathrm{FP} \tag{9-7}$$

$$RT=\left(\frac{I_{\mathrm{IRC}}}{P}\right)\times 8\%\mathrm{FP} \tag{9-8}$$

式中，I_{IRC} 为中间量程测量通道对应于功率水平 P 测量得到的电流值，单位为：mA；P 为由反应堆冷却剂系统的热段和冷段之间的温差 ΔT 得到的反应堆功率水平，单位为：%FP。同样，M310型压水核动力堆可对8%FP和10%FP设置值进行上述的校核。

另外，可在汽轮机组进行冲转前的稳定功率水平下，如CNP650型压水核动力反应堆机组为10%FP，对C1为20%FP、RT为25%FP和ATWT为30%FP的设置值相对应的电流值进行校核。然后使用新的系数校准中间量程测量通道的禁止控制棒组提升的闭锁信号C1设置值、紧急停堆整定值RT和ATWT。

当反应堆功率升至达到并超过热平衡系统可正常工作的功率水平以后，如CNP650型压水核动力电厂当反应堆功率大于等于25%FP时，可以使用试验仪表KME系统，即热平

衡测量系统,测量得到的堆芯热功率精度可确保在95%置信概率下小于1%。因此,可在30%FP和50%FP两个有物理试验的功率水平上,通过使用热平衡的测量结果,以及相对应的中间量程测量通道的测量电流值,使用式(9-6)对中间量程测量通道保护参数设置值要求的电流值进行最终校核,然后使用新的系数校准中间量程测量通道的禁止控制棒组提升的闭锁信号C1设置值和紧急停堆整定值RT对应的电流值。同时,在这两个功率水平上绘制出中间量程测量通道探测器的补偿电压与其输出电流的关系曲线。

在升功率阶段,功率量程测量通道同样有式(9-6)的曲线,作为反应堆功率的一个函数被设定。在反应堆功率提升前,功率量测测量通道的保护参数将分为两类参数进行设置,第一类是整定值参数的设置,包括功率量程测量通道中子注量率超过定值的允许信号P10设置为10%FP,功率量程测量通道的紧急停堆低整定值$RT_{低}$设置为25%FP,功率量程测量通道中子注量率大于定值的允许信号P16设置为30%FP,功率量程测量通道的禁止控制棒组提升的闭锁信号C2设置为20%FP,功率量程测量通道的紧急停堆高整定值设置$RT_{高}$为25%FP,正中子注量率变化率高停堆5%FP/2 s,和负中子注量率变化率高停堆−5%FP/2 s。其中,当四取二个功率量程测量通道的中子注量率超过允许信号P10设置的10%FP时,允许手动闭锁中间量程测量通道的禁止控制棒组提升的闭锁信号C1设置值,中间量程测量通道的紧急停堆整定值RT,功率量程测量通道的紧急停堆低整定值$RT_{低}$,自动闭锁源量程测量通道的中子注量率高停堆保护值,并关闭高压,形成P7信号,以及允许校正中子注量率变化率高通道。当功率量程测量通道中子注量率大于允许信号P16设定的30%FP时,允许汽轮机刹车引起紧急停堆。

另外,由于升功率物理试验需要在不同的功率水平上实施,因此在每一次反应堆功率提升前,都须将功率量程测量通道的禁止控制棒组提升的闭锁信号C2设置为目的功率水平的值并考虑15%FP的正裕量,功率量程测量通道的紧急停堆高整定值$RT_{高}$设置为目的功率水平的值并考虑20%FP的正裕量。即

$$C2=目标标功率水平数+15\%FP \tag{9-9}$$

$$RT_{高}=目标标功率水+20\%FP \tag{9-10}$$

式(9-9)和式(9-10)的规定在反应堆机组调试期间必须严格遵守。这是因为机组在第一次升功率过程中,监测并保护受测量参数的不确定性而导致超功率运行;其次是监测并保护机组在调试期间,由于系统设备故障原因而导致堆芯中子注量率水平增长过快。但是不论反应堆功率水平达到多少,即使在满功率状态下,功率量程测量通道的禁止控制棒组提升的闭锁信号C2的最大设置值,都不得超过安全分析的假设条件103%FP,功率量程测量通道的紧急停堆高整定值$RT_{高}$的最大设置值,都不得超过安全分析的假设条件109%FP。

对于堆芯换料后的反应堆升功率过程,通常是在反应堆的功率水平不大于50%FP时,包括50%FP在内,功率量程测量通道的禁止控制棒组提升的闭锁信号C2和紧急停堆高整定值$RT_{高}$的设置值必须按照式(9-9)和式(9-10)的规定执行。比如CNP650型压水核动力反应堆机组,当反应堆的目标功率水平为30%FP时,功率量程测量通道的禁止控制棒组提升的闭锁信号C2和紧急停堆高整定值$RT_{高}$的设置值分别设置为45%FP和50%FP;当反应堆的目标功率水平为50%FP时,功率量程测量通道的禁止控制棒组提升的闭锁信号C2和紧急停堆高整定值$RT_{高}$的设置值分别设置为65%FP和70%FP;当反应堆的目标功率水平为75%FP时,功率量程测量通道的禁止控制棒组提升的闭锁信号C2和紧急停堆高整定

值 $RT_{高}$ 的设置值分别设置为 90%FP 和 95%FP；当反应堆的目标功率水平达到满功率时，功率量程测量通道的禁止控制棒组提升的闭锁信号 C2 和紧急停堆高整定值 $RT_{高}$ 的设置值分别设置为 103%FP 和 109%FP。

对于平衡循环的换料堆芯，当反应堆的功率水平超过 50%FP 时，功率量程测量通道的禁止控制棒组提升的闭锁信号 C2 的设置值可直接设置为 103%FP，功率量程测量通道的紧急停堆高整定值 $RT_{高}$ 的设置值可直接设置为 109%FP。

正因如此，为确保功率量测测量通道能够为控制与保护系统提供准确的功率水平和堆芯轴向功率偏差的测量值，就必须对功率量测测量通道的电离室刻度系数进行精确的刻度。因此，第二类设置参数是涉及功率量程测量通道电离室的刻度系数 K_H、K_B 和 α 的设置与调整。

第五章 5.2 节已对升功率物理试验和定期物理试验中的功率量程测量通道的电离室刻度试验做了详细的介绍，这里就不再重复，详细内容见第五章 5.2 节。这里主要介绍一下新建成的反应堆启动前和换料堆芯启动前，功率量程测量通道电离室的初始刻度系数 K_H、K_B 和 α 的设置与调整。

参考文献

[1] 罗璋琳,史永谦,潘泽飞．实验反应堆物理导论[M]. 哈尔滨:哈尔滨工程大学出版社,2011.

[2] 郑福裕．压水堆核电厂运行物理导论[M]. 北京:原子能出版社,2009.

[3] 李泽华．核反应堆物理[M]. 北京:原子能出版社,2010.

[4] 詹勇杰,潘泽飞,代前进．压水堆核电厂负反应性校刻方法的探讨．中国核工业,2013,5(增刊).

[5] 莫国均,钱纪生．调试和启动[M]. 北京:原子能出版社,2000.

附　录

附录1　二回路热平衡参数确定及不确定度分析

1　参数的确定

1.1　湿蒸汽焓 H_v 的确定

计算是以在每台蒸汽发生器(SG)出口压力测量值为基础。假设所有蒸汽发生器的含汽量是相同的,并随负荷保持常数。对于第一次功率提升,在供应边界条件上要使用含汽量的合同值。在完成"夹带水量测量"(即湿蒸汽焓测量)试验之后,可使用测量值。之后转换为试验条件。

压力值是通过蒸汽管的测量值 p_{vvp} 进行计算的。p_{vvp} 要用动压 p_d、蒸汽发生器出口到传感器之间的压降 Δp,以及蒸汽压力传感器和蒸汽管轴线之间的位差 Δz 来修正。压力值的计算如下:

$$p_d = \frac{1}{2}\rho V^2 = \frac{1}{2}\left(\frac{4}{\pi D^2}\right)^2 \frac{Q^2}{\rho} \tag{附 1-1}$$

$$p_z = \rho' g \Delta z \tag{附 1-2}$$

$$\Delta p = k\,\frac{LQ^2}{D^5} \tag{附 1-3}$$

式中:Q 为蒸汽质量流量,单位为 kg/s;ρ 为蒸汽密度,单位为 kg/m^3;D 为蒸汽管道的直径,单位为 m;L 为蒸汽发生器出口到传感器接口间的蒸汽管道长度,单位为 m;ρ'为测量管道中的水密度,单位为 kg/m^3。

这样,SG 出口的压力值为:

$$p = p_{vvp} + \rho' g \Delta z + \frac{8}{\pi^2 D^4}\,\frac{Q^2}{\rho} + k\,\frac{LQ^2}{D^5} \tag{附 1-4}$$

1.2　给水焓 H_e 的确定

给水焓是根据每台蒸汽发生器入口温度和压力值计算得到的。压力值是通过使用传感器和管道轴线之间的位差 Δz,以及 ARE KD 到蒸汽发生器入口之间的压降 Δp 来修正主给水流量孔板接头(ARE KD)上游静压测量值 p_{ARE} 来确定的。压力值的计算如下:

$$\Delta p = k\,\frac{LQ^2}{D^5} \tag{附 1-5}$$

式中:D 为从 ARE KD 到蒸汽发生器入口管道的直径,单位为 m;L 为从 ARE KD 到蒸汽发生器入口管道的长度,单位为 m;Q 为根据本附录 1.4 节计算得到的给水流量,单位为 kg/s。

这样，蒸汽发生器入口的压力值可表示为：

$$p = p_{ARE} - k\frac{LQ^2}{D^5} + \rho' g\Delta z \qquad (附 1\text{-}6)$$

式中：ρ'为传感器测量管道中的水密度，单位为 kg/m^3。动压 $\frac{8}{\pi^2 D^4}\frac{Q^2}{\rho}$ 的修正可以被忽略。

温度值是通过用 ARE KD 到蒸汽发生器入口之间的管道热损失来修正测量值进行计算的。计算是以热损失系数和管道表面积为基础的。

1.3　排污水焓 H_p的确定

假设每台蒸汽发生器排污水焓都是饱和水焓。压力取为测量的蒸汽压力。

1.4　给水流量 Q_e的确定

每台蒸汽发生器的给水流量是通过按照国家标准 GB/T 2624—1993 设计的试验孔板压差测量值和在压力接头处的流体密度来进行计算得到的。

用来计算给水流量的给水压力和温度是通过孔板横截面处测量的或从用于热平衡目的而进行的测量中推断出来的。流体密度可直接测量，也可用在上游压力接头平面处的静态压力、温度和流体特性进行计算。具体计算如下：

$$Q_e = C \times E \times \varepsilon \times \frac{\pi d^2}{4} \times \sqrt{2 \times \Delta p \times \rho} \qquad (附 1\text{-}7)$$

$$E = \frac{1}{\sqrt{1-\beta^4}} \qquad (附 1\text{-}8)$$

式中：Q_e为蒸汽发生器给水流量，单位为 kg/s；E 为渐近速度系数，无量纲；β 为主给水管道直径比，无量纲，$\beta = d/D$；d 为运行条件下孔板的开孔直径，单位为 m；D 为运行条件下上游管道的内径，单位为 m；ε 为流体的可膨胀系数，无量纲；Δp 为孔板前后压差，单位为 Pa；ρ 为设备上游流体的密度，单位为 kg/m^3；这里需要指出的是，在 ρ 的计算中所考虑的静态压力是上游管道横截面正中心的压力。C 为流出系数，无量纲。

这里需要注意的是 d 和 D 要用孔板材料和管道材料的膨胀系数进行修正。在安装之前，孔板的直径 $d(t_0)$和管道的直径 $D(T_0)$分别是在温度 t_0和 T_0下测量得到的。由于在运行温度 t 下的热膨胀，则孔板的直径 $d(t)$和管道的直径 $D(t)$可认为是：

$$d(t) = d(t_0) \times [1 + \lambda \times (t - t_0)] \qquad (附 1\text{-}9)$$

$$D(t) = D(T_0) \times [1 + \lambda' \times (t - T_0)] \qquad (附 1\text{-}10)$$

对于流出系数 C 的计算如下：

$$C = \overline{C_1} + C_2 \times \left(\frac{10^6}{Re \times D}\right)^{0.75} \qquad (附 1\text{-}11)$$

式中，Re 为管道上游的雷诺数，无量纲；C_1、C_2均为修正系数，无量纲；具体计算如下：

$$\overline{C_1} = 0.5959 + 0.0312\beta^{2.1} - 0.1840\beta^8 + \frac{0.0900L_1\beta^4}{1-\beta^4} - 0.0337L'_2\beta^3 \qquad (附 1\text{-}12)$$

$$C_2 = 0.0029\beta^{2.5} \qquad (附 1\text{-}13)$$

1.5　排污流量 Q_p的确定

这里假设两个蒸汽发生器的排污流量相等，因此可由总排污流量的测量值得到。

2 不确定度的计算

在 7.1.2 节中，已经介绍了二回路系统的热平衡测量方法是以蒸汽发生器二次侧逼近焓平衡为基础的。因此，二回路系统热平衡测量方法最为关键的是需要得到准确的主给水流量、主给水温度和蒸汽发生器出口压力的准确值。下面就以秦山第二核电厂的二回路热平衡测量方法不确定度的分析为例，对二回路热平衡测量方法不确定度的分析方法给出完整的介绍。

首先，假设功率的测量值是 n 个独立变量的函数，如下：

$$W = f(x_1, x_2, \cdots, x_i, \cdots, x_n) \tag{附 1-14}$$

式中，$x_1, x_2, \cdots, x_n$ 为一组在相同条件下获得的单个设备的测量值。该组读数的系统不确定可表示为：$\dfrac{\Delta x_i}{x_i}$。

这样功率测量值的误差可用标准偏差方法计算：

$$\frac{\Delta W}{W} = \left[\left(\frac{x_1}{W} \times \frac{\partial W}{\partial x_1} \times \frac{\Delta x_1}{x_1}\right)^2 + \cdots + \left(\frac{x_i}{W} \times \frac{\partial W}{\partial x_i} \times \frac{\Delta x_i}{x_i}\right)^2 + \cdots\right]^{\frac{1}{2}} \tag{附 1-15}$$

因此，根据上面给出的误差分析方法，则式(7-5)给出的功率表达式可改写为：

$$\frac{\Delta W}{W} = \left\{\left(\frac{W_{sg_1}}{W} \times \frac{\Delta W_{sg_1}}{W_{sg_1}}\right)^2 + \left(\frac{W_{sg_2}}{W} \times \frac{\Delta W_{sg_2}}{W_{sg_2}}\right)^2 + \left[\frac{W\Delta P_r}{W} \times \frac{\Delta(W\Delta P_r)}{W\Delta P_r}\right]^2\right\}^{\frac{1}{2}} \tag{附 1-16}$$

由于 $\dfrac{W_{sg_i}}{W} \approx \dfrac{1}{2}$，并假设 $\dfrac{\Delta W_{sg_1}}{W_{sg_1}} = \dfrac{\Delta W_{sg_2}}{W_{sg_2}} \leqslant \left(\dfrac{\Delta W_{sg}}{W_{sg}}\right)_{max}$，这样有：

$$\frac{\Delta W}{W} \leqslant \left\{\frac{1}{2}\left[\frac{\Delta W_{sg}}{W_{sg}}\right]^2_{max} + \left[\frac{W\Delta P_r}{W} \times \frac{\Delta(W\Delta P_r)}{W\Delta P_r}\right]^2\right\}^{\frac{1}{2}} \tag{附 1-17}$$

式中，$\dfrac{\Delta(W\Delta P_r)}{W\Delta P_r} = 0.25$；$\dfrac{\Delta W_{sg}}{W_{sg}}$ 的计算如下：

$$\frac{\Delta W_{sg}}{W_{sg}} \leqslant \left\{\begin{aligned}&\left[\frac{H_v(Q_e - Q_p)}{W_{sg}} \times \frac{\Delta H_v}{H_v}\right]^2 + \left[\frac{H_e Q_e}{W_{sg}} \times \frac{\Delta H_e}{H_e}\right]^2 + \left[\frac{H_p Q_p}{W_{sg}} \times \frac{\Delta H_p}{H_p}\right]^2 + \\ &\left[\frac{Q_e(H_v - H_e)}{W_{sg}} \times \frac{\Delta Q_e}{Q_e}\right]^2 + \left[\frac{Q_p(H_v - H_p)}{W_{sg}} \times \frac{\Delta Q_p}{Q_p}\right]^2\end{aligned}\right\}^{\frac{1}{2}} \tag{附 1-18}$$

若排污管线关闭，关系式简化为：

$$\frac{\Delta W_{sg}}{W_{sg}} \leqslant \left\{\left[\frac{H_v Q_e}{W_{sg}} \times \frac{\Delta H_v}{H_v}\right]^2 + \left[\frac{H_e Q_e}{W_{sg}} \times \frac{\Delta H_e}{H_e}\right]^2 + \left[\frac{Q_e(H_v - H_e)}{W_{sg}} \times \frac{\Delta Q_e}{Q_e}\right]^2\right\}^{\frac{1}{2}} \tag{附 1-19}$$

1. $\dfrac{\Delta H_v}{H_v} = \left\{\left[\dfrac{x}{H_v}(H_{vs} - H_{es})\dfrac{\Delta x}{x}\right]^2 + \left[\dfrac{H_{vs}}{H_v}(x)\dfrac{\Delta H_{vs}}{H_{vs}}\right]^2 + \left[\dfrac{H_{es}}{H_v}(1-x)\dfrac{\Delta H_{es}}{H_{es}}\right]^2\right\}^{\frac{1}{2}}$

(1) x—蒸汽含气率，$\dfrac{\Delta x}{x} = \dfrac{1-x}{x}$，首次启动 100%FP 时的蒸汽含气率取自化学分析值，其他功率平台取定值 0.999；

(2) $\frac{\Delta H_{vs}}{H_{vs}}=\left[\left(\frac{\Delta H_{vs}}{H_{vs}}\right)_{pv}^{2}+\left(\frac{\Delta H_{vs}}{H_{vs}}\right)_{f}^{2}\right]^{\frac{1}{2}}=\left[\left(\frac{p_v}{H_{vs}}\left|\frac{\partial H_{vs}}{\partial p_v}\right|\frac{p_m}{p_v}\frac{\Delta p_m}{p_m}\right)^2+\frac{16}{H_{vs}^2}\right]^{\frac{1}{2}}$;

式中,p_v为修正后的主蒸汽压力;H_{vs}为饱和蒸汽比焓;$\left|\frac{\partial H_{vs}}{\partial p_v}\right|$ 取 13.6 kJ/(kg·℃);p_m为现场平均压力值;$\Delta p_m=\sqrt{0.18^2+0.03^2}=0.182\ 48\text{MPa}$。

(3) $\frac{\Delta H_{es}}{H_{es}}=\left[\left(\frac{\Delta H_{es}}{H_{es}}\right)_{pv}^{2}+\left(\frac{\Delta H_{es}}{H_{es}}\right)_{f}^{2}\right]^{\frac{1}{2}}=\left[\left(\frac{p_v}{H_{vs}}\left|\frac{\partial H_{es}}{\partial p_v}\right|\frac{p_m}{p_v}\frac{\Delta p_m}{p_m}\right)^2+\frac{0.64}{H_{es}^2}\right]^{\frac{1}{2}}$;

式中,p_v为修正后的主蒸汽压力;H_{vs}为饱和蒸汽比焓;H_{es}为饱和水比焓;$\left|\frac{\partial H\text{es}}{\partial pv}\right|=$ 51.8 kJ/(kg·℃);p_m为现场平均压力值;$\Delta p_m=\sqrt{0.18^2+0.03^2}=0.182\ 48\ \text{MPa}$;

2. $\frac{\Delta H_e}{H_e}=\left[\left(\frac{\Delta H_e}{H_e}\right)_{te}^{2}+\left(\frac{\Delta H_e}{H_e}\right)_{f}^{2}\right]^{\frac{1}{2}}=\left[\left(\frac{t_e}{H_e}\left|\frac{\partial H_e}{\partial t_e}\right|\frac{\Delta t_e}{t_e}\right)^2+\frac{0.25}{H_e^2}\right]^{\frac{1}{2}}$

式中,t_e为给水温度;$\Delta t_e=\sqrt{0.22^2+0.067^2+0.03^2+(0.15+0.002\times t_e)^2}$;$H_e$为给水比焓;$\left|\frac{\partial H_e}{\partial_t e}\right|=5\ 000\text{J/(kg·℃)}$。

3. $\frac{\Delta H_p}{H_p}=\frac{\Delta H_{es}}{H_{es}}$。此处假设排污水焓等于饱和水焓,压力等于蒸汽压力。

4. $$\frac{\Delta Q_e}{Q_e}=2\frac{\partial Q_e}{\partial Q_e}=2\left[\left(\frac{\partial C}{C}\right)^2+\left(\frac{\partial \varepsilon}{\varepsilon}\right)^2+\left(\frac{2\beta^4}{1-\beta^4}\right)^2\left(\frac{\partial D}{D}\right)^2+\left(\frac{2}{1-\beta^4}\right)^2\left(\frac{\partial d}{d}\right)^2+\frac{1}{4}\left(\frac{\partial \Delta p}{\Delta p}\right)^2+\frac{1}{4}\left(\frac{\partial \rho}{\rho}\right)^2\right]^{\frac{1}{2}}$$

(1) 标准偏差 $\frac{\partial C}{C}=0.3\%$ ($\beta\leqslant 0.6$) 或 $\frac{\partial C}{C}=\frac{\beta}{2}\%$ ($\beta\geqslant 0.6$);

式中,$\beta_1=\frac{d_1}{D_1}=\frac{0.241\ 71}{0.363\ 74}=0.664\ 5$;$\beta_2=\frac{d_2}{D_2}=\frac{0.241\ 69}{0.363\ 695}=0.664\ 5$;

所以,$\frac{\partial C}{C}=\frac{0.664\ 5}{2}\%=0.33\%$。

(2) 根据国家标准 GB/T 2624—1993 可知对于不压缩流体,标准偏差 $\frac{\partial \varepsilon}{\varepsilon}=0$。

(3) 根据国家标准 GB/T 2624—1993 的要求,标准偏差 $\frac{\partial D}{D}\leqslant 0.4\%$,$\frac{\partial d}{d}\leqslant 0.07\%$;

(4) 标准偏差
$$\frac{\partial \Delta p}{\Delta p}=\left[\left(\frac{2}{3}\xi_e\frac{\Delta p_{\text{满刻度值}}}{\Delta p_{\text{实测值}}}\right)^2+(\xi_c)^2\right]^{\frac{1}{2}}$$
$$=\left[\left(\frac{2}{3}\times 0.04\%\times 0.188\ 641\right)^2+(0.03\%)^2\right]^{\frac{1}{2}}$$
$$=0.000\ 52$$

式中,ξ为差压变送器的精度。

(5) 标准偏差 $\frac{\partial \rho}{\rho}=\frac{1}{2}\frac{\Delta \rho}{\rho}=\frac{1}{2}\left[\left(\frac{\Delta \rho}{\rho}\right)_{te}^{2}+\left(\frac{\Delta \rho}{\rho}\right)_{f}^{2}\right]^{\frac{1}{2}}$

$$=\frac{1}{2}\left[\left(\frac{t_e}{\rho}\left|\frac{\partial\rho}{\partial t_e}\right|\frac{\Delta t_e}{t_e}\right)^2+(4\times10^{-7}\times\rho)^2\right]^{\frac{1}{2}}$$

式中，t_e为给水温度；$\Delta t_e=\sqrt{0.22^2+0.067^2+0.03^2+(0.15+0.002\times t_e)^2}$；$\rho$为给水密度；$\left|\frac{\partial\rho}{\partial t_e}\right|=1.338\text{kg}/(\text{m}^3\cdot℃)$；。

这里需要指出的是，给水密度的误差来源于温度测量的不确定度和仪表的测量误差。

5. 当排污管线不能被隔离时，$\frac{\Delta Q_p}{Q_p}=0.25$。

附录 2　一回路热平衡和二回路热平衡之间最大可接受偏差(Δ)的估算

在核电厂运行期间，汽轮机负荷限制器位置定期调整到在电厂计算机上产生一个100%满功率功率水平的指示上。这样，可以用这个值对反应堆堆芯热功率进行监测。

首先，对电厂计算机功率指示值的最大平均值 $\overline{W}_{km}$ 进行估算。它是在二回路稳定运行情况下，汽轮机负荷限制器位置在100%满功率之后获得的，即：

$$\overline{W}_{km}=W_N+\delta_1+\varepsilon_{kd}+2\varepsilon_{rc} \quad (附\ 2\text{-}1)$$

式中，δ_1 为在电厂计算机指示的平均值与负荷限制器位置在100%满功率后100%满功率之间的最大允许偏差；ε_{kd} 为由于仪表通道的漂移，带给电厂计算机热平衡计算结果的漂移；W_r 为对应于一个给定的稳定平稳状态的实际的反应堆功率水平；ε_{rc} 为在一个稳定平稳状态的电厂功率的波动。

其次，对反应堆在功率运行限值102%满功率情况下，电厂计算机功率水平指示最大平均值的估算：

$$(\overline{W}_k)_{\max}=(W_r)_{\max}-\left(\delta_c+\frac{\varepsilon_{kc}}{\sqrt{n}}+\varepsilon_{kd}+\varepsilon_b\right) \quad (附\ 2\text{-}2)$$

式中，W_b 为二回路热平衡的测量值，$(W_r)_{\max}=102\%$ 满功率；ε_b 为二回路热平衡测量误差（详见附录1介绍）；ε_{kc} 为电厂计算机随机误差（详见7.1.4节介绍）；δ_c 为一回路热平衡和二回路热平衡平均之间的最大偏差，它确保了一个好的电厂计算机的标定。

为了给堆芯功率提供正确的监测，必须有：

$$\overline{W}_{km}\leqslant(\overline{W}_k)_{\max} \quad (附\ 2\text{-}3)$$

将式（附2-1）和式（附2-2）代入式（附2-3），整理后得：

$$\delta_1+\delta_c\leqslant(W_r)_{\max}-W_N-\left(2\varepsilon_{rc}+\frac{\varepsilon_{kc}}{\sqrt{n}}+2\varepsilon_{kd}+\varepsilon_b\right) \quad (附\ 2\text{-}4)$$

因此，一回路热平衡好二回路热平衡之间的最大可接受偏差(Δ)取决于 δ_c 、ε_{kc} 和 ε_{kd} ：

$$|W_k-W_b|\leqslant|\overline{W}_k-\overline{W}_b|_{\max}+\frac{\varepsilon_{kc}}{\sqrt{n}} \quad (附\ 2\text{-}5)$$

式中，n是二回路热平衡数据采集期间，电厂计算机计算的次数。因为

$$|\overline{W}_k-\overline{W}_b|_{\max}=\delta_c+\frac{\varepsilon_{kc}}{\sqrt{n}}+\varepsilon_{kd} \quad (附\ 2\text{-}6)$$

因此，有：

$$|W_k - W_b| \leqslant \delta_c + \frac{2\varepsilon_{kc}}{\sqrt{n}} + \varepsilon_{kd} \tag{附 2-7}$$

因此，

$$\Delta = \delta_c + \frac{2\varepsilon_{kc}}{\sqrt{n}} + \varepsilon_{kd} \tag{附 2-8}$$

如果考虑到：

$$\delta_1 = \delta_c = \frac{1}{2}\left[(W_r)_{\max} - W_N - \left(2\varepsilon_{rc} + \frac{\varepsilon_{kc}}{\sqrt{n}} + 2\varepsilon_{kd} + \varepsilon_b\right)\right] \tag{附 2-9}$$

并且，

$$(W_r)_{\max} - W_N = 2\% \tag{附 2-10}$$

则，有：

$$\Delta = 1\% - \varepsilon_{rc} - \frac{\varepsilon_b}{2} + \frac{3}{2}\frac{\varepsilon_{kc}}{\sqrt{n}} \tag{附 2-11}$$